全国高等教育自学考试指定教材

经管类公共课

概率论与数理统计(经管类)

(含:概率论与数理统计(经管类)自学考试大纲)

(2018 年版)

全国高等教育自学考试指导委员会 组编

主编 柳金甫 张志刚

北京大学出版社
PEKING UNIVERSITY PRESS

图书在版编目(CIP)数据

概率论与数理统计：经管类：2018 年版 / 柳金甫，张志刚主编.—北京：北京大学出版社，2018.10
全国高等教育自学考试指定教材
ISBN 978-7-301-29921-0

Ⅰ. ①概… Ⅱ. ①柳… ②张… Ⅲ. ①概率论－高等教育－自学考试－自学参考资料②数理统计－高等教育－自学考试－自学参考资料 Ⅳ. ①O21

中国版本图书馆 CIP 数据核字(2018)第 218955 号

书　　名	概率论与数理统计（经管类）(2018 年版) GAILÜLUN YU SHULI TONGJI
著作责任者	柳金甫　张志刚　主编
责任编辑	潘丽娜
标准书号	ISBN 978-7-301-29921-0
出版发行	北京大学出版社
地　　址	北京市海淀区成府路 205 号　100871
网　　址	http://www.pup.cn　　新浪微博：@北京大学出版社
电子信箱	zpup@pup.cn
电　　话	邮购部 010-62752015　发行部 010-62750672　编辑部 010-62752021
印 刷 者	河北滦县鑫华书刊印刷厂
经 销 者	新华书店
	787 毫米×1092 毫米　16 开本　17.25 印张　389 千字
	2018 年 10 月第 1 版　2022 年 11 月第 4 次印刷
定　　价	36.00 元

组编前言

21世纪是一个变幻难测的世纪，是一个催人奋进的时代．科学技术飞速发展，知识更替日新月异．希望、困惑、机遇、挑战，随时随地都有可能出现在每一个社会成员的生活之中．抓住机遇，寻求发展，迎接挑战，适应变化的制胜法宝就是学习——依靠自己学习、终生学习．

作为我国高等教育组成部分的自学考试，其职责就是在高等教育这个水平上倡导自学、鼓励自学、帮助自学、推动自学，为每一个自学者铺就成才之路．组织编写供读者学习的教材就是履行这个职责的重要环节．毫无疑问，这种教材应当适合自学，应当有利于学习者掌握和了解新知识、新信息，有利于学习者增强创新意识，培养实践能力，形成自学能力，也有利于学习者学以致用，解决实际工作中所遇到的问题．具有如此特点的书，我们虽然沿用了“教材”这个概念，但它与那种仅供教师讲、学生听，教师不讲、学生不懂，以“教”为中心的教科书相比，已经在内容安排、编写体例、行文风格等方面都大不相同了．希望读者对此有所了解，以便从一开始就树立起依靠自己学习的坚定信念，不断探索适合自己的学习方法，充分利用自己已有的知识基础和实际工作经验，最大限度地发挥自己的潜能，达到学习的目标．

欢迎读者提出意见和建议．

祝每一位读者自学成功．

全国高等教育自学考试指导委员会

2018年6月

目　　录

概率论与数理统计(经管类)自学考试大纲

概率论与数理统计(经管类)

* 非自考内容.

全国高等教育自学考试经管类公共课

概率论与数理统计(经管类)
自学考试大纲

全国高等教育自学考试指导委员会　制定

大纲前言

为了适应社会主义现代化建设事业的需要，鼓励自学成才，我国在20世纪80年代初建立了高等教育自学考试制度．高等教育自学考试是个人自学、社会助学和国家考试相结合的一种高等教育形式．应考者通过规定的专业考试课程并经思想品德鉴定达到毕业要求的，可获得毕业证书；国家承认学历并按照规定享有与普通高等学校毕业生同等的有关待遇．经过30多年的发展，高等教育自学考试为国家培养造就了大批专门人才．

课程自学考试大纲是国家规范自学者学习范围、要求和考试标准的文件．它是按照专业考试计划的要求，具体指导个人自学、社会助学、国家考试、编写教材、编写自学辅导书的依据．

随着经济社会的快速发展，新的法律法规不断出台，科技成果不断涌现，原大纲中有些内容过时、知识陈旧．为更新教育观念，深化教学内容和方式、考试制度、质量评价制度改革，使自学考试更好地提高人才培养的质量，各专业委员会按照专业考试计划的要求，对原课程自学考试大纲组织了修订或重编．

修订后的大纲，在层次上，本科参照一般普通高校本科水平，专科参照一般普通高校专科或高职院校的水平；在内容上，力图反映学科的发展变化，增补了自然科学和社会科学近年来研究的成果，对明显陈旧的内容进行了删减．

全国高等教育自学考试指导委员会公共课课程指导委员会组织制定了《概率论与数理统计（经管类）自学考试大纲》，经教育部批准，现颁发施行．各地教育部门、考试机构应认真贯彻执行．

全国高等教育自学考试指导委员会

2018年10月

Ⅰ　课程性质与课程目标

一、课程性质与特点

概率论与数理统计是研究随机现象统计规律性的数学学科，是经济管理类各专业（本科）的一门重要的基础课程．概率论从数量上研究随机现象的统计规律性，是本课程的理论基础；数理统计以概率论为基础，建立有效的统计方法，对随机现象进行统计推断．通过本课程的学习，使考生掌握概率论与数理统计的基本概念，了解它的基本理论和方法，培养学生运用概率统计方法分析解决实际问题的能力．

二、课程目标

本课程分两个部分：概率论和数理统计．概率论部分包括随机事件与概率、随机变量与概率分布、多维随机变量与概率分布、随机变量的数字特征、大数定律与中心极限定理初步等内容．数理统计部分包括统计量与抽样分布、参数估计、假设检验以及回归分析等内容．

概率论部分的基本要求是：

（1）理解概率论中的基本概念；

（2）掌握随机事件的关系与运算；

（3）掌握概率的性质与计算；

（4）掌握随机变量的概率分布的性质与计算；

（5）掌握随机变量的数学期望与方差的性质与运算．

数理统计部分的基本要求是：

（1）理解数理统计中的基本概念；

（2）掌握参数点估计与区间估计的基本方法；

（3）掌握假设检验的基本步骤与方法；

（4）掌握一元线性回归的基本思想和方法．

考生在学习过程中，首先要掌握有关内容的基本概念、基本方法和基本理论，为后续课程中用到概率与数理统计的知识做好准备；其次要学会应用本课程的知识解决一些简单的实际问题．

三、与相关课程的联系与区别

考生在学习本课程之前，应具备高等数学（微积分）的基本知识，本课程为经济管理类各专业中与随机数学有关的后续课程准备必要的数学基础知识．

四、课程的重点和难点

本课程的重点：概率的基本概念及其性质，随机变量的概念及其概率分布，随机变量的数学期望和方差及其性质，随机变量函数的数学期望；样本与统计量的概念，正态总体的抽样分布，矩估计和极大似然估计，单个正态总体均值与方差的区间估计，单个正态总体均值与方差的假设检验等.

本课程的难点：古典概型的概率计算，全概率公式与贝叶斯公式，随机变量的分布律与概率密度的概念、性质及有关计算，随机变量函数的分布，边缘分布律与边缘概率密度，随机变量函数的数学期望；正态总体的抽样分布，极大似然估计，两个正态总体的均值差与方差比的假设检验，最小二乘法等.

Ⅱ 考核目标

本大纲在考核目标中，按照识记、领会、简单应用和综合应用四个层次规定其应达到的能力层次要求. 四个能力层次是递进关系，各能力层次的含义是：

"识记"——能对考试大纲中的定义、定理、公式、性质、法则等有清晰准确的认识，并能做出正确的选择和判断.

"领会"——要求对大纲中的概念、定理、公式、法则等有一定的理解，理解它与有关知识点的联系和区别，并能给出正确的表述和解释.

"简单应用"——会用大纲中各部分少数几个知识点解决简单的计算、证明或应用问题.

"综合应用"——在对大纲中的概念、定理、公式、法则理解的基础上，会运用多个知识点，经过分析、计算或推导解决稍复杂一些的问题.

需要特别说明的是，试题的难易与认知层次的高低虽有一定的联系，但二者并不完全一致，在每个认知层次都可以有不同的难度.

Ⅲ 课程内容与考核要求

第一章 随机事件与概率

一、学习目的与要求

本章总的要求是：掌握随机事件之间的关系及其运算；理解概率的定义，掌握概率的基本性质，会用这些性质进行概率的基本计算；理解古典概型的定义，会计算简单的古典概型问题；理解条件概率的概念，会用乘法公式、全概率公式和贝叶斯公式进行概率计算；理解事件独立性的概念，会用事件独立性进行概率计算.

二、考核的知识点

1. 随机事件的关系及其运算
2. 概率的定义与性质
3. 古典概型
4. 条件概率、乘法公式、全概率公式、贝叶斯公式
5. 事件的独立性、伯努利概型

三、考核要求

1. 随机事件的关系与运算

1.1 随机事件的概念及表示，要求达到"识记"层次

1.2 事件的包含与相等、和事件、积事件、互不相容、对立事件的概念，要求达到"领会"层次

1.3 和事件、积事件、对立事件的基本运算规律，要求达到"简单应用"层次

2. 概率的定义与性质

2.1 频率的定义，频率的基本性质，要求达到"领会"层次

2.2 概率的定义，要求达到"领会"层次

2.3 概率的性质，要求达到"简单应用"层次

3. 古典概型

3.1 古典概型的定义，要求达到"领会"层次

3.2 简单古典概型的概率计算，要求达到"简单应用"层次

4. 条件概率

4.1 条件概率的概念，要求达到"领会"层次

4.2　乘法公式，会用乘法公式进行有关概率的计算，要求达到“简单应用”层次

4.3　全概率公式与贝叶斯公式，会用这两个公式进行计算，要求达到“综合应用”层次

5. 事件的独立性

5.1　事件独立性的概念，要求达到“领会”层次

5.2　用事件的独立性计算概率，要求达到“简单应用”层次

5.3　伯努利概型，要求达到“简单应用”层次

四、本章重点、难点

重点：随机事件的关系与运算，概率的概念、性质；条件概率，事件独立性的概念，乘法公式、全概率公式、贝叶斯公式.

难点：古典概型的概率计算，全概率公式、贝叶斯公式，事件独立性的概念.

第二章　随机变量及其概率分布

一、学习目的与要求

本章总的要求是：理解随机变量及其分布函数的概念；理解离散型随机变量及其分布律的概念；掌握较简单的离散型随机变量的分布律的计算；掌握 0-1 分布、二项分布与泊松分布；掌握连续型随机变量及其概率密度的概念、性质及有关计算；掌握均匀分布、指数分布及其计算；熟练掌握正态分布及其计算；了解随机变量函数的概念，会求简单随机变量函数的概率分布.

二、考核的知识点

1. 随机变量的概念
2. 分布函数的概念和性质
3. 离散型随机变量及其分布律
4. 连续型随机变量及其概率密度
5. 随机变量函数的分布

三、考核要求

1. 随机变量的概念

随机变量的概念及其分类，要求达到“识记”层次

2. 离散型随机变量的分布律

2.1　离散型随机变量的概念，要求达到“识记”层次

2.2　求较简单的离散型随机变量的分布律，要求达到“简单应用”层次

2.3　0-1 分布、二项分布、泊松分布，要求达到“简单应用”层次

3. 随机变量的分布函数

3.1　随机变量的分布函数的定义、性质，要求达到“领会”层次

3.2 求简单离散型随机变量的分布函数，要求达到“简单应用”层次
3.3 离散型随机变量的分布函数与概率分布律的关系，要求达到“简单应用”层次

4. 连续型随机变量及其概率密度

4.1 连续型随机变量及其概率密度的定义、性质，要求达到“领会”层次
4.2 用概率密度求分布函数，用分布函数求概率密度，要求达到“简单应用”层次
4.3 均匀分布、指数分布，要求达到“简单应用”层次
4.4 正态分布的定义及性质，要求达到“领会”层次
4.5 标准正态分布，一般正态分布的标准化及其概率计算，要求达到“综合应用”层次
4.6 α 分位数的定义，要求达到“领会”层次

5. 随机变量的函数的分布

5.1 求离散型随机变量的简单函数的分布律，要求达到“简单应用”层次
5.2 求连续型随机变量的简单函数的概率密度，要求达到“简单应用”层次

四、本章重点、难点

重点：随机变量的分布律与概率密度的概念、性质和计算，随机变量函数的分布，几种常用分布.

难点：随机变量的分布律、概率密度，随机变量的函数的分布律、分布函数、概率密度.

第三章　多维随机变量及其概率分布

一、学习目的与要求

本章总的要求是：理解二维离散型随机变量的分布律及其性质；理解二维连续型随机变量的概率密度及其性质；理解边缘分布律、边缘概率密度的概念，掌握边缘分布律以及边缘概率密度的求法；会判断随机变量的独立性；了解两个随机变量之和的分布的求法.

二、考核的知识点

1. 多维随机变量的概念
2. 二维离散型随机变量的分布律和边缘分布律
3. 二维连续型随机变量的概率密度和边缘概率密度
4. 随机变量的独立性
5. 简单二维随机变量函数的分布

三、考核要求

1. 二维随机变量及其分布

1.1 二维随机变量及其分布函数的定义，分布函数的基本性质，要求达到“识记”层次
1.2 二维离散型随机变量的分布律、边缘分布律，要求达到“领会”层次

1.3 由分布律求边缘分布律，要求达到“简单应用”层次

1.4 二维连续型随机变量的分布函数、概率密度和边缘概率密度的定义及性质，要求达到“领会”层次

1.5 用概率密度求边缘概率密度，要求达到“简单应用”层次

1.6 二维均匀分布、二维正态分布，要求达到“简单应用”层次

1.7 n 维随机变量及其分布，要求达到“识记”层次

1.8 二维正态分布随机变量的概率密度和边缘概率密度，要求达到“识记”层次

2. 随机变量的独立性

2.1 随机变量独立性的定义，要求达到“领会”层次

2.2 判别离散型随机变量的独立性，要求达到“简单应用”层次

2.3 判别连续型随机变量的独立性，要求达到“简单应用”层次

3. 随机变量函数的分布

3.1 简单二维离散型随机变量函数的分布，要求达到“简单应用”层次

3.2 两个独立随机变量和的分布，要求达到“识记”层次

四、本章重点、难点

重点：分布律，概率密度，边缘分布律，边缘概率密度，随机变量的独立性.

难点：边缘分布律，边缘概率密度，两个独立随机变量和的分布.

第四章 随机变量的数字特征

一、学习目的与要求

本章总的要求是：理解数学期望与方差的概念，掌握数学期望与方差的性质与计算，会计算随机变量函数的数学期望．掌握 0-1 分布、二项分布、泊松分布、均匀分布、指数分布和正态分布的数学期望与方差，了解协方差、相关系数的概念及性质，会求相关系数，知道矩与协方差阵的概念及求法.

二、考核的知识点

1. 数学期望的概念及性质
2. 方差的概念及性质
3. 几种常用随机变量的数学期望与方差
4. 协方差与相关系数

三、考核要求

1. 随机变量的数学期望

1.1 数学期望的定义及性质，要求达到“领会”层次

1.2 随机变量的数学期望的计算，要求达到“简单应用”层次
1.3 随机变量函数的数学期望的计算，要求达到“综合应用”层次

2. 方差

2.1 方差、标准差的定义及性质，要求达到“领会”层次
2.2 方差、标准差的计算，要求达到“简单应用”层次

3. 几种常见分布的数学期望和方差，要求达到“简单应用”层次

3.1 0-1 分布、二项分布、泊松分布随机变量的数学期望和方差，要求达到“识记”层次
3.2 均匀分布、指数分布、正态分布随机变量的数学期望和方差，要求达到“识记”层次

4. 协方差及相关系数

4.1 协方差和相关系数的定义及其性质，要求达到“领会”层次
4.2 求协方差和相关系数，要求达到“简单应用”层次
4.3 二维正态分布随机变量的相关系数，相关性与独立性的关系，要求达到“领会”层次

四、本章重点、难点

重点：数学期望、方差、协方差的概念、性质及计算，随机变量函数的数学期望.
难点：随机变量函数的数学期望.

第五章 大数定律及中心极限定理

一、学习目的与要求

本章总的要求是：了解切比雪夫不等式，知道依概率收敛的概念，了解切比雪夫大数定律、伯努利大数定律，掌握独立同分布的中心极限定理与棣莫弗-拉普拉斯中心极限定理的简单应用.

二、考核的知识点

1. 大数定律
2. 中心极限定理

三、考核要求

1. 大数定律

1.1 切比雪夫大数定律，要求达到“识记”层次
1.2 伯努利大数定律，要求达到“识记”层次

2. 中心极限定理

2.1 独立同分布序列的中心极限定理，要求达到“简单应用”层次
2.2 棣莫弗-拉普拉斯中心极限定理，要求达到“简单应用”层次

四、本章重点、难点

重点：中心极限定理的简单应用.

难点：中心极限定理的简单应用.

第六章　统计量与抽样分布

一、学习目的与要求

本章总的要求是：了解总体、样本的概念，了解总体分布与样本分布的关系；理解统计量的概念；理解样本均值、样本方差以及样本矩的概念；了解χ^2分布、t分布、F分布的结构性定义的性质及概率密度曲线的形状，理解分位数并会查表计算；掌握正态总体的抽样分布.

二、考核的知识点

1. 总体、个体、简单随机样本
2. 统计量及常用统计量
3. χ^2分布，t分布，F分布
4. 正态总体的抽样分布

三、考核要求

1. 总体与样本

总体、个体及简单随机样本的概念，要求达到“识记”层次

2. 统计量

2.1　统计量的概念，要求达到“识记”层次

2.2　样本均值、样本方差、样本标准差、样本矩的概念，要求达到“识记”层次

3. 几种统计量的分布

3.1　χ^2分布、t分布、F分布的结构性定义及性质，要求达到“识记”层次

3.2　分位数的概念，要求达到“领会”层次

3.3　查表计算常用分布的分位数，要求达到“简单应用”层次

4. 正态总体的抽样分布

正态总体的抽样分布，要求达到“简单应用”层次

四、本章重点、难点

重点：常用统计量、正态总体的抽样分布.

难点：正态总体的抽样分布.

第七章 参数估计

一、学习目的与要求

本章总的要求是：了解参数的点估计、估计量与估计值的概念；掌握矩估计、极大似然估计的方法；理解估计量无偏性的概念，了解有效性、相合性的概念，了解置信区间的概念，会求单个正态总体均值和方差的置信区间.

二、考核的知识点

1. 点估计
2. 矩估计法
3. 极大似然估计法
4. 单个正态总体均值和方差的区间估计

三、考核要求

1. 点估计

1.1 参数估计的概念，要求达到“识记”层次

1.2 求参数的矩估计，要求达到“简单应用”层次

1.3 求极大似然估计，要求达到“简单应用”层次

2. 估计量的评价标准

2.1 估计量的无偏性，要求达到“领会”层次

2.2 估计量的有效性、相合性，要求达到“识记”层次

3. 区间估计

3.1 置信区间的概念，要求达到“领会”层次

3.2 求单个正态总体均值和方差的置信区间，要求达到“简单应用”层次

四、本章重点、难点

重点：矩估计和极大似然估计，单个正态总体均值与方差的区间估计.

难点：极大似然估计.

第八章 假设检验

一、学习目的与要求

本章总的要求是：了解假设检验的基本思想，掌握假设检验的基本步骤；掌握正态总体的均值及方差的假设检验.

二、考核的知识点

1. 假设检验的基本思想与步骤
2. 单个正态总体的假设检验
3. 两个正态总体的假设检验

三、考核要求

1. 假设检验

1.1　假设检验的基本思想及假设检验的基本步骤，要求达到“领会”层次
1.2　假设检验的两类错误，要求达到“领会”层次

2. 正态总体的假设检验

2.1　单个正态总体的均值和方差的假设检验，要求达到“简单应用”层次
2.2　两个正态总体的均值差与方差比的假设检验，要求达到“领会”层次

四、本章重点、难点

重点：单个正态总体的均值与方差的假设检验.
难点：两个正态总体的均值差与方差比的假设检验.

第九章 回归分析

一、学习目的与要求

本章总的要求是：理解一元线性回归分析的基本思想，了解一元线性回归模型的假设条件，会用最小二乘法估计回归模型中的未知参数.

二、考核的知识点

1. 一元线性回归模型的假设条件
2. 最小二乘法

三、考核要求

1. 一元线性回归模型的假设条件，要求达到“识记”层次
2. 一元线性回归分析的基本思想，要求达到“领会”层次
3. 用最小二乘法估计回归模型中的未知参数，要求达到“简单应用”层次

四、本章重点、难点

重点：最小二乘法.

难点：最小二乘法.

Ⅳ　关于大纲的说明与考核实施要求

一、自学考试大纲的目的和作用

课程自学考试大纲是根据专业自学考试计划的要求，结合自学考试的特点而确定. 其目的是对个人自学、社会助学和课程考试命题进行指导和规定.

课程自学考试大纲明确了课程学习的内容以及深广度，规定了课程自学考试的范围和标准. 因此，它是编写自学考试教材和辅导书的依据，是社会助学组织进行自学辅导的依据，是自学者学习教材、掌握课程内容知识范围和程度的依据，也是进行自学考试命题的依据.

二、课程自学考试大纲与教材的关系

课程自学考试大纲是进行学习和考核的依据，教材是学习掌握课程知识的基本内容与范围，教材的内容是大纲所规定的课程知识和内容的扩展与发挥. 课程内容在教材中可以体现一定的深度或难度，但在大纲中对考核的要求一定要适当.

大纲与教材所体现的课程内容应基本一致；大纲里面的课程内容和考核知识点，教材里一般也要有. 反过来教材里有的内容，大纲里就不一定体现.

三、关于自学教材

《概率论与数理统计(经管类)》，全国高等教育自学考试指导委员会组编，柳金甫、张志刚主编，北京大学出版社，2018 年版.

四、关于自学要求和自学方法的指导

本大纲的课程基本要求是依据专业考试计划和专业培养目标而确定的. 课程基本要求还明确了课程的基本内容，以及对基本内容掌握的程度. 基本要求中的知识点构成了课程内容的主体部分. 因此，课程基本内容掌握程度、课程考核知识点是高等教育自学考试考核的主要内容.

为有效地指导个人自学和社会助学，本大纲已指明了课程的重点和难点，在章节的基本要求中一般也指明了章节内容的重点和难点.

本课程的覆盖面为自学考试经济管理类各专业，本课程是高等数学课程的后续课程，在学习本课程时应注意以下几点.

(1) 在学习每章内容之前，先认真了解本大纲中该章的考核知识点、学习要求以及考核要求中每一知识点的能力层次要求和具体要求，做到在学习时心中有数. 对每一章节，要逐段阅读，吃透每一个知识点，对基本概念与理论必须理解，对基本公式和基本方法必须掌握. 在自学过程中，既要思考问题，也要进行演算，把定理、公式、性质的推导、例题计算等再演算一遍，可以加深和巩固所学知识的印象，也有利于了解推理与计算的关键所在，训练解题能力，从而不断提高自学能力．做作业是帮助理解、消化和巩固所学知识，培养分析问题、解决问题以及提高运算能力的重要环节，做题要步骤清晰，运算准确，书写整洁清楚，要算出最后结果．

（2）本课程是研究随机现象统计规律性的数学课程．由于研究对象的不同，其认识方法、学习方法与其他数学课程有所不同．在学习过程中，会遇到相当多的概念、定义、性质与公式，对这些知识要做到真正理解，必须从实际背景和统计意义的角度去领会，要从概率与统计联系的角度，深入理解概率论与数理统计的基本概念、基本理论与方法，每节学完后，要做足够量的习题，才能达到考核要求．

（3）关于自学考试时间的安排．本课程共 5 个学分，建议自学时间安排如下．

章次	内容	自学时间/小时	章次	内容	自学时间/小时
一	随机事件与概率	30	六	统计量及其抽样分布	10
二	随机变量及其概率分布	30	七	参数估计	20
三	多维随机变量及其概率分布	25	八	假设检验	24
四	随机变量的数字特征	30	九	回归分析	6
五	大数定律与中心极限定理	10			

考生可结合自身情况适当调整．

五、对社会助学的要求

要熟知考试大纲对本课程总的要求和各章的知识点，准确理解对各知识点要求达到的认知层次和考核要求，并在辅导过程中帮助考生掌握这些要求，不要随便增删内容以及提高或降低要求．要注重基础，突出重点，启发引导．

助学单位在安排本课程辅导时，授课时间建议不少于 96 学时．

六、对考核内容的说明

本课程要求考生学习和掌握的知识点内容都作为考核的内容．课程中各章的内容均由若干知识点组成，在自学考试中成为考核知识点．因此，课程自学考试大纲中所规定的考试内容是以分解为考核知识点的方式给出的．由于各知识点在课程中的地位、作用以及知识自身的特点不同，自学考试将对各知识点分别按四个认知层次确定其考核要求．

七、关于考试命题的若干规定

1．本课程考试采用闭卷笔试方式考核，考试时间 150 分钟，60 分为及格线．

2．本大纲各章所规定的基本要求、知识点及知识点下的知识细目，都属于考核的内容．考试命题既要覆盖到章，又要避免面面俱到．要注意突出课程的重点、章节重点，加大重点内容的覆盖度．

3．命题不应有超出大纲中考核知识点范围的题，考核目标不得高于大纲中所规定的相应的最高能力层次要求．命题应着重考核自学者对基本概念、基本知识和基本理论是否了解或掌握，对基本方法是否会用或熟练．不应出与基本要求不符的偏题或怪题．

4．本课程在试卷中对不同能力层次要求的分数比例大致为：识记占 20%，领会占 40%，简单应用占 30%，综合应用占 10%．

5．要合理安排试题的难易程度，试题的难度可分为：易、较易、较难和难四个等级．每份试卷中不同难度试题的分数比例一般为:2∶4∶3∶1.

6. 试题的题型有:单项选择题,填空题,计算题,综合题,应用题. 题量依次为:10,15,2,2,1,共计30题. 所占分数依次为:20分,30分,16分,24分,10分.

7. 在试题中,概率论和数理统计内容试题分数的分布大致是75分和25分.

8. 本课程的考试适用于高等教育自学考试经济管理类各专业本科的学生.

9. 考试时,允许考生携带无存储功能的计算器.

概率论与数理统计(经管类)试题样卷

一、单项选择题:本大题共 10 小题,每小题 2 分,共 20 分.在每小题列出的备选项中,只有一项是最符合题目要求的,请将其选出.

1. 设 A,B 为随机事件,且 $A\subset B$,则 $\overline{A\cup B}$ 等于(　　).

A. $\overline{A}$　　B. $\overline{B}$　　C. $\overline{AB}$　　D. $\overline{A}\cup\overline{B}$

2. 同时抛 3 枚均匀硬币,则至多有 1 枚硬币正面朝上的概率为(　　).

A. $\frac{1}{8}$　　B. $\frac{1}{6}$　　C. $\frac{1}{4}$　　D. $\frac{1}{2}$

3. 设随机变量 X 的概率密度为 $f(x)$,则 $f(x)$ 一定满足(　　).

A. $0\leqslant f(x)\leqslant 1$　　B. $P\{X>x\}=\int_{-\infty}^{x} f(t)\mathrm{d}t$

C. $\int_{-\infty}^{+\infty} f(x)\mathrm{d}x=1$　　D. $f(+\infty)=1$

4. 已知随机变量 X 的分布律为

X	-1	2	5
P	0.2	0.35	0.45

则 $P\{\{-2<X\leqslant 4\}-\{X>2\}\}=$(　　).

A. 0　　B. 0.2　　C. 035　　D. 0.55

5. 设二维随机变量 $(X,Y)\sim N(\mu_1,\mu_2;\sigma_1^2,\sigma_2^2;\rho)$,则下列结论中错误的是(　　).

A. $X\sim N(\mu_1,\sigma_1^2)$,$Y\sim N(\mu_2,\sigma_2^2)$　　B. X 与 Y 相互独立的充分必要条件是 $\rho=0$

C. $E(X+Y)=\mu_1+\mu_2$　　D. $D(X+Y)=\sigma_1^2+\sigma_2^2$

6. 设二维随机变量 (X,Y) 的概率密度为 $f(x,y)$,则 $P\{X>1\}=$(　　).

A. $\int_{-\infty}^{1}\mathrm{d}x\int_{-\infty}^{+\infty} f(x,y)\mathrm{d}y$　　B. $\int_{1}^{+\infty}\mathrm{d}x\int_{-\infty}^{+\infty} f(x,y)\mathrm{d}y$

C. $\int_{-\infty}^{1} f(x,y)\mathrm{d}x$　　D. $\int_{1}^{+\infty} f(x,y)\mathrm{d}x$

7. 设随机变量 X,Y 都服从区间 $[0,1]$ 上的均匀分布,则 $E(X+Y)=$(　　).

A. $\frac{1}{6}$　　B. $\frac{1}{2}$　　C. 1　　D. 2

8. 设 X 为随机变量,其方差存在,c 为任意非零常数,则下列等式中正确的是(　　).

A. $D(X+c)=D(X)$　　B. $D(X+c)=D(X)+c$

C. $D(X-c)=D(X)-c$　　D. $D(cX)=cD(X)$

9. 设 $E(X)=E(Y)=2$,$\mathrm{Cov}(X,Y)=-\frac{1}{6}$,则 $E(XY)=$(　　).

A. $-\frac{1}{6}$　　B. $\frac{23}{6}$　　C. 4　　D. $\frac{25}{6}$

10. 设总体 $X\sim N(\mu,\sigma^2)$，σ^2 未知，且 $X_1,X_2,\cdots,X_n$ 为其样本，$\overline{X}$ 为样本均值，S 为样本标准差，则对于假设检验问题 $H_0:\mu=\mu_0;H_1:\mu\neq\mu_0$，应选用的检验统计量是(　　).

A. $\frac{\overline{X}-\mu_0}{S/\sqrt{n}}$　　B. $\frac{\overline{X}-\mu_0}{\sigma/\sqrt{n-1}}$

C. $\frac{\overline{X}-\mu_0}{S/\sqrt{n-1}}$　　D. $\frac{\overline{X}-\mu_0}{\sigma/\sqrt{n}}$

二、填空题：本大题共 15 小题，每小题 2 分，共 30 分．

11. 某地区成年人患结核病的概率为 0.015，患高血压的概率为 0.08. 设这两种病的发生是相互独立的，则该地区内任一成年人同时患有这两种病的概率为________.

12. 一批产品中有 10 个正品和 2 个次品，现随机抽取两次，每次取一件，取后放回，则第二次取出的是正品的概率为________.

13. 设 A,B,C 为三个随机事件，$P(A)=P(B)=P(C)=\frac{1}{4}$，$P(AB)=P(AC)=P(BC)=\frac{1}{16}$，$P(ABC)=0$，则 $P(A\cup B\cup C)=$________.

14. 10 粒围棋子中有 2 粒黑子、8 粒白子，将这 10 粒棋子随机地分成两堆，每堆 5 粒，则两堆中各有 1 粒黑子的概率为________.

15. 设随机变量 $X\sim B(3,0.3)$，且 $Y=X^2$，则 $P\{Y=4\}=$________.

16. 已知随机变量 X 的分布函数为 $F_X(x)$，则随机变量 $Y=3X+2$ 的分布函数 $F_Y(y)=$________.

17. 设随机变量 X,Y 相互独立，且 $X\sim\chi^2(n_1)$，$Y\sim\chi^2(n_2)$，则随机变量 $\frac{X/n_1}{Y/n_2}\sim$________.

18. 设二维随机变量 (X,Y) 的概率密度为 $f(x,y)=\frac{1}{2\pi}e^{-\frac{x^2+y^2}{2}}$，则 (X,Y) 关于 Y 的边缘概率密度 $f_Y(y)=$________.

19. 设随机变量 X 的概率密度为 $f(x)=\begin{cases}|x|, & -1<x<1,\\ 0, & \text{其他},\end{cases}$ 则 $E(X)=$________.

20. 设随机变量 X 与 Y 相互独立，且 $D(X)=2$，$D(Y)=1$，则 $D(X-2Y+3)=$________.

21. 设随机变量 $X_1,X_2,\cdots,X_n,\cdots$ 相互独立且同分布，它们的数学期望为 μ，方差为 σ^2，令 $Z_n=\frac{1}{n}\sum_{i=1}^{n}X_i$，则对任意正数 ε，有 $\lim_{n\to\infty}P\{|Z_n-\mu|\geqslant\varepsilon\}=$________.

22. 设总体 X 服从 $[-a,a]$ 上的均匀分布 $(a>0)$，$X_1,X_2,\cdots,X_n$ 为其样本，且 $\overline{X}=\frac{1}{n}\sum_{i=1}^{n}X_i$，则 $E(\overline{X})=$________.

23. 设总体 X 服从正态分布 $N(\mu,\sigma^2)$，$X_1,X_2,\cdots,X_n$ 为其样本，S^2 为样本方差，且 $\frac{cS^2}{\sigma^2}\sim\chi^2(n-1)$，则常数 $c=$________.

24. 设总体 X 的分布律为

X	0	1
P	$1-p$	p

其中 p 为未知参数，且 $X_1,X_2,\cdots,X_n$ 为其样本，则 p 的矩估计 $\hat{p}=$________.

25. 设总体 $X\sim N(\mu,\sigma^2)$，$X_1,X_2,\cdots,X_n$ 为其样本，其中 σ^2 未知，则对假设检验问题 $H_0:\mu=\mu_0$；$H_1:\mu\neq\mu_0$，在显著性水平 α 下，应取拒绝域 $W=$________.

三、计算题：本大题共 2 小题，每小题 8 分，共 16 分.

26. 已知随机变量 X 的分布函数为 $F(x)=\frac{1}{2}+\frac{1}{\pi}\arctan x$，$-\infty<x<+\infty$，求：

(1) $P\{-1<X\leqslant\sqrt{3}\}$； (2)常数 c，使 $P\{X>c\}=\frac{1}{4}$.

27. 已知投资一项目的收益率 R 是一随机变量，其分布律为

R	1%	2%	3%	4%	5%	6%
P	0.1	0.1	0.2	0.3	0.2	0.1

一位投资者在该项目上投资 10 万元，求他预期获得多少收入？收入的方差是多大？

四、综合题：本大题共 2 小题，每小题 12 分，共 24 分.

28. 设随机变量 X 服从$[0,0.2]$上的均匀分布，随机变量 Y 的概率密度为

$$f_Y(y)=\begin{cases}5e^{-5y}, & y>0,\\ 0, & \text{其他},\end{cases}$$

且 X 与 Y 相互独立.求：(1) X 的概率密度；(2) (X,Y) 的概率密度；(3) $P\{X>Y\}$.

29. 设随机变量 X 的分布律为

X	-1	0	1
P	$\frac{1}{3}$	$\frac{1}{3}$	$\frac{1}{3}$

记 $Y=X^2$，求：(1) $D(X)$，$D(Y)$；(2) ρ_{XY}.

五、应用题：10 分.

30. 某工厂生产一种零件，其口径 X(单位：mm)服从正态分布 $N(\mu,\sigma^2)$，现从某日生产的零件中随机抽取 9 个，分别测得其口径如下：

14.6，14.7，15.1，14.9，14.8，15.0，15.1，15.2，14.7.

(1) 计算样本均值 $\bar{x}$；

(2) 已知零件口径 X 的标准差 $\sigma=0.15$，求 μ 的置信度为 0.95 的置信区间.

(附：$u_{0.025}=1.96$，$u_{0.05}=1.645$)

概率论与数理统计(经管类)试题样卷答案

一、单项选择题

1. B **2.** D **3.** C **4.** D **5.** D **6.** B **7.** C **8.** A **9.** B **10.** A

二、填空题

11. 0.0012. **12.** $\frac{5}{6}$. **13.** $\frac{9}{16}$. **14.** $\frac{5}{9}$. **15.** 0.189. **16.** $F_X\left(\frac{y-2}{3}\right)$.

17. $F(n_1,n_2)$. **18.** $\frac{1}{\sqrt{2\pi}}e^{-\frac{y^2}{2}}$. **19.** 0. **20.** 6. **21.** 0. **22.** 0. **23.** $n-1$.

24. $\overline{X}$(或$\frac{1}{n}\sum\limits_{i=1}^{n}X_i$). **25.** $\left\{t\,\middle|\,|t|>t_{\frac{\alpha}{2}}(n-1)\right\}$.

三、计算题

26. (1) $P\{-1<X\leqslant\sqrt{3}\}=F(\sqrt{3})-F(-1)=\frac{7}{12}$;

(2) $P\{X>c\}=1-P\{X\leqslant c\}=1-F(c)=\frac{1}{4}$,即 $F(c)=\frac{1}{2}+\frac{1}{\pi}\arctan c=\frac{3}{4}$,故 $c=1$.

27. 设 X 表示预期收入,则

$$X=10(1+R),$$

$E(R)=1\%\times0.1+2\%\times0.1+3\%\times0.2+4\%\times0.3+5\%\times0.2+6\%\times0.1=0.037$,

预期收入为 $E(X)=10+E(10R)=10+0.37=1\,037$(万元),

收入方差为 $D(X)=D(10+10R)=D(10R)=E(10R)^2-[E(10R)]^2=0.020\,1$.

故预期收入为 10.37 万元,收入方差为 0.020 1(万元)^2.

四、综合题

28. (1) 由题设知 $f_X(x)=\begin{cases}5, & 0\leqslant x\leqslant0.2,\\0, & \text{其他};\end{cases}$

(2) 由独立性假定知,二维连续型随机变量(X,Y)的概率密度为

$$f(x,y)=\begin{cases}25e^{-5y}, & 0\leqslant x\leqslant0.2,y\geqslant0,\\0, & \text{其他};\end{cases}$$

(3) $P\{X>Y\}=\iint\limits_{y<x}f(x,y)\mathrm{d}x\mathrm{d}y=\int_0^{0.2}\mathrm{d}x\int_0^x25e^{-5y}\mathrm{d}y=e^{-1}$.

29. (1) $E(X)=(-1)\times\frac{1}{3}+0\times\frac{1}{3}+1\times\frac{1}{3}=0$,

$$E(X^2)=(-1)^2\times\frac{1}{3}+0^2\times\frac{1}{3}+1^2\times\frac{1}{3}=\frac{2}{3},$$

则

$$D(X)=E(X^2)-[E(X)]^2=\frac{2}{3};$$

$$E(Y^2)=E(X^4)=(-1)^4\times\frac{1}{3}+0^4\times\frac{1}{3}+1^4\times\frac{1}{3}=\frac{2}{3},$$

则

$$D(Y)=E(Y^2)-[E(Y)]^2=\frac{2}{9}.$$

(2) $E(XY)=E(X^3)=(-1)^3\times\frac{1}{3}+0^3\times\frac{1}{3}+1^3\times\frac{1}{3}=0,$

$$\mathrm{Cov}(X,Y)=E(XY)-E(X)E(Y)=0,$$

则

$$\rho_{XY}=\frac{\mathrm{Cov}(X,Y)}{\sqrt{D(X)}\cdot\sqrt{D(Y)}}=0.$$

五、应用题

30. (1) $\bar{x}=\frac{1}{n}\sum_{i=1}^{n}x_i=14.9(\mathrm{mm})$；

(2) μ 的置信度为 0.95 的置信区间是 $\left[\overline{X}-u_{0.025}\frac{\sigma}{\sqrt{n}},\overline{X}+u_{0.025}\frac{\sigma}{\sqrt{n}}\right]$，而 $\sigma=0.15$，$n=9$，$u_{0.025}=1.96$，故所求置信区间为[14.802，14.998].

大 纲 后 记

《概率论与数理统计(经管类)自学考试大纲》是根据全国高等教育自学考试经管类公共课考核要求编写的.2018年6月公共课课程指导委员会召开审稿会议,对本大纲进行讨论评审,修改后,经主审复审定稿.

本大纲由北京交通大学柳金甫教授主持编写.

本大纲经由天津商业大学于义良教授主审,中国人民大学赵晋教授、北京航空航天大学傅丽华副教授参加审稿并提出改进意见.

本大纲最后由全国高等教育自学考试指导委员会审定.

本大纲编审人员付出了辛勤劳动,特此表示感谢.

全国高等教育自学考试指导委员会

公共课课程指导委员会

2018年10月

全国高等教育自学考试指定教材

概率论与数理统计(经管类)

(2018 年版)

全国高等教育自学考试指导委员会　组编
柳金甫　张志刚　主编

编写说明

概率论与数理统计是研究随机现象内在统计规律性的数学学科,是经管类各专业的一门重要的基础理论课程.概率论从理论上研究随机现象的数量规律性,它是本课程的理论基础,也是数理统计的基础.数理统计从数学角度研究收集、处理、使用随机数据,建立有效的统计方法,进行统计推断.通过本课程的学习,要使考生掌握概率论与数理统计的基本概念、基本理论、基本方法和基本思想,并具备应用概率统计方法分析和解决实际问题的能力.

本书分为两个部分:概率论和数理统计.

概率论部分包括随机事件与概率、随机变量及其概率分布、多维随机变量及其概率分布、随机变量的数字特征、大数定律与中心极限定理初步共五章内容;数理统计部分包括统计量及其抽样分布、参数估计、假设检验、回归分析共四章内容.

本书在编写中力求突出重点、深入浅出,强调概率论与数理统计的基本概念、基本理论、基本方法和基本思想,做到简明扼要、概念准确、逻辑清晰、通俗易懂.本书备有较多的例题,并按节安排了习题,按章安排了自测题,并能够进行全面系统地解题训练,使读者更好地掌握所学知识.所选题目多来自历年考题,考生可体会题型和考题难度.对每章还进行了小结,目的是让考生更准确地了解基本内容和基本要求,便于自学.

本书按《概率论与数理统计(经管类)自学考试大纲》编写,章节内容、重点难点等都符合大纲要求.本书也编入了自学考试大纲不作要求的部分内容,供读者考生深入学习时备选,这些内容前均标注以“*”号,以示区别.

本书第一章至第二章由孙洪祥编写,自文献[5]修订完成;第三章至第五章由张志刚编写;第六章至第八章由柳金甫编写,自文献[5]修订完成;由柳金甫通稿.于义良教授、赵晋教授和傅丽华副教授详细审阅了书稿,并提出了宝贵的意见和建议,在此表示衷心的感谢!

北京大学出版社的潘丽娜老师为本教材的出版做了认真细致的工作,对此,表示诚挚的谢意.

本书编写中难免会有许多不妥或疏漏之处,恳请广大读者批评指正.

编　者

2018 年 10 月于北京

第一章　随机事件与概率

§1　随 机 事 件

1.1　随机现象

自然界和社会中发生的现象多种多样，从它们发生的必然性的角度区分，可以分为两类：一类是确定性现象，一类是随机现象. 所谓确定性现象是指这样的一类现象：在一定的条件下，它一定发生，我们完全可以预言什么结果一定出现，什么结果一定不出现. 例如，带同种电荷的两个小球必互相排斥，带异种电荷的两个小球必互相吸引；每天早晨太阳从东方升起；向空中抛一物体必然落回地面；一个口袋中装了 10 个完全相同的白球，从中任取一个必然为白球；等等. 这些都是确定性现象的例子.

在一定的条件下，可能出现这样的结果，也可能出现那样的结果，我们预先无法断言，这类现象称为随机现象. 例如，在相同条件下抛掷同一枚硬币，其结果可能是正面朝上，也可能反面朝上，并且每次抛掷前无法肯定抛掷的结果是什么；在同等条件下，掷一枚骰子，其结果可能有 6 种，事先不能断定会出现几点；用同一门炮向同一目标射击，各次弹着点不尽相同，在一次射击之前无法预知弹着点的精确位置；在一个口袋中装有红、白两种球，任意取一个，取出的球可能是红球，也可能是白球；等等. 这类现象都是随机现象.

随机现象的研究建立在大量的重复试验或观察的基础之上. 人们发现随机现象的结果呈现出某种规律性. 例如，大量重复抛掷硬币这一试验，将会发现正面朝上的次数约占一半；多次重复掷一枚骰子，出现“1”点的次数约占 $\frac{1}{6}$；同一门炮射击同一目标的弹着点按照一定的规律分布；等等. 这种在大量重复试验或观察中所呈现出的固有规律性就是所谓的统计规律性. 概率论与数理统计就是研究和揭示随机现象统计规律性的一门数学学科，随机现象是概率论与数理统计研究的主要对象.

1.2　随机试验和样本空间

下面先举一些试验的例子.

E_1：抛一枚硬币，观察正面 H、反面 T 出现的情况.

E_2：掷一枚骰子，观察出现的点数.

E_3：记录 110 报警台一天接到的报警次数.

E_4：在一批灯泡中任意抽取一个，测试它的寿命.

E_5：记录某物理量（长度、直径等）的测量误差.

E_6：在区间$[0,1]$上任取一点，记录它的坐标.

上面列举了6个试验的例子，它们有着共同的特点，概括起来，不外乎三点：

1° 试验的可重复性——在相同条件下可重复进行.

2° 一次试验结果的随机性——在一次试验中可能出现各种不同的结果，预先无法断定.

3° 全部试验结果的可知性——所有可能的试验结果预先是可知的.

在概率论中，将具有上述三个特点的试验称为**随机试验**，简称**试验**. 我们是通过研究随机试验来研究随机现象的.

对随机试验，我们首先关心的是它可能出现的结果有哪些. 随机试验的每一个可能出现的结果称为一个样本点，用字母 ω 表示，而把试验 E 的所有可能结果的集合称作 E 的样本空间，并用字母 Ω 表示. 换句话说，样本空间就是样本点的全体构成的集合，样本空间的元素就是试验 E 的每个结果. 下面分别写出上述各试验 $E_k(k=1,2,\cdots,6)$所对应的样本空间 Ω_k：

$\Omega_1=\{H,T\}$；

$\Omega_2=\{1,2,3,4,5,6\}$；

$\Omega_3=\{0,1,2,3,\cdots\}$；

$\Omega_4=\{t|t\geqslant 0\}$；

$\Omega_5=\{t|t\in(-\infty,+\infty)\}$；

$\Omega_6=\{t|t\in[0,1]\}$.

值得注意的是，样本空间的元素可以是数，也可以不是数；样本空间所含有的样本点可以是有限多个，也可以是无限多个. 另外，样本点应是随机试验最基本并且不可再分的结果. 当随机试验的内容确定之后，样本空间就随之确定了.

1.3 随机事件的概念

通俗地讲，在一次试验中可能出现也可能不出现的事件，统称为**随机事件**，记作 $A,B,C,\cdots$或 $A_1,A_2,\cdots$. 实际上，在建立了随机试验的样本空间后，随机事件可以用样本空间的子集来表示.

例如，在试验 E_2 中，令 A 表示“出现奇数点”，A 就是一个随机事件. A 还可用样本点的集合形式表示，即 $A=\{1,3,5\}$，它是样本空间 Ω_2 的一个子集. 在试验 E_4 中，令 B 表示“灯泡的寿命大于1 000h”，B 也是一个随机事件，B 也可用样本点的集合形式表示，即 $B=\{t|t>1\,000\}$，B 也是样本空间 Ω_4 的一个子集.

因此在理论上，我们称试验 E 所对应的样本空间 Ω 的子集为 E 的一个**随机事件**，简称**事件**. 在一次试验中，当这一子集中的一个样本点出现时，称这一事件发生. 例如，在试验 E_2 中考察随机事件 A. 掷一次骰子，无论掷得1点、掷得3点，还是掷得5点，都称在这一次试验中事件 A 发生了. 显然样本点1,3,5都含在 A 中. 又如在 E_4 中考察随机事件 B. 测试一个灯泡的寿命，得知其寿命 $t_0=1\,500\text{h}$，$t_0\in B$，因而称 B 发生了. 相反，若测得该灯泡的寿命 $t_1=500\text{h}$，而 $t_1\notin B$，则称 B 在这次试验中没有发生.

样本空间 Ω 的仅包含一个样本点 ω 的单点子集$\{\omega\}$也是一种随机事件，这种事件称为**基本事件**.

例如，在试验 E_1 中，$\{H\}$表示“正面朝上”，这是基本事件；在试验 E_2 中，$\{3\}$表示“掷得3点”，这也是基本事件；在试验 E_5 中，$\{0.5\}$表示“测量的误差为0.5”，这还是一个基本事件.

样本空间Ω包含所有的样本点，它是Ω自身的子集，在每次试验中它总会发生，称为**必然事件**，必然事件仍记为Ω. 空集$\varnothing$不包含任何样本点，它也作为样本空间Ω的子集，在每次试验中都不发生，称为**不可能事件**. 必然事件和不可能事件在不同的试验中有不同的表达方式. 如在E_2中，事件“掷出的点数不超过6”就是必然事件，事件“掷出的点数大于6”就是不可能事件.

综上所述，随机事件可有不同的表达方式：一种是直接用语言描述，同一事件可有不同的描述；也可以用样本空间子集的形式表示，此时需要理解它所表达的实际含义，有利于对事件的理解.

特别提醒读者区别“事件”一词的通俗含义和理论意义.

1.4 随机事件的关系与运算

在随机事件中，有许多事件，而这些事件之间又有联系. 分析事件之间的关系，可以帮助我们更深刻地认识随机事件；给出事件的运算及运算规律，有助于我们讨论复杂事件.

既然事件可用集合来表示，那么事件的关系和运算自然应当按照集合论中集合之间的关系和集合的运算来处理. 下面给出这些关系和运算在概率论中的提法，并根据“事件发生”的含义，给出它们的概率意义.

1. 事件的包含与相等

设A,B为两个事件，若A发生必然导致B发生，则称**事件B包含事件A**，或称**事件A包含在事件B中**，记作$B\supset A$，或$A\subset B$.

显然有：$\varnothing\subset A\subset\Omega$.

例如，在试验E_2中，令A表示“出现1点”，B表示“出现奇数点”，则$A\subset B$.

例1 一批产品中有合格品100件，次品5件，在合格品中又有1%是一级品. 从这批产品中任取一件，令A表示“取得一级品”，B表示“取得合格品”，则$A\subset B$.

本例可以先写出试验的样本空间，然后把A,B分别表示成样本点的集合，由集合的包含关系断定$A\subset B$. 读者可试一下，这样做较繁琐. 以后，如无特别需要，可以不写出样本空间，也不必把事件写成样本点的集合，可直接根据具体事件的含义和上述事件包含关系的定义来判断. 在例1中，因为一级品一定是合格品，故A发生必然导致B发生，所以有$A\subset B$.

若$A\subset B$且$B\subset A$，则称A与B**相等**，记作$A=B$. 事实上，A和B在实际意义上表示同一事件，或者说A和B是同一事件的不同表述. 例如，在E_2中，令A表示“出现2点，4点，6点”，B表示“出现偶数点”，则$A=B$.

2. 和事件

称事件“A,B中至少有一个发生”为事件A与事件B的**和事件**，也称事件A与事件B的**并**，记作$A\cup B$或$A+B$. $A\cup B$发生意味着：或事件A发生，或事件B发生，或事件A和事件B都发生.

显然有：

1° $A\subset A\cup B, B\subset A\cup B$.

2° 若$A\subset B$，则$A\cup B=B$.

例2 袋中有5个白球和3个黑球，从其中任取3个球. 令A表示“取出的全是白球”，B表示“取出的全是黑球”，C表示“取出的球颜色相同”，则$C=A\cup B$.

例 3 甲、乙两人向同一目标射击，令 A 表示“甲命中目标”，B 表示“乙命中目标”，C 表示“目标被命中”，则 $C=A\cup B$.

给定 n 个事件 $A_1,A_2,\cdots,A_n$，定义它们的**和事件**为

$$\bigcup_{k=1}^{n}A_k=A_1\cup A_2\cup\cdots\cup A_n,$$

它表示 $A_1,A_2,\cdots,A_n$ 中至少有一个发生. 类似可定义可列个事件 $A_1,A_2,\cdots,A_n,\cdots$ 的和事件：

$$\bigcup_{k=1}^{\infty}A_k=A_1\cup A_2\cup\cdots\cup A_n\cup\cdots,$$

它表示 $A_1,A_2,\cdots,A_n,\cdots$ 中至少有一个发生.

在例 2 中，令 A_i 表示“取出的 3 个球中恰有 i 个白球”，$i=1,2,3$，D 表示“取出的 3 个球中至少有 1 个白球”，则 $D=A_1\cup A_2\cup A_3$.

3. 积事件

称事件“A,B 同时发生”为事件 A 与事件 B 的**积事件**，也称 A 与 B 的**交**，记作 $A\cap B$，简记为 AB. 事件 AB 发生意味着事件 A 发生且事件 B 也发生，也就是说 A,B 都发生.

显然有

1° $AB\subset A, AB\subset B$.

2° 若 $A\subset B$，则 $AB=A$.

例如，在试验 E_2 中，令 A 表示“出现偶数点”，B 表示“出现的点数小于 3”，则 AB 表示“出现 2 点”.

类似地，可定义 n 个事件 $A_1,A_2,\cdots,A_n$ 的**积事件**：

$$\bigcap_{k=1}^{n}A_k=A_1\cap A_2\cap\cdots\cap A_n=A_1A_2\cdots A_n,$$

它表示“$A_1,A_2,\cdots,A_n$ 都发生”. 也可定义可列个事件 $A_1,A_2,\cdots,A_n,\cdots$ 的积事件 $\bigcap_{k=1}^{\infty}A_k$. 这个问题留给读者.

4. 差事件

称事件“A 发生而 B 不发生”为事件 A 与事件 B 的**差事件**，记作 $A-B$.

显然有：

1° $A-B\subset A$.

2° 若 $A\subset B$，则 $A-B=\varnothing$.

例如，在 E_2 中令 A 表示“出现偶数点”，B 表示“出现点数小于 5”，则 $A-B$ 表示“出现 6 点”.

注意 在定义事件差的运算时，并未要求一定有 $B\subset A$，也就是说，没有包含关系 $B\subset A$，照样可作差运算 $A-B$.

5. 互不相容

若事件 A 与事件 B 不能同时发生，即 $AB=\varnothing$，则称事件 A 与事件 B 是互不相容的两个事件，简称 A 与 B **互不相容**（或**互斥**）. 对于 n 个事件 $A_1,A_2,\cdots,A_n$，如果它们两两之间互不相容，即 $A_iA_j=\varnothing, i\neq j, i,j=1,2,\cdots,n$，则称 $A_1,A_2,\cdots,A_n$ **互不相容**.

对于可列个事件 $A_1,A_2,\cdots,A_n,\cdots$，如果它们之间两两互不相容，即 $A_iA_j=\varnothing, i\neq j, i,j=1,2,\cdots$，则称 $A_1,A_2,\cdots,A_n,\cdots$ 互不相容.

例如，在试验 E_2 中，令 A 表示“出现偶数点”，B 表示“出现 3 点”，显然 A 与 B 不能同时发

生，即 A 与 B 互不相容.

在例 2 中，A 与 B 互不相容，A_1,A_2,A_3 互不相容.

6. 对立事件

称事件"A 不发生"为事件 A 的**对立事件**(**或余事件，或逆事件**)，记作 $\overline{A}$.

例如，在试验 E_2 中，令 A 表示"出现偶数点"，B 表示"出现奇数点"，则 $\overline{A}=B,\overline{B}=A$，即 B 是 A 的对立事件，A 是 B 的对立事件，A 与 B 互为对立事件.

若事件 A 与事件 B 中至少有一个发生，且 A 与 B 互不相容，即 $A\cup B=\Omega,AB=\varnothing$，则称 **$A$ 与 B 互为对立事件**.

显然有：

1° $\overline{\overline{A}}=A$.

2° $\overline{\Omega}=\varnothing,\overline{\varnothing}=\Omega$.

3° $A-B=A\overline{B}=A-AB$.

注意 若 A 与 B 为对立事件，则 A 与 B 互不相容. 但反过来不一定成立.

图 1-1～图 1-6 可直观地表示以上事件之间的关系与运算. 例如，图 1-1 中正方形区域表示样本空间 Ω，圆域 A 与圆域 B 分别表示事件 A 与事件 B，事件 B 包含事件 A. 图 1-2 中的阴影部分表示和事件 $A\cup B$，又如图 1-3 中的阴影部分则表示积事件 AB. 图 1-4 中的阴影部分则表示差事件 $A-B$，图 1-5 表示 A 与 B 互不相容，图 1-6 表示 B 是 A 的对立事件.

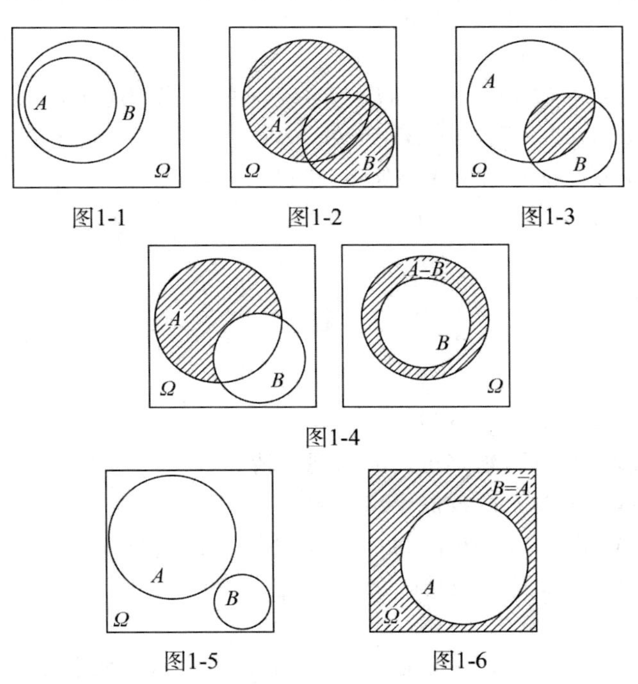

图1-1　图1-2　图1-3　图1-4　图1-5　图1-6

在进行事件运算时，经常要用到下述运算律. 设 A,B,C 为事件，则有

交换律：$A\cup B=B\cup A,A\cap B=B\cap A$.

结合律：$A\cup(B\cup C)=(A\cup B)\cup C$,

$A\cap(B\cap C)=(A\cap B)\cap C$.

分配律：$A\cup(B\cap C)=(A\cup B)\cap(A\cup C)$，

$A\cap(B\cup C)=(A\cap B)\cup(A\cap C)$.

对偶律：$\overline{A\cup B}=\overline{A}\cap\overline{B}$，$\overline{AB}=\overline{A}\cup\overline{B}$.

例 4 设 A,B,C 表示 3 个事件，试以 A,B,C 的运算来表示以下事件：

(1) 仅 A 发生；

(2) A,B,C 都发生；

(3) A,B,C 都不发生；

(4) A,B,C 不全发生；

(5) A,B,C 恰有一个发生.

解 (1)$A\overline{B}\,\overline{C}$；(2)$ABC$；(3)$\overline{A}\overline{B}\overline{C}$；(4)$\overline{ABC}$；(5)$A\overline{B}\overline{C}\cup\overline{A}B\overline{C}\cup\overline{A}\overline{B}C$.

例 5 某射手向一目标射击 3 次，A_i 表示"第 i 次射击命中目标"，$i=1,2,3$，B_j 表示"3 次射击中恰命中目标 j 次"，$j=0,1,2,3$. 试用 A_1,A_2,A_3 的运算表示 B_j，$j=0,1,2,3$.

解 $B_0=\overline{A_1}\,\overline{A_2}\,\overline{A_3}$；

$B_1=A_1\overline{A_2}\,\overline{A_3}\cup\overline{A_1}A_2\overline{A_3}\cup\overline{A_1}\,\overline{A_2}A_3$；

$B_2=A_1A_2\overline{A_3}\cup A_1\overline{A_2}A_3\cup\overline{A_1}A_2A_3$；

$B_3=A_1A_2A_3$.

例 6 化简：(1)$(A-B)\cup A$；(2)$(A-B)\cup B$；(3)$(A-B)A$；(4)$(A-B)B$；(5)$(A\cup B)(A\cup\overline{B})$.

解 (1) 由于 $A-B\subset A$，则$(A-B)\cup A=A$；

(2) 由于 $A-B=A\overline{B}$，则

$(A-B)\cup B=A\overline{B}\cup B=(A\cap\overline{B})\cup B=(A\cup B)\cap(\overline{B}\cup B)=(A\cup B)\cap\Omega=A\cup B$；

(3) 由于 $A-B\subset A$，则$(A-B)A=A-B$；

(4) $(A-B)B=(A\overline{B})B=A(\overline{B}B)=A\cap\varnothing=\varnothing$；

(5) $(A\cup B)(A\cup\overline{B})=A\cup(B\overline{B})=A\cup\varnothing=A$.

习 题 1.1

1. 写出下列随机试验的样本空间：

(1) 同时抛两枚均匀硬币，观察正反面出现的情况；

(2) 同时掷两枚骰子，观察两枚骰子出现的点数之和；

(3) 生产产品直到得到 10 件正品为止，记录生产产品的总件数；

(4) 在某十字路口，1h 内通过的机动车辆数；

(5) 某城市 1 天的用电量.

2. 设 A,B,C 为 3 个随机事件，试用 A,B,C 的运算表示下列事件：

(1) A,B 都发生而 C 不发生；

(2) A,B 至少有一个发生而 C 不发生；

(3) A,B,C 都发生或都不发生；

(4) A,B,C 不多于一个发生；

(5) A,B,C 不多于两个发生；

(6) A,B,C 恰有两个发生;

(7) A,B,C 至少有两个发生.

3. 指出下列关系式中哪些成立,哪些不成立?

(1) $A\cup B=(A\overline{B})\cup B$;

(2) $\overline{A}\cap B=A\cup B$;

(3) $(\overline{A\cup B})\cap C=\overline{A}\cap\overline{B}\cap\overline{C}$;

(4) $(AB)\cap(A\overline{B})=\varnothing$;

(5) 若 $A\subset B$,则 $A=AB$;

(6) 若 $A\subset B$,则 $\overline{B}\subset\overline{A}$;

(7) 若 $AB=\varnothing$,且 $C\subset A$,则 $BC=\varnothing$;

(8) 若 $B\subset A$,则 $A\cup B=A$.

4. 问事件"A,B 至少发生一个"与事件"A,B 至多发生一个"是否为对立事件?

5. 设 A,B 为两个随机事件,试利用事件的关系与运算证明:

(1) $B=AB\cup\overline{A}B$,且 AB 与 $\overline{A}B$ 互不相容;

(2) $A\cup B=A\cup\overline{A}B$,且 A 与 $\overline{A}B$ 互不相容.

6. 请用语言描述下列事件的对立事件:

(1) A 表示"抛两枚硬币,都出现正面";

(2) B 表示"生产 4 个零件,至少有 1 个合格".

7. 设 Ω 为随机试验的样本空间,A,B,C 为随机事件,且 $\Omega=\{1,2,3,4,\cdots,10\}$,$A=\{2,4,6,8,10\}$,$B=\{1,2,3,4,5\}$,$C=\{5,6,7,8,9,10\}$. 试求:$A\cup B,AB,ABC,\overline{A}\cap C,\overline{A}\cup A$.

8. 设 Ω 为随机试验的样本空间,A,B 为随机事件,且 $\Omega=\{x|0\leqslant x\leqslant 5\}$,$A=\{x|1\leqslant x\leqslant 2\}$,$B=\{x|0\leqslant x\leqslant 2\}$. 试求:$A\cup B,AB,B-A,\overline{A}$.

§2 概　率

2.1 频率与概率

对于一个事件来说,它在一次试验中可能发生,也可能不发生. 我们常常希望知道随机事件在一次试验中发生的可能性究竟有多大,并希望寻求一个合适的数来表示这种可能性的大小. 对于事件 A,这个数通常记为 $P(A)$,称为事件 A 在一次试验中发生的概率. 当然,这是概率的通俗含义,还不能作为概率的定义. 在正式给出概率的定义之前,先阐述事件概率定义的实际背景:事件的频率和古典概型. 首先介绍频率的概念.

在相同条件下进行了 n 次试验,在这 n 次试验中,事件 A 发生的次数 n_A 称为事件 A 发生的**频数**,而比值 $\frac{n_A}{n}$ 称为事件 A 发生的**频率**,并记作 $f_n(A)$.

通过实践人们发现,随着试验重复次数 n 的大量增加,频率 $f_n(A)$ 会逐渐稳定于某一常数,我们称这个常数为频率的稳定值. 其实这个稳定值就是事件 A 的概率 $P(A)$.

历史上有很多人做过抛硬币的试验,其结果见表 2-1. 从表中的数据可看出:出现正面的频率逐渐稳定在 0.5，这一稳定值 0.5 可以作为事件 A“出现正面”的概率.

表 1-1

试验者	n	n_A	$f_n(A)$
德·摩根	2 048	1 061	0.518 1
蒲丰	4 040	2 048	0.506 9
K. 皮尔逊	12 000	6 019	0.501 6
K. 皮尔逊	24 000	12 012	0.500 5

通过频率稳定值去描述事件的概率有它的缺点，因为在现实世界中，人们无法把一个试验无限次重复下去，所以要精确获得频率的稳定值是困难的. 但频率的稳定性却提供了概率的一个可供猜想的具体值，并且在试验重复次数 n 很大时，可用频率给出概率的一个近似值.

由频率的定义很容易证明下列基本性质：

(1) $0\leqslant f_n(A)\leqslant 1$.

进行 n 次试验，事件 A 发生 n_A 次，$0\leqslant n_A\leqslant n$，则

$$0\leqslant f_n(A)=\frac{n_A}{n}\leqslant 1.$$

(2) $f_n(\varnothing)=0, f_n(\Omega)=1$.

进行 n 次试验，不可能事件 $\varnothing$ 一次也不发生，即 $n_\varnothing=0$，故

$$f_n(\varnothing)=\frac{n_\varnothing}{n}=0.$$

又因为，必然事件 Ω 一定发生 n 次，即 $n_\Omega=n$，从而

$$f_n(\Omega)=\frac{n_\Omega}{n}=\frac{n}{n}=1.$$

(3) 若 A 与 B 互不相容，则 $f_n(A\cup B)=f_n(A)+f_n(B)$.

事实上，进行 n 次试验，事件 A 发生的次数为 n_A，事件 B 发生的次数为 n_B，因为 A 与 B 互不相容，$AB=\varnothing$，所以 $A\cup B$ 发生的次数 $n_{A\cup B}=n_A+n_B$，故

$$f_n(A\cup B)=\frac{n_{A\cup B}}{n}=\frac{n_A+n_B}{n}=\frac{n_A}{n}+\frac{n_B}{n}=f_n(A)+f_n(B).$$

这个性质可以推广：当 $A_1, A_2, \cdots, A_m$ 互不相容时，

$$f_n\left(\bigcup_{k=1}^{m} A_k\right)=\sum_{k=1}^{m} f_n(A_k),$$

其中 m 是正整数.

当 $A_1, A_2, \cdots, A_m, \cdots$ 互不相容时，

$$f_n\left(\bigcup_{k=1}^{\infty} A_k\right)=\sum_{k=1}^{\infty} f_n(A_k).$$

由于频率是概率的近似值，因此不难想到概率 $P(A)$ 也应有类似特征：

(1) $0\leqslant P(A)\leqslant 1$；

(2) $P(\varnothing)=0, P(\Omega)=1$；

(3) 当 $A_1, A_2, \cdots, A_m$ 互不相容（或 $A_1, A_2, \cdots, A_m, \cdots$ 互不相容）时，有

$$P(\bigcup_{k=1}^{m} A_k) = \sum_{k=1}^{m} P(A_k)\,(\text{或}\ P(\bigcup_{k=1}^{\infty} A_k) = \sum_{k=1}^{\infty} P(A_k)).$$

2.2 古典概型

古典概型是概率论发展历史上首先被人们研究的一类概率模型，它出现在较简单的一类随机试验中，在这类随机试验中总共只有有限个不同的结果可能出现，并且各种不同的结果出现的机会相等．例如，抛一枚均匀硬币，只有两种结果，而且两种结果等可能．同样，掷一枚质地均匀的骰子，它只有 6 种不同的结果，而且出现 6 种结果的可能性相同．

理论上，具有下面两个特点的随机试验的概率模型，称为**古典概型**：

(1) 基本事件的总数是有限的，换句话说样本空间仅含有有限个样本点，

(2) 每个基本事件发生的可能性相同．

下面介绍古典概型事件概率的计算公式．设 Ω 为随机试验 E 的样本空间，其中所含样本点总数为 n，A 为一随机事件，其中所含样本点数为 r，则有

$$P(A)=\frac{r}{n}=\frac{A\ \text{中样本点数}}{\Omega\ \text{中样本点总数}},$$

也即

$$P(A)=\frac{r}{n}=\frac{A\ \text{所包含的基本事件数}}{\text{基本事件总数}},$$

例 7 掷一枚质地均匀的骰子，求出现奇数点的概率．

解 样本空间 $\Omega=\{1,2,3,4,5,6\}$，样本点总数 $n=6$，而事件“出现奇数点”用 A 表示，则 $A=\{1,3,5\}$，所含样本点数 $r=3$，从而

$$P(A)=\frac{r}{n}=\frac{3}{6}=\frac{1}{2}.$$

由此可见，在古典概型中求事件 A 的概率的关键在于寻求基本事件总数（或样本点总数）n 和 A 所含基本事件数（或 A 所含样本点数）r，而在计算 n 和 r 时往往要利用排列组合的有关知识，希望读者认真复习这方面的基本知识（参见本章末附录）．

例 8 抛一枚均匀硬币 3 次，设事件 A 为“恰有 1 次出现正面”，B 表示“3 次均出现反面”，C 表示“至少一次出现正面”．试求 $P(A)$，$P(B)$，$P(C)$．

解 **法一** 设出现正面用 H 表示，出现反面用 T 表示，则样本空间 $\Omega=\{HHH,THH,HTH,HHT,TTH,THT,HTT,TTT\}$，样本点总数 $n=8$．又因为

$$A=\{TTH,THT,HTT\},\quad B=\{TTT\},$$
$$C=\{HHH,THH,HTH,HHT,TTH,THT,HTT\},$$

所以 A，B，C 中样本点数分别为

$$r_A=3,\quad r_B=1,\quad r_C=7,$$

则

$$P(A)=\frac{r_A}{n}=\frac{3}{8},\quad P(B)=\frac{r_B}{n}=\frac{1}{8},\quad P(C)=\frac{r_C}{n}=\frac{7}{8}.$$

法二 抛一枚硬币 3 次，基本事件总数 $n=2^3$，事件 A 包含了 3 个基本事件：“第 i 次是正面，其他两次都是反面”，$i=1,2,3$，因而

$$r_A=3.$$

显然 B 就是一个基本事件，它包含的基本事件数为

$$r_B=1.$$

而 C 与 B 为对立事件，它包含的基本事件数为

$$r_C=n-r_B=2^3-1=7.$$

故
$$P(A)=\frac{r_A}{n}=\frac{3}{8},\quad P(B)=\frac{r_B}{n}=\frac{1}{8},\quad P(C)=\frac{r_C}{n}=\frac{7}{8}.$$

由于计算古典概型中事件的概率时只需求出样本点总数和事件所含样本点的个数，所以往往不需要写出样本空间的具体内容及事件中所含的具体样本点，同样可得到事件的概率. 另一方面，一些概率的样本空间较复杂，具体写出较繁琐，因此在计算古典概型中事件的概率时多采用排列组合的方法计算 n 和 r.

例 9　从 0,1,2,…,9 这 10 个数字中任意选出 3 个不同的数字，试求 3 个数字中不含 0 和 5 的概率.

解　设 A 表示“3 个数字中不含 0 和 5”. 从 0,1,2,…,9 中任意选 3 个不同的数字，共有 C_{10}^3 种选法，即基本事件总数 $n=C_{10}^3$. 3 个数中不含 0 和 5，是从 1,2,3,4,6,7,8,9 共 8 个数字中取得，选法有 C_8^3 种，即 A 包含的基本事件数 $r=C_8^3$，则

$$P(A)=\frac{r}{n}=\frac{C_8^3}{C_{10}^3}=\frac{7}{15}.$$

例 10　从 1,2,…,9 这 9 个数字中任取一数，取后放回，而后再取一数，试求取出的两个数字不同的概率.

解　基本事件总数 $n=9^2$，因为第一次取数有 9 种可能取法，取后放回，第二次取数仍有 9 种可能取法，这是可重复排列的问题.

设 A 表示“取出两个数字不同”，A 包含的基本事件数为 9×8，因为第一次取数有 9 种可能取法，为保证两个数不同，第二次取数应从另外的 8 个数中选取，有 8 种可能取法，$r=9\times8$，故

$$P(A)=\frac{r}{n}=\frac{9\times8}{9^2}=\frac{8}{9}.$$

例 11　袋中有 5 个白球、3 个黑球，从中任取两个，试求取到的两个球颜色相同的概率.

解　从 8 个球中任取两个，共有 C_8^2 种取法，即基本事件总数 $n=C_8^2$.

记 A 表示“取到的两个球颜色相同”，A 包含两种情况：全是白球或全是黑球. 全是白球有 C_5^2 种取法，全是黑球有 C_3^2 种取法，由加法原理知，A 的取法共 $C_5^2+C_3^2$ 种，即 A 包含的基本事件数 $r=C_5^2+C_3^2$，故

$$P(A)=\frac{r}{n}=\frac{C_5^2+C_3^2}{C_8^2}=\frac{13}{28}.$$

例 12　一批产品共有 100 件，其中 3 件次品. 现从这批产品中接连抽取两次，每次抽取一件，考虑两种情况：

(1) 不放回抽样：第一次取一件不放回，第二次再抽取一件；

(2) 放回抽样：第一次取一件检查后放回，第二次再抽取一件.

试分别针对上述两种情况，求事件 A“第一次抽到正品，第二次抽到次品”的概率.

解　(1) 采取不放回抽样：由于要考虑 2 件产品取出的顺序，接连两次抽取共有 A_{100}^2 种取法，即基本事件总数 $n=A_{100}^2$. 第一次取到正品共有 97 种取法，第二次取到次品共有 3 种取法，则 A 包含的基本事件数 $r=97\times3$，故

$$P(A)=\frac{r}{n}=\frac{97\times3}{A_{100}^2}\approx0.029\ 4.$$

(2) 采取放回抽样：第一次抽取共有 100 种取法，取后放回，第二次抽取仍有 100 种取法，即基本事件总数 $n=100^2$. 在这种情况下，A 包含的基本事件数 r 仍为 97×3，故

$$P(A)=\frac{r}{n}=\frac{97\times 3}{100^2}\approx 0.0291.$$

计算古典概型的概率还可以利用概率的性质，后面将有这方面的例子.

由古典概型中事件概率的计算公式易知概率具有下列性质：

(1) $0\leqslant P(A)\leqslant 1$；

(2) $P(\varnothing)=0, P(\Omega)=1$；

(3) 当 A 与 B 互不相容时，有 $P(A\cup B)=P(A)+P(B)$.

这个性质可以推广：当 $A_1,A_2,\cdots,A_m$ 互不相容时，有

$$P\left(\bigcup_{k=1}^{m}A_k\right)=\sum_{k=1}^{m}P(A_k),$$

其中 m 为正整数.

当 $A_1,A_2,\cdots,A_m,\cdots$ 互不相容时，有

$$P\left(\bigcup_{k=1}^{\infty}A_k\right)=\sum_{k=1}^{\infty}P(A_k).$$

2.3　概率的定义与性质

在以上两小节的讨论中似乎已经给出了概率的定义，但那里只是针对两种特殊的情况给出的，并不是概率的一般定义. 然而从上面的讨论中可以得到启发，进一步概括出如下概率的一般定义.

定义 1　设 Ω 是随机试验 E 的样本空间，对于 E 的每个事件 A 赋予一个实数，记为 $P(A)$，称 $P(A)$ 为**事件 A 的概率**，如果它满足下列条件：

1°　$P(A)\geqslant 0$；

2°　$P(\Omega)=1$；

3°　设 $A_1,A_2,\cdots,A_m,\cdots$ 是一列互不相容的事件，则有

$$P\left(\bigcup_{k=1}^{\infty}A_k\right)=\sum_{k=1}^{\infty}P(A_k).$$

由概率的定义可以推得概率的一些重要性质，此处省略它们的理论证明，有兴趣的读者可参考其他教材.

性质 1　$0\leqslant P(A)\leqslant 1, P(\varnothing)=0$.

性质 2　对于任意事件 A,B 有

$$P(A\cup B)=P(A)+P(B)-P(AB).$$

特别地，当 A 与 B 互不相容时，

$$P(A\cup B)=P(A)+P(B).$$

性质 2 可推广：对于任意事件 A,B,C，有

$$P(A\cup B\cup C)=P(A)+P(B)+P(C)-P(AB)-P(AC)-P(BC)+P(ABC).$$

当 $A_1,A_2,\cdots,A_n$ 互不相容时，

$$P(A_1\cup A_2\cup\cdots\cup A_n)=P(A_1)+P(A_2)+\cdots+P(A_n),$$

其中 n 为正整数.

性质 3 $P(B-A)=P(B)-P(AB)$.

特别地，当 $A\subset B$ 时，$P(B-A)=P(B)-P(A)$，且 $P(A)\leqslant P(B)$.

性质 4 $P(\overline{A})=1-P(A)$.

以上概率性质很重要.希望读者掌握这些性质，并会用它们进行概率的基本运算.

例 13 已知 12 件产品中有 2 件次品，从中任意抽取 4 件产品，求至少取得 1 件次品（记为 A）的概率.

解 设 B 表示“未抽到次品”，则 $B=\overline{A}$，而由古典概型的概率求法可得

$$P(B)=\frac{C_{10}^{4}}{C_{12}^{4}}=\frac{14}{33},$$

则

$$P(A)=1-P(\overline{A})=1-P(B)=\frac{19}{33}.$$

例 14 设 A,B 为两个随机事件，$P(A)=0.5$，$P(A\cup B)=0.8$，$P(AB)=0.3$，求 $P(B)$.

解 由 $P(A\cup B)=P(A)+P(B)-P(AB)$，得

$$P(B)=P(A\cup B)-P(A)+P(AB)=0.8-0.5+0.3=0.6.$$

例 15 设 A,B 为两个随机事件，$P(A)=0.8$，$P(AB)=0.5$，求 $P(A\overline{B})$.

解 $P(A\overline{B})=P(A)-P(AB)=0.8-0.5=0.3$.

例 16 设 A 与 B 互不相容，$P(A)=0.5$，$P(B)=0.3$，求 $P(\overline{A}\,\overline{B})$.

解 $P(\overline{A}\,\overline{B})=P(\overline{A\cup B})=1-P(A\cup B)=1-[P(A)+P(B)]$

$=1-(0.5+0.3)=0.2$.

习 题 1.2

1. 把 10 本书任意放在书架的一排上，求其中指定的 3 本书放在一起的概率.

2. 10 件产品中有 7 件正品，3 件次品.

(1) 不放回地每次从中任取一件，共取 3 次，求取到 3 件次品的概率；

(2) 每次从中任取一件，有放回地取 3 次，求取到 3 件次品的概率.

3. 袋中有 7 个球，其中红球 5 个、白球 2 个，从袋中取球两次，每次随机地取一个球，取后不放回.求：

(1) 第一次取到白球、第二次取到红球的概率；(2) 两次取得一红球一白球的概率.

4. 掷两枚骰子，求出现的点数之和等于 7 的概率.

5. 从 1,2,3,4,5 这 5 个数字中，任取 3 个不同的数字排成一个三位数.求：

(1) 所得的三位数为偶数的概率；(2) 所得的三位数为奇数的概率.

6. 口袋中有 10 个球，分别标有号码 1 到 10.现从中任选 3 个，记下取出球的号码，求：

(1) 最小号码为 5 的概率；(2) 最大号码为 5 的概率.

7. 将 3 个球随机地放入 4 个杯子，求 3 个球在同一个杯子中的概率.

8. 罐中有 12 粒围棋子，其中 8 粒白子、4 粒黑子，从中任取 3 粒，求：

(1) 取到的都是白子的概率；

(2) 取到 2 粒白子、1 粒黑子的概率；

(3) 至少取到一粒黑子的概率；

(4) 取到的 3 粒棋子颜色相同的概率.

9. 从 0,1,2,…,9 这 10 个数字中任选 3 个不同的数字,求 3 个数字中不含 0 或 5 的概率.

10. 设 $A\subset B$, $P(A)=0.2$, $P(B)=0.3$. 求：

(1) $P(\bar{A})$, $P(\bar{B})$；(2) $P(A\cup B)$；(3) $P(AB)$；(4) $P(B\bar{A})$；(5) $P(A-B)$.

11. 设 $P(A)=0.7$, $P(B)=0.6$, $P(A-B)=0.3$,求 $P(\overline{AB})$, $P(A\cup B)$, $P(\bar{A}\,\bar{B})$.

12. 设 $P(AB)=P(\bar{A}\,\bar{B})$,且 $P(A)=p$,求 $P(B)$.

13. 设 A,B,C 为 3 个随机事件,且 $P(A)=P(B)=P(C)=\frac{1}{4}$, $P(AB)=P(BC)=\frac{1}{16}$, $P(AC)=0$. 求：

(1) A,B,C 中至少有一个发生的概率；

(2) A,B,C 全不发生的概率.

§3 条件概率

3.1 条件概率与乘法公式

在实际问题中,除了要考虑事件 A 的概率,还要考虑在已知事件 B 发生的条件下,事件 A 发生的概率,称为在事件 B 发生的条件下事件 A 的**条件概率**,记作 $P(A|B)$. 例如,在一批产品中任取一件,已知是合格品,问它是一等品的概率;在某人群中任选一人,被选中的人为男性,问他是色盲的概率;等等. 这些问题都是求条件概率的问题.

例 17 某工厂有职工 400 名,其中男女职工各占一半,男女职工中技术优秀的分别为 20 人与 40 人. 从中任选一名职工,试问：

(1) 该职工技术优秀的概率是多少?

(2) 已知选出的是男职工,他技术优秀的概率是多少?

解 设 A 表示"选出的职工技术优秀",B 表示"选出的职工为男职工". 按古典概型的计算方法得

(1) $P(A)=\frac{60}{400}=\frac{3}{20}$；(2) $P(A|B)=\frac{20}{200}=\frac{1}{10}$.

显然 $P(A)\neq P(A|B)$,一般情况下,$P(A)$ 与 $P(A|B)$ 是不同的. 另外,$P(AB)$ 与 $P(A|B)$ 也不相同,$P(AB)$ 是 A 发生且 B 发生,即 A 与 B 同时发生的概率. 在本例中 AB 表示"选出的是男职工而且技术优秀",则

$$P(AB)=\frac{20}{400}=\frac{1}{20}\neq P(A|B).$$

但 $P(AB)$ 与 $P(A|B)$ 又有着密切的联系,进一步计算可得

$$P(A|B)=\frac{1}{10}=\frac{20/400}{200/400}=\frac{P(AB)}{P(B)}.$$

这一关系式是从本例得出的,但它具有普遍意义. 例如,考虑古典概型,设样本空间 Ω 包含的基本事件总数为 n,事件 B 包含的基本事件数为 n_B,事件 AB 所包含的基本事件数为

n_{AB}，则有

$$P(A|B)=\frac{n_{AB}}{n_B}=\frac{n_{AB}/n}{n_B/n}=\frac{P(AB)}{P(B)}.$$

由此，我们可以给出条件概率的一般定义.

定义 2 设 A,B 是两个事件，且 $P(B)>0$，称

$$P(A|B)=\frac{P(AB)}{P(B)}$$

为在事件 B 发生的条件下事件 A 发生的**条件概率**.

条件概率公式揭示了条件概率与事件概率 $P(B)$，$P(AB)$三者之间的关系.

显然，当 $P(A)>0$ 时，$P(B|A)=\dfrac{P(AB)}{P(A)}$.

计算条件概率有两个基本的方法：其一，用定义计算；其二，在古典概型中利用古典概型的计算方法直接计算.

例 18 在全部产品中有 4%是废品，有 72%为一等品. 现从其中任取一件为合格品，求它是一等品的概率.

解 设 A 表示"任取一件为合格品"，B 表示"任取一件为一等品"，$P(A)=96\%$，$P(AB)=P(B)=72\%$，注意 $B\subset A$，则所求概率为

$$P(B|A)=\frac{P(AB)}{P(A)}=\frac{72\%}{96\%}=0.75.$$

例 19 盒中有黄、白两种颜色的乒乓球，黄色球 7 个，其中 3 个是新球；白色球 5 个，其中 4 个是新球. 现从中任取一球是新球，求它是白球的概率.

解 设 A 表示"任取一球为新球"，B 表示"任取一球为白球"，由古典概型的等可能性可知所求概率为

$$P(B|A)=\frac{4}{7}.$$

例 20 盒中有 5 个黑球、3 个白球，连续不放回地从中取两次球，每次取一个，若已知第一次取出的是白球，求第二次取出的是黑球的概率.

解 设 A 表示"第一次取球取出的是白球"，B 表示"第二次取球取出的是黑球"，所求概率为 $P(B|A)$.

由于第一次取球取出的是白球，所以第二次取球时盒中有 5 个黑球、2 个白球，由古典概型的概率计算方法得

$$P(B|A)=\frac{5}{7}.$$

由条件概率的定义，我们可以得到一个非常有用的公式，这就是概率的乘法公式：

当 $P(A)>0$ 时，有 $P(AB)=P(A)P(B|A)$.

当 $P(B)>0$ 时，有 $P(AB)=P(B)P(A|B)$.

乘法公式还可以推广到 n 个事件的情况：

(1) 设 $P(AB)>0$，则

$$P(ABC)=P(A)P(B|A)P(C|AB)$$

读者可考虑在条件 $P(AC)>0$ 或 $P(BC)>0$ 之下的乘法公式.

(2) 设 $P(A_1A_2\cdots A_{n-1})>0$，则

$$P(A_1A_2\cdots A_n)=P(A_1)P(A_2|A_1)\cdots P(A_n|A_1A_2\cdots A_{n-1}).$$

乘法公式的作用在于利用条件概率计算积事件的概率，它在概率计算中有着广泛的应用.

例 21 在 10 个产品中，有 2 个次品，不放回地抽取 2 次产品，每次取一个，求取到的 2 个产品都是次品的概率.

解 设 A 表示"第一次取产品取到次品"，B 表示"第二次取产品取到次品"，则

$$P(A)=\frac{2}{10}=\frac{1}{5},\quad P(B|A)=\frac{1}{9},$$

故

$$P(AB)=P(A)P(B|A)=\frac{1}{5}\times\frac{1}{9}=\frac{1}{45}.$$

例 22 盒中有 5 个白球、2 个黑球，连续不放回地在其中取 3 次球，求第三次才取到黑球的概率.

解 设 A_i 表示"第 i 次取到黑球"，$i=1,2,3$，于是所求概率为

$$P(\overline{A_1}\ \overline{A_2}\ A_3)=P(\overline{A_1})P(\overline{A_2}|\overline{A_1})P(A_3|\overline{A_1}\ \overline{A_2})=\frac{5}{7}\times\frac{4}{6}\times\frac{2}{5}=\frac{4}{21}.$$

例 23 设 $P(A)=0.8$，$P(B)=0.4$，$P(B|A)=0.25$，求 $P(A|B)$.

解 $P(AB)=P(A)P(B|A)=0.8\times0.25=0.2$，则

$$P(A|B)=\frac{P(AB)}{P(B)}=\frac{0.2}{0.4}=0.5.$$

3.2 全概率公式与贝叶斯(Bayes)公式

定义 3 设事件 $A_1,A_2,\cdots,A_n$ 满足如下两个条件：

(1) $A_1,A_2,\cdots,A_n$ 互不相容，且 $P(A_i)>0$，$i=1,2,\cdots,n$；

(2) $A_1\cup A_2\cup\cdots\cup A_n=\Omega$，即 $A_1,A_2,\cdots,A_n$ 至少有一个发生，

则称 $A_1,A_2,\cdots,A_n$ 为样本空间 Ω 的一个**划分**.

当 $A_1,A_2,\cdots,A_n$ 是 Ω 的一个划分时，每次试验有且只有其中的一个事件发生.

全概率公式 设随机试验对应的样本空间为 Ω，$A_1,A_2,\cdots,A_n$ 是样本空间 Ω 的一个划分，B 是任意一个事件，则

$$P(B)=\sum_{i=1}^{n}P(A_i)P(B|A_i).$$

证明

$$B=B\Omega=B\left(\bigcup_{i=1}^{n}A_i\right)=\bigcup_{i=1}^{n}(A_iB).$$

由于 $A_1,A_2,\cdots,A_n$ 互不相容，而 $BA_i\subset A_i$，故 $A_1B,A_2B,\cdots,A_nB$ 也互不相容，则

$$P(B)=P\left(\bigcup_{i=1}^{n}(A_iB)\right)=\sum_{i=1}^{n}P(A_iB)=\sum_{i=1}^{n}P(A_i)P(B|A_i).$$

最后一步用到乘法公式.

注意 当 $0<P(A)<1$ 时，A 与 $\overline{A}$ 就是 Ω 的一个划分，又设 B 为任一事件，则全概率公式的最简单形式为

$$P(B)=P(A)P(B|A)+P(\overline{A})P(B|\overline{A}).$$

例 24 盒中有 5 个白球、3 个黑球，连续不放回地从中取两次球，每次取一个，求第二次取球取到白球的概率.

解 设 A 表示“第一次取球取到白球”，B 表示“第二次取球取到白球”，则

$$P(A)=\frac{5}{8},\quad P(\overline{A})=\frac{3}{8},\quad P(B|A)=\frac{4}{7},\quad P(B|\overline{A})=\frac{5}{7}.$$

由全概率公式得

$$P(B)=P(A)P(B|A)+P(\overline{A})P(B|\overline{A})=\frac{5}{8}\times\frac{4}{7}+\frac{3}{8}\times\frac{5}{7}=\frac{5}{8}.$$

例 25 在某工厂中有甲、乙、丙三台机器生产同一型号的产品，它们的产量各占 30%，35%，35%，并且在各自的产品中废品率分别为 5%，4%，3%. 求从该厂的这种产品中任取一件是废品的概率.

解 设 A_1 表示“从该厂的这种产品中任取一件产品为甲所生产”，A_2 表示“从该厂的这种产品中任取一件产品为乙所生产”，A_3 表示“从该厂的这种产品中任取一件产品为丙所生产”，B 表示“从该厂的这种产品中任取一件为次品”，则

$$P(A_1)=30\%,\quad P(A_2)=35\%,\quad P(A_3)=35\%,$$
$$P(B|A_1)=5\%,\quad P(B|A_2)=4\%,\quad P(B|A_3)=3\%.$$

由全概率公式得

$$P(B)=\sum_{i=1}^{3}P(A_i)P(B|A_i)=30\%\times5\%+35\%\times4\%+35\%\times3\%=3.95\%.$$

例 26 设在 $n(n\geqslant2)$ 张彩票中有 1 张奖券，甲、乙两人依次每人摸一张彩票，分别求甲、乙二人摸到奖券的概率.

解 设 A 表示“甲摸到奖券”，B 表示“乙摸到奖券”. 现在目的是求 $P(A)$，$P(B)$，显然

$$P(A)=\frac{1}{n}.$$

因为 A 是否发生直接关系到 B 发生的概率，即

$$P(B|A)=0,\quad P(B|\overline{A})=\frac{1}{n-1},$$

而

$$P(A)=\frac{1}{n},\quad P(\overline{A})=\frac{n-1}{n},$$

于是由全概率公式得

$$P(B)=P(A)P(B|A)+P(\overline{A})P(B|\overline{A})=\frac{1}{n}\times0+\frac{n-1}{n}\times\frac{1}{n-1}=\frac{1}{n}.$$

可以证明，若还有第三个人摸一张彩票，他摸到奖券的概率仍是 $\frac{1}{n}$. 这说明，购买彩票时，不论先买后买，中奖机会是均等的，这就是所谓的“抽签公平性”.

下面介绍贝叶斯公式：

贝叶斯公式 设 $A_1,A_2,\cdots,A_n$ 是样本空间的一个划分，B 是任一事件，且 $P(B)>0$，则

$$P(A_i|B)=\frac{P(A_i)P(B|A_i)}{P(B)}=\frac{P(A_i)P(B\mid A_i)}{\sum_{k=1}^{n}P(A_k)P(B\mid A_k)},\quad i=1,2,\cdots,n.$$

公式的证明留给读者完成.

在使用贝叶斯公式时往往先利用全概率公式求出 $P(B)$.

例 27 在例 24 的条件下，若第二次取到白球，求第一次取到黑球的概率.

解 使用例 24 解中的记号，所求概率为 $P(\overline{A}|B)$. 由贝叶斯公式，

$$P(\overline{A}|B)=\frac{P(\overline{A})P(B|\overline{A})}{P(B)}=\frac{\frac{3}{8}\times\frac{5}{7}}{\frac{5}{8}}=\frac{3}{7}.$$

例 28 在例 25 的假设下，若任取一件是废品，分别求它是由甲、乙、丙生产的概率.

解 由贝叶斯公式，得

$$P(A_1|B)=\frac{P(A_1)P(B|A_1)}{P(B)}=\frac{30\%\times5\%}{3.95\%}=\frac{30}{79}\approx37.97\%,$$

$$P(A_2|B)=\frac{P(A_2)P(B|A_2)}{P(B)}=\frac{35\%\times4\%}{3.95\%}=\frac{28}{79}\approx35.44\%,$$

$$P(A_3|B)=\frac{P(A_3)P(B|A_3)}{P(B)}=\frac{35\%\times3\%}{3.95\%}=\frac{21}{79}\approx26.58\%.$$

例 29 针对某种疾病进行一种化验，患该病的人中有 90%呈阳性反应，而未患该病的人中有 5%呈阳性反应. 设人群中有 1%的人患这种病. 若某人做这种化验呈阳性反应，则他患这种疾病的概率是多少？

解 设 A 表示"某人患这种病"，B 表示"化验呈阳性反应"，则

$$P(A)=0.01,\quad P(\overline{A})=0.99,\quad P(B|A)=0.9,\quad P(B|\overline{A})=0.05.$$

由全概率公式得

$$P(B)=P(A)P(B|A)+P(\overline{A})P(B|\overline{A})=0.01\times0.9+0.99\times0.05=0.058\,5.$$

再由贝叶斯公式得

$$P(A|B)=\frac{P(A)P(B|A)}{P(B)}=\frac{0.01\times0.9}{0.058\,5}=0.15=15\%.$$

本题的结果表明，化验呈阳性反应的人中，只有 15%左右真正患有该病.

在利用全概率公式和贝叶斯公式时常常感到无从下手，不知道应该把哪些事件当作 A_i，又应把哪个事件当成 B. 这时我们不妨这样直观地理解一下两个公式，即把事件 B 看成"结果"，把诸事件 $A_1,A_2,\cdots,A_n$ 看成导致这一结果的"原因"，则概率 $P(B|A_i)$ 为原因 A_i 导致结果 B 发生的概率，而 $P(A_i)$ 为原因 A_i 发生的概率. 这样可形象地把全概率公式看成为"由原因推结果"，而贝叶斯公式则恰好相反，其作用在于"由结果推原因"，有了结果 B，重新计算导致 B 发生的各个原因的可能性. 按上述直观方法理解对这两个公式的应用会有所帮助.

习 题 1.3

1. 证明条件概率的下列性质：

(1) $0\leqslant P(A|B)\leqslant1, P(\Omega|B)=1, P(\varnothing|B)=0$；

(2) 若 A 与 B 互不相容，则 $P(A\cup B|C)=P(A|C)+P(B|C)$；

(3) $P(\overline{A}|B)=1-P(A|B)$.

2. 设 $P(A)=0.5, P(A\overline{B})=0.3$，求 $P(B|A)$.

3. 设 $P(A)=\frac{1}{4}, P(B|A)=\frac{1}{3}, P(A|B)=\frac{1}{2}$，求 $P(A\cup B)$.

4. 设 $P(\overline{A})=0.3, P(B)=0.4, P(A\overline{B})=0.5$，求 $P(B|A\cup\overline{B})$.

5. 一批产品中有4%废品，而合格品中一等品占55%. 从这批产品中任选一件，求这件产品是一等品的概率.

6. 设某种动物活到20岁的概率为0.8，活到25岁的概率为0.4，问年龄为20岁的这种动物活到25岁的概率为多少？

7. 10个零件有3个次品、7个合格品. 每次从中任取一个零件，共取3次，取后不放回，求：(1) 这3次都取到次品的概率；(2)这3次中至少有一次取到合格品的概率.

8. 设某光学仪器厂制造的透镜，第一次落下时摔破的概率为 $\frac{1}{2}$，若第一次落下未摔破，第二次落下摔破的概率为 $\frac{7}{10}$；若前两次落下未摔破，第三次落下摔破的概率为 $\frac{9}{10}$. 试求透镜落下3次而未摔破的概率.

9. 设在 n 张彩票中有一张奖券，有3个人参加抽奖. 求第三个人摸到奖券的概率.

10. 两台车床加工同样的零件，第一台出现废品的概率为0.03，第二台出现废品的概率为0.02，加工出来的零件放在一起，并且已知第一台加工的零件比第二台加工的零件多一倍，求任取一零件是合格品的概率.

11. 在甲、乙、丙三个袋中，甲袋中有白球2个、黑球1个，乙袋中有白球1个、黑球2个，丙袋中有白球2个、黑球2个. 现随机地选出一个袋子再从袋中取一球，问取出的球是白球的概率.

12. 已知男性中有5%是色盲患者，女性中有0.25%是色盲患者. 现从男女人数相等的人群中随机地挑选一人，恰好是色盲患者，问此人是男性的概率是多少？

13. 对以往数据分析结果表明，当机器调整达良好时，产品的合格率为90%，而机器发生某一故障时，产品的合格率为30%. 每天早上机器开动时，机器调整达良好的概率为75%. 已知某日早上第一件产品是合格品，试求机器调整达良好的概率.

14. 某工厂中，三台机器分别生产某种产品总数的25%，35%，40%，它们生产的产品中分别有5%，4%，2%的次品，将这些产品混在一起. 现随机地取一产品，问它是次品的概率是多少？又问这一次品是由三台机器中的哪台机器生产的概率最大？

§4　事件的独立性

4.1　事件的独立性

在上节引入条件概率的定义时，我们分析了一般情况下 $P(A)\neq P(A|B)$，这表明 B 的发生对 A 的发生的概率是有影响的，只有在这种影响不存在时才会有 $P(A)=P(A|B)$，这时有

$$P(AB)=P(B)P(A|B)=P(B)P(A).$$

那么在现实中，有没有某些事件的发生不相互影响(或称相互独立)呢？答案是肯定的. 例如，抛两枚硬币，观察出现正反面的情况，令 A 表示“第一枚硬币出现正面”，B 表示“第二枚硬币出现反面”. 很明显，事件 A 与事件 B 之间没有必然的联系，其中任一个事件发生与否，都不影响另一个事件发生的可能性，A 与 B 是相互独立的.

下面给出两个事件相互独立的严格定义.

定义 4 若 $P(AB)=P(A)P(B)$，则称 A 与 B **相互独立**，简称 A,B **独立**.

事件的独立性有下列性质：

性质 5 设 $P(A)>0$，则 A 与 B 相互独立的充分必要条件是 $P(B)=P(B|A)$.

设 $P(B)>0$，则 A 与 B 相互独立的充分必要条件是 $P(A)=P(A|B)$.

证明 只证第一部分，另一部分类似.

设 A 与 B 相互独立，则 $P(AB)=P(A)P(B)$，于是

$$P(B|A)=\frac{P(AB)}{P(A)}=\frac{P(A)P(B)}{P(A)}=P(B).$$

反之，若 $P(B)=P(B|A)$，由乘法公式，

$$P(AB)=P(A)P(B|A)=P(A)P(B),$$

即 A 与 B 相互独立.

性质 6 若 A 与 B 相互独立，则 A 与 $\bar{B}$，$\bar{A}$ 与 B，$\bar{A}$ 与 $\bar{B}$ 都相互独立.

证明 只证 $\bar{A}$ 与 $\bar{B}$ 独立，另外两个结论的证明留给读者. 由 A 与 B 相互独立知 $P(AB)=P(A)P(B)$，则

$$\begin{aligned}P(\bar{A}\bar{B})&=P(\overline{A\cup B})=1-P(A\cup B)\\&=1-[P(A)+P(B)-P(AB)]\\&=1-[P(A)+P(B)-P(A)P(B)]\\&=(1-P(A))(1-P(B))=P(\bar{A})P(\bar{B}).\end{aligned}$$

由两事件的独立性的定义知 $\bar{A}$ 与 $\bar{B}$ 独立.

一般地，A 与 B，A 与 $\bar{B}$，$\bar{A}$ 与 B，$\bar{A}$ 与 $\bar{B}$，只要有一组相互独立，另外三组也各自相互独立.

在实际应用中，对于事件的独立性，往往不是根据定义来判断，而是根据实际意义来判断的. 若事件 A（或 B）的发生与否对事件 B（或 A）的概率不产生影响，则 A 与 B 相互独立.

例 30 两射手彼此独立地向同一目标射击. 设甲射中目标的概率为 0.9，乙射中目标的概率为 0.8，求目标被击中的概率.

解 设 A 表示“甲射中目标”，B 表示“乙射中目标”，C 表示“目标被击中”，则 $C=A\cup B$，A 与 B 相互独立，$P(A)=0.9$，$P(B)=0.8$，故

$$\begin{aligned}P(C)&=P(A\cup B)=P(A)+P(B)-P(A)P(B)\\&=0.9+0.8-0.9\times0.8=0.98.\end{aligned}$$

或

$$\begin{aligned}P(C)&=P(A\cup B)=1-P(\overline{A\cup B})=1-P(\bar{A}\,\bar{B})\\&=1-P(\bar{A})P(\bar{B})=1-0.1\times0.2=0.98.\end{aligned}$$

注意 A,B 相互独立时，概率加法公式可以简化，即当 A 与 B 相互独立时，

$$P(A\cup B)=1-P(\bar{A})P(\bar{B}).$$

例 31 袋中有 5 个白球、3 个黑球，从中有放回地连续取两次，每次取一个球，求两次取出的都是白球的概率.

解 设 A 表示“第一次取球取到白球”，B 表示“第二次取球取到白球”，由于是有放回抽取，A 与 B 是相互独立的，所求概率为

$$P(AB)=P(A)P(B)=\frac{5}{8}\times\frac{5}{8}=\frac{25}{64}.$$

例 32 设事件 A 与 B 相互独立，A 发生 B 不发生的概率与 B 发生 A 不发生的概率相等，且 $P(A)=\frac{1}{3}$，求 $P(B)$.

解 由题意，$P(A\overline{B})=P(\overline{A}B)$，因为 A 与 B 相互独立，则 A 与 $\overline{B}$，$\overline{A}$ 与 B 都相互独立，故

$$P(A)P(\overline{B})=P(\overline{A})P(B),$$

即

$$\frac{1}{3}P(\overline{B})=\frac{2}{3}P(B),$$

$$1-P(B)=2P(B),$$

解得

$$P(B)=\frac{1}{3}.$$

下面给出 n 个事件独立性的定义，先定义 3 个事件的独立性.

定义 5 设 A,B,C 为 3 个事件，若满足

$$P(AB)=P(A)P(B),\quad P(AC)=P(A)P(C),\quad P(BC)=P(B)P(C),$$

$$P(ABC)=P(A)P(B)P(C),$$

则称 A,B,C **相互独立**，简称 A,B,C **独立**.

定义 6 设 A,B,C 为 3 个事件，若满足

$$P(AB)=P(A)P(B),\quad P(AC)=P(A)P(C),\quad P(BC)=P(B)P(C),$$

则称 A,B,C **两两独立**.

A,B,C 独立必有 A,B,C 两两独立，但反之不然.

一般地，可定义 n 个事件 $A_1,A_2,\cdots,A_n$ 的独立性.

定义 7 设 $A_1,A_2,\cdots,A_n$ 为 n 个事件，若对于任意整数 k，$1\leqslant k\leqslant n$ 和任意 k 个整数 i_1，$i_2,\cdots,i_k$，$1\leqslant i_1<i_2<\cdots<i_k\leqslant n$，有

$$P(A_{i_1}A_{i_2}\cdots A_{i_k})=P(A_{i_1})P(A_{i_2})\cdots P(A_{i_k}),$$

则称 $A_1,A_2,\cdots,A_n$ **相互独立**，简称 $A_1,A_2,\cdots,A_n$ **独立**.

直观上说，n 个事件的独立性要求 n 个事件中任取 2 个，3 个，…，n 个组成的积事件的概率等于每个事件概率的乘积. 由定义 6 知，若 $A_1,A_2,\cdots,A_n$ 独立，则从中任选 k 个，$1\leqslant k\leqslant n$，这 k 个事件仍相互独立. 还可以证明，任选 k 个事件，并将其中一些事件换成其对立事件，这样得到的新事件组仍相互独立，这一性质类似于两个事件独立的性质 6.

事件的独立性是概率论的一个重要概论，利用独立性可简化概率的计算.

例 33 3 人独立地破译一个密码，他们能单独译出的概率分别为 $\frac{1}{5},\frac{1}{3},\frac{1}{4}$. 求此密码被译出的概率.

解 法一 设 A,B,C 分别表示 3 人能单独译出密码，则所求概率为 $P(A\cup B\cup C)$，且 A，B，C 独立，$P(A)=\frac{1}{5}$，$P(B)=\frac{1}{3}$，$P(C)=\frac{1}{4}$，于是

$$\begin{aligned}P(A\cup B\cup C)&=1-P(\overline{A\cup B\cup C})=1-P(\overline{A}\,\overline{B}\,\overline{C})\\&=1-P(\overline{A})P(\overline{B})P(\overline{C})\\&=1-[1-P(A)][1-P(B)][1-P(C)]\\&=1-\frac{4}{5}\times\frac{2}{3}\times\frac{3}{4}=\frac{3}{5}.\end{aligned}$$

法二 用解法一的记号，有

$$
\begin{aligned}
P(A\cup B\cup C) &= P(A)+P(B)+P(C)-P(AB)-P(AC)-P(BC)+P(ABC) \\
&= P(A)+P(B)+P(C)-P(A)P(B)-P(A)P(C)-P(B)P(C)+P(A)P(B)P(C) \\
&= \frac{3}{5}.
\end{aligned}
$$

比较起来，解法一要简单一些. 对于 n 个相互独立事件 $A_1,A_2,\cdots,A_n$，其和事件 $A_1\cup A_2\cup\cdots\cup A_n$ 的概率可以通过下式计算：

$$P(A_1\cup A_2\cup\cdots\cup A_n)=1-P(\overline{A_1}\ \overline{A_2}\cdots\overline{A_n})=1-P(\overline{A_1})P(\overline{A_2})\cdots P(\overline{A_n}).$$

例 34 3 门高射炮同时对一架敌机各发一炮，它们的命中率分别为 0.1，0.2，0.3. 求敌机恰中一弹的概率.

解 设 A_i 表示“第 i 门炮击中敌机”，$i=1,2,3$，B 表示“敌机恰中一弹”，则

$$B=A_1\overline{A_2}\ \overline{A_3}\cup\overline{A_1}\ A_2\overline{A_3}\cup\overline{A_1}\ \overline{A_2}A_3,$$

其中 $A_1\overline{A_2}\ \overline{A_3},\overline{A_1}A_2\overline{A_3},\overline{A_1}\ \overline{A_2}A_3$ 互不相容，且 A_1,A_2,A_3 相互独立，则

$$
\begin{aligned}
P(B) &= P(A_1\overline{A_2}\ \overline{A_3})+P(\overline{A_1}\ A_2\overline{A_3})+P(\overline{A_1}\ \overline{A_2}A_3) \\
&= P(A_1)P(\overline{A_2})P(\overline{A_3})+P(\overline{A_1})P(A_2)P(\overline{A_3})+P(\overline{A_1})P(\overline{A_2})P(A_3) \\
&= 0.1\times0.8\times0.7+0.9\times0.2\times0.7+0.9\times0.8\times0.3=0.398.
\end{aligned}
$$

4.2 n 重伯努利（Bernoulli）试验

对许多随机试验，我们关心的是某事件 A 是否发生. 例如，抛掷硬币时注意的是正面是否朝上；产品抽样检查时，注意的是抽出的产品是否是次品；射手向目标射击时，注意的是目标是否被命中；等等. 这类试验有其共同点：试验只有两个结果 A 和 $\overline{A}$，而且已知 $P(A)=p,0<p<1$. 将试验独立重复进行 n 次，则称为 **n 重伯努利试验**. 此类试验的概率模型称为**伯努利概型**.

对于 n 重伯努利试验，我们最关心的是在 n 次独立重复试验中，事件 A 恰好发生 $k(1\leqslant k\leqslant n)$ 次的概率 $P_n(k)$.

定理 1 在 n 重伯努利试验中，设每次试验中事件 A 的概率为 p，$0<p<1$，则事件 A 恰好发生 k 次的概率

$$P_n(k)=C_n^k p^k(1-p)^{n-k},\quad k=0,1,2,\cdots,n.$$

事实上，A 在指定的 k 次试验中发生，而在其余 $n-k$ 次试验中不发生的概率为

$$p^k(1-p)^{n-k}.$$

又由于结果 A 的发生可以有各种排列顺序，n 次试验中恰有 k 次 A 发生，相当于 n 个位置选出 k 个，在这 k 个位置处 A 发生，由排列组合知识知共有 C_n^k 种选法. 而这 C_n^k 种选法所对应的 C_n^k 个事件又是互不相容的，且这 C_n^k 个事件的概率都是 $p^k(1-p)^{n-k}$，按概率的可加性得到

$$P_n(k)=C_n^k p^k(1-p)^{n-k}.$$

若记 $q=1-p$，则 $P_n(k)=C_n^k p^k q^{n-k}$. 由于 $C_n^k p^k q^{n-k}$ 恰好是 $(p+q)^n$ 的展开式中的 $k+1$ 项，所以称此公式为**二项概率公式**. 此处乃直观证明，非严格的数学证明，读者对于较简单的情况，如 $n=3,k=1;n=4,k=2$，试着给出分析与计算，以加深对公式的理解.

例 35 一射手对一目标独立射击 4 次，每次射击的命中率为 0.8. 求：

(1) 恰好命中两次的概率；(2) 至少命中一次的概率.

解 因每次射击是相互独立的，故此问题可看成 4 重伯努利试验，$p=0.8$，

(1) 设事件 A_2 表示"4 次射击恰好命中两次",则所求概率为

$$P(A_2)=P_4(2)=C_4^2(0.8)^2(0.2)^2=0.153\ 6;$$

(2) 设事件 B 表示"4 次射击中至少命中一次",又 A_0 表示"4 次射击都未命中",则

$$B=\overline{A_0},\quad P(B)=P(\overline{A_0})=1-P(A_0)=1-P_4(0).$$

故所求概率为

$$1-P_4(0)=1-C_4^0(0.8)^0(0.2)^4=0.9984.$$

例 36 一车间有 5 台同类型的且独立工作的机器.假设在任一时刻 t,每台机器出故障的概率为 0.1,问在同一时刻

(1) 没有机器出故障的概率是多少?

(2) 至多有一台机器出故障的概率是多少?

解 在同一时刻观察 5 台机器.它们是否出故障是相互独立的,故可看成 5 重伯努利试验,$p=0.1,q=0.9$. 设 A_0 表示"没有机器出故障",A_1 表示"有一台机器出故障",B 表示"至多有一台机器出故障",则 $B=A_0\cup A_1$. 于是有

(1) 所求概率 $P(A_0)=P_5(0)=C_5^0(0.1)^0(0.9)^5=0.590\ 49$;

(2) 所求概率 $P(B)=P(A_0)+P(A_1)=P_5(0)+P_5(1)$

$$=C_5^0(0.1)^0(0.9)^5+C_5^1(0.1)^1(0.9)^4=0.918\ 54.$$

例 37 一射手每次射击命中率为 0.2,试求:射击多少次才能使至少命中一次的概率不少于 0.9?

解 设共射击 n 次,各次射击独立,可看成 n 重伯努利试验,$p=0.2,q=0.8$,至少命中一次的概率为 $1-P_n(0)=1-C_n^0p^0q^n=1-q^n$.

由题意,要求 $1-q^n\geqslant 0.9$,即 $0.8^n\leqslant 0.1$,则 $n\geqslant 11$,故至少要射击 11 次才能使命中一次的概率不小于 0.9.

习 题 1.4

1. 设 $P(A)=0.4,P(A\cup B)=0.7$,在下列条件下分别求 $P(B)$:

(1) A 与 B 互不相容;(2) A 与 B 相互独立;(3) $A\subset B$.

2. 甲、乙两人独立地向同一目标各射击一次,其命中率分别为 0.6 和 0.7,求目标被命中的概率;若已知目标被命中,求是甲射中的概率.

3. 有甲、乙两批种子,发芽率分别为 0.8 和 0.7.在两批种子中各任取一粒,求:

(1) 两粒种子都能发芽的概率;

(2) 至少有一粒种子能发芽的概率;

(3) 恰好有一粒种子发芽的概率.

4. 加工某一零件共需经过 3 道工序,设第一、二、三道工序的次品率是 2%,3%,5%.假定各道工序互不影响,求加工出来的零件的次品率.

5. 在 1 小时内甲、乙、丙 3 台机床需维修的概率分别是 0.1,0.2,0.15.求 1 小时内,

(1) 没有一台机床需要维修的概率;

(2) 至少有一台机床需要维修的概率;

(3) 至多只有一台机床需要维修的概率.

6. 证明：若 A 与 B 相互独立，则 A 与 $\overline{B}$ 相互独立.

7. 设 $0<P(B)<1$，证明：事件 A 与事件 B 相互独立的充要条件是 $P(A|B)=P(A|\overline{B})$.

8. 设 A 与 B 相互独立，两个事件仅 A 发生和仅 B 发生的概率都是 $\frac{1}{4}$，求 $P(A)$，$P(B)$.

9. 一批产品中有 30％的一级品，进行重复抽样调查，共取 5 个样品，求：

(1) 取出的 5 个样品中恰有 2 个一级品的概率；

(2) 取出的 5 个样品中至少有 2 个一级品的概率.

10. 一大楼装有 5 台同类型的供水设备，调查表明在任一时刻，每台设备被使用的概率为 0.1，问同一时刻，

(1) 恰有 2 台设备被使用的概率是多少？

(2) 至少有 3 台设备被使用的概率是多少？

(3) 至多有 3 台设备被使用的概率是多少？

(4) 至少有 1 台设备被使用的概率是多少？

11. 一射手对一目标独立地射击 4 次．若至少命中一次的概率为 $\frac{80}{81}$，求射手射击一次命中目标的概率是多少？

小　　结

本章是概率论最基础的部分，所有内容围绕随机事件和概率两个概念展开. 本章的重点内容包括：随机事件的关系与运算，概率的基本性质，条件概率与乘法公式，事件的独立性.

本章的基本内容及要求如下：

1. 理解随机现象、随机试验和随机事件的概念；掌握事件的 4 种运算：事件的并，事件的交，事件的差和事件的余；掌握事件的 4 个运算法则：交换律，结合律，分配律和对偶律；理解事件的 4 种关系：包含关系，相等关系，对立关系和互不相容关系.

2. 了解古典概型的定义，会计算简单的古典概型中的相关概率.

3. 理解概率的定义，理解概率与频率的关系，掌握概率的基本性质：

(1) $0\leqslant P(A)\leqslant 1$，$P(\Omega)=1$，$P(\varnothing)=0$；

(2) $P(A\cup B)=P(A)+P(B)-P(AB)$，特别地，当 A 与 B 互不相容时，

$$P(A\cup B)=P(A)+P(B);$$

(3) $P(A-B)=P(A)-P(AB)$；

(4) $P(\overline{A})=1-P(A)$.

会用这些性质进行概率的基本运算.

4. 理解条件概率的概念：

$$P(A|B)=\frac{P(AB)}{P(B)}.$$

掌握乘法公式：

$$P(AB)=P(A)P(B|A)=P(B)P(A|B).$$

会用条件概率公式和乘法公式进行概率计算.

5. 掌握全概率公式和贝叶斯公式，会用它们计算较简单的相关问题.

6. 理解事件独立性的定义及充分必要条件. 理解事件间关系——相互对立、互不相容与相互独立三者的联系与区别.

有一点需注意，就是利用概率的基本性质、条件概率、乘法公式以及事件独立性计算概率，它们的综合使用略显复杂，但其间有一个重要的角色 $P(AB)$，几乎把它们联系在一起，$P(AB)$ 是求解概率的关键.

7. 理解 n 重伯努利试验的定义，掌握伯努利概型的重要计算公式.

$$P_n(k)=C_n^k p^k q^{n-k},\quad k=0,1,2,\cdots,n,q=1-p,0<p<1.$$

自 测 题 1

一、选择题

1. 某人射击 3 次，以 A_i 表示事件"第 i 次击中目标"，$i=1,2,3$，则事件"至多击中目标 1 次"的正确表示为(　　).

A. $A_1\cup A_2\cup A_3$　　B. $\overline{A_1}\,\overline{A_2}\cup\overline{A_2}\,\overline{A_3}\cup\overline{A_1}\,\overline{A_3}$

C. $A_1\overline{A_2}\,\overline{A_3}\cup\overline{A_1}A_2\overline{A_3}\cup\overline{A_1}\,\overline{A_2}A_3$　　D. $\overline{A_1\cup A_2\cup A_3}$

2. 设 A,B 为随机事件，则 $(A\cup B)A=$(　　).

A. AB　　B. A　　C. B　　D. $A\cup B$

3. 将两封信随机地投入 4 个邮筒中，则未向前两个邮筒中投信的概率为(　　).

A. $\frac{2^2}{4^2}$　　B. $\frac{C_2^1}{C_4^2}$　　C. $\frac{2!}{A_4^2}$　　D. $\frac{2!}{4!}$

4. 将 0,1,2,…,9 这 10 个数字中随机地、有放回地接连抽取 4 个数字，则"8"至少出现一次的概率为(　　).

A. 0.1　　B. 0.343 9　　C. 0.4　　D. 0.656 1

5. 设随机事件 A 与 B 互不相容，且 $P(A)>0,P(B)>0$，则(　　).

A. $P(A)=1-P(B)$　　B. $P(AB)=P(A)P(B)$

C. $P(A\cup B)=1$　　D. $P(\overline{AB})=1$

6. 设 A,B 为随机事件，$P(B)>0,P(A|B)=1$，则必有(　　).

A. $P(A\cup B)=P(A)$　　B. $A\subset B$

C. $P(A)=P(B)$　　D. $P(AB)=P(A)$

7. 设 A,B 为两个随机事件，且 $P(AB)>0$，则 $P(A|AB)=$(　　).

A. $P(B)$　　B. $P(AB)$　　C. $P(A\cup B)$　　D. 1

8. 设 A 与 B 互为对立事件，且 $P(A)>0,P(B)>0$，则下列各式中错误的是(　　).

A. $P(\overline{B}|A)=0$　　B. $P(A|B)=0$

C. $P(AB)=0$　　D. $P(A\cup B)=1$

9. 设随机事件 A 与事件 B 互不相容，$P(A)=0.4,P(B)=0.2$，则 $P(A|B)=$(　　).

A. 0　　B. 0.2　　C. 0.4　　D. 0.5

10. 设 $P(A)>0, P(B)>0$，则由 A 与 B 相互独立不能推出（　　）.

A. $P(A\cup B)=P(A)+P(B)$　　B. $P(A|B)=P(A)$

C. $P(\bar{B}|\bar{A})=P(\bar{B})$　　D. $P(A\bar{B})=P(A)P(\bar{B})$

11. 某人连续向一目标射击，每次命中目标的概率为 $\frac{3}{4}$，他连续射击直到命中为止，则射击次数为 3 的概率是（　　）.

A. $\left(\frac{3}{4}\right)^3$　　B. $\left(\frac{3}{4}\right)^2\times\frac{1}{4}$　　C. $\left(\frac{1}{4}\right)^2\times\frac{3}{4}$　　D. $C_3^2\left(\frac{1}{4}\right)^2\left(\frac{3}{4}\right)$

12. 抛一枚不均匀硬币，正面朝上的概率为 $\frac{2}{3}$. 将此硬币连抛 4 次，则恰好 3 次正面朝上的概率是（　　）.

A. $\frac{8}{81}$　　B. $\frac{8}{27}$　　C. $\frac{32}{81}$　　D. $\frac{3}{4}$

二、填空题

1. 从 1,2,3,4,5 中任取 3 个数字，则这 3 个数字中不含 1 的概率为________.

2. 从 1,2,…,10 这 10 个自然数中任取 3 个数，则这 3 个数中最大的为 3 的概率是________.

3. 一口袋装有 3 个红球、2 个黑球，现从中任取出 2 个球，则这 2 个球恰为一红一黑的概率是________.

4. 从分别标有 1,2,…,9 号码的 9 件产品中随机取 3 件，每次取 1 件，取后放回，则取得的 3 件产品的标号都是偶数的概率是________.

5. 把 3 个不同的球随机地放入 3 个不同的盒中，则出现两个空盒的概率为________.

6. 设随机事件 A 与 B 互不相容，$P(A)=0.2, P(A\cup B)=0.5$，则 $P(B)=$________.

7. 100 件产品中，有 10 件次品，不放回地从中接连取两次，每次取一个产品，则第二次取到次品的概率为________.

8. 设 A,B 为随机事件，且 $P(A)=0.8, P(B)=0.4, P(B|A)=0.25$，则 $P(A|B)=$________.

9. 某工厂的次品率为 5%，而正品中有 80% 为一等品，如果从该厂的产品中任取一件来检验，则检验结果是一等品的概率为________.

10. 某篮球运动员投篮命中率为 0.8，则其两次投篮没有全中的概率等于________.

11. 在一次考试中，某班学生数学和外语的及格率都是 0.7，且这两门课是否及格相互独立. 现从该班任选一名学生，则该生数学和外语只有一门及格的概率为________.

12. 设 A 与 B 相互独立，$P(A)=0.2, P(B)=0.6$，则 $P(A|B)=$________.

13. 某射手命中率为 $\frac{2}{3}$，他独立地向目标射击 4 次，则至少命中一次的概率为________.

三、设 $P(A)=0.5, P(B)=0.6, P(B|\bar{A})=0.4$，求 $P(AB)$.

四、设 A,B 为两个随机事件，$0<P(B)<1, P(A|\bar{B})=P(A|B)$，证明：$A$ 与 B 相互独立.

五、已知一批产品中有 95% 是合格品，检查产品质量时，一个合格品被误判为次品的概率为 0.02，一个次品被误判为合格品的概率是 0.03. 求：

(1) 任意抽查一个产品，它被判为合格品的概率；

(2) 一个经检查被判为合格的产品确实是合格品的概率.

六、有甲、乙两盒，甲盒装有4个白球、1个黑球，乙盒装有3个白球、2个黑球. 从甲盒中任取1个球，放入乙盒中，再从乙盒中任取2个球. (1) 求从乙盒中取出的是2个黑球的概率；(2) 已知从乙盒中取出的是2个黑球，问从甲盒中取出的是白球的概率.

附录 排列与组合

在古典概型中，计算事件的概率经常用到排列组合及其总数计算公式. 为了方便读者学习，在此给出排列组合的定义及相关公式.

一、两个基本原理

1. 乘法原理

如果某件事需经 k 步才能完成，做第一步有 m_1 种方法，做第二步有 m_2 种方法……做第 k 步有 m_k 种方法，那么完成这件事共有 $m_1\times m_2\times\cdots\times m_k$ 种方法.

例如，甲城到乙城有3条旅游线路，由乙城到丙城有2条旅游线路，那么从甲城经乙城到丙城共有 $3\times 2=6$ 条旅游线路.

2. 加法原理

如果某件事可由 k 类不同途径之一去完成，在第一类途径中有 m_1 种完成方法，在第二类途径中有 m_2 种完成方法……在第 k 类途径中有 m_k 种完成方法，那么完成这件事共有 $m_1+m_2+\cdots+m_k$ 种方法.

例如，由甲城到乙城去旅游有三类交通工具：汽车、火车和飞机. 而汽车有5个班次，火车有3个班次，飞机有2个班次，那么从甲城到乙城共有 $5+3+2=10$ 个班次可供旅游者选择.

排列与组合的公式推导都基于以上两条基本原理.

二、排列

1. 排列

从 n 个不同元素中任取 r 个元素排成一列(考虑元素次序)，$r\leqslant n$，称此为一个**排列**，此种排列的总数记为 A_n^r.

按乘法原理，取出的第一个元素有 n 种取法，取出的第二个元素有 $n-1$ 种取法……取出的第 r 个元素有 $n-r+1$ 种取法，则有

$$\mathrm{A}_n^r=n\times(n-1)\times\cdots\times(n-r+1)=\frac{n!}{(n-r)!}.$$

当 $r=n$ 时，则称为**全排列**，排列总数为 $\mathrm{A}_n^n=n!$.

2. 可重复排列

从 n 个不同元素中每次取出一个，放回后再取下一个，如此连续取 r 次所得的排列称为**可重复排列**，此种排列总数共有 n^r 个. 注意，这里的 r 允许大于 n.

例1 用1,2,3,4,5这5个数字可以组成多少个没有重复数字的三位数？

解 组成此种三位数时首位数有5种取法，由于不允许有重复数字，则十位数有4种取

法，同理，个位数有 3 种取法，故可组成没有重复数字的三位数个数为 $5\times4\times3=A_5^3=60$. 这是典型的排列问题.

例 2　用 1,2,3,4,5 这 5 个数字可以组成多少个三位数？

解　此例与例 1 的区别在于组成三位数的数字可重复，是可重复排列问题，可组成的三位数个数为 $5^3=125$.

三、组合

1. 组合

从 n 个不同的元素中任取 r 个元素并成一组（不考虑元素间的次序），$r\leqslant n$，称此为一个组合，此种组合的总数为 C_n^r 或 $\binom{n}{r}$. 按乘法原理，此种组合的总数为

$$C_n^r=\binom{n}{r}=\frac{A_n^r}{r!}=\frac{n(n-1)\cdots(n-r+1)}{r!}=\frac{n!}{r!\ (n-r)!}.$$

在此规定 $0!\ =1, C_n^0=\binom{n}{0}=1$.

排列与组合都是计算“从 n 个元素中任取 r 个元素”的取法总数公式，其主要区别在于：如果不考虑取出元素间的次序，则用组合公式，否则用排列公式，而是否考虑元素间的次序，可以从实际问题中得以辨别.

例 3　有 10 个球队进行单循环比赛，问需安排多少场比赛？

解　这是从 10 个球队中任选 2 个进行组合的问题，故选法总数为

$$C_{10}^2=\frac{10\times9}{2!}=45,$$

即需安排 45 场比赛.

例 4　某批产品有合格品 100 件、次品 5 件，从中任取 3 件，其中恰有 1 件次品，问有多少种不同的取法？

解　取出的 3 件产品中恰有 1 件次品，这件次品必须从 5 件次品中抽取，有 C_5^1 种取法；而取出的 3 件产品中的另外 2 件是合格品，必须从 100 件合格品中抽取，有 C_{100}^2 种取法，因此总共有 $C_5^1C_{100}^2=5\times\frac{100\times99}{2!}=24\ 750$ 种取法.

2. 性质

$$C_n^r=C_n^{n-r}.$$

事实上，

$$C_n^r=\frac{n!}{r!\ (n-r)!}=\frac{n!}{(n-r)!\ [n-(n-r)]!}=C_n^{n-r}.$$

特别地，

$$C_n^n=C_n^0=1.$$

第二章　随机变量及其概率分布

§1　离散型随机变量

1.1　随机变量的概念

在第一章中,我们引进了随机现象、随机试验、随机事件等概念,讨论了随机事件的关系与运算以及随机事件的概率.在刻画随机事件时,我们采用语言描述等较繁琐的定性方法,且只是考虑个别、至多是几个随机事件的概率.为了全面深入地研究随机现象,充分认识随机现象的统计规律性,使定量的数学处理成为可能,就必须将随机试验的结果数量化.把随机试验的结果与实数对应起来,建立类似函数的映射,这是"结果数量化"的有效可行的简单方法,这种随机试验结果与实数的对应关系,我们称之为随机变量.随机变量的引入,使我们能够利用高等数学的方法来研究随机试验,用随机变量描述随机现象是概率论中最重要的方法.

在现实中,很多随机试验的结果(即样本点)本身就是用数量表示的,结果的数量化显而易见.如掷一枚骰子,出现的点数用 X 表示.当一次试验中出现的点数为 1 时 $X=1$,当出现的点数为 2 时 $X=2$……当出现的点数为 6 时 $X=6$,X 就是一个随机变量.又如,在一批灯泡中任意抽取一只,测试它的寿命,用变量 Y 表示灯泡的寿命,在测试某一灯泡时它的寿命为 100h,即 $Y=100$h.若测得灯泡的寿命为 t,则 $Y=t, t\geqslant 0$.还有,110 报警台一天接到的报警次数(用 Z 表示),测量某物理量的误差为 ε,等.Y,Z,ε 都是随机变量.还有很多随机试验本身不是数量,这时可根据研究需要,建立试验结果与数量的对应关系,实际上就相当于引入一个随机变量.例如,掷一枚硬币,观察正反面出现的情况.在这一试验中,有两个结果:正面 H,反面 T.为了便于研究,我们将每一个结果用一个实数来表示:用"1"代表"出现 H",用"0"代表"出现 T",即 1 对应 H,0 对应 T,若把这种对应用 X 表示,也就是当出现 H 时 $X=1$,当出现 T 时 $X=0$,X 随着试验的不同结果而取不同的值,X 为随机变量.

又如,某足球队参加比赛,记录比赛的结果.这一随机试验的结果有 3 种:胜、负、平.记 Y 为一场足球比赛的积分数,则 Y 为随机变量:当结果为胜时 $Y=3$,当结果为负时 $Y=0$,当结果为平时 $Y=1$.

从上面各个例子看,在随机试验中,存在一个变量,依试验的结果不同而取不同的值,即这个变量的取值由试验结果所确定,就称这个变量为随机变量.随机变量的数学定义如下.

定义 1　设 E 是随机试验,样本空间为 Ω,如果对于每一个结果(样本点)$\omega\in\Omega$,都有一个实数 $X(\omega)$与之对应,这样就得到一个定义在 Ω 上的实值函数 $X=X(\omega)$,称为**随机变量**.随机变量通常用 $X,Y,Z,\cdots$或 $X_1,X_2,\cdots$来表示.

这种变量之所以称为随机变量,是因为它的取值随试验的结果而定,而试验结果的出现是随机的，因而它的取值也是随机的．在一次试验之前，我们不能预先确知随机变量取什么值，但由于试验的所有可能出现的结果是预先知道的，故对每一个随机变量，我们可知道它的取值范围，且可知它取各个值的可能性大小．这一性质显示了随机变量与普通函数有着本质的差异．

还需要注意一点，对于一个随机试验，可有与之关联的多个随机变量，而不是仅有一个，可以随着不同的研究需要定义不同的随机变量．

引入随机变量后，就可以用随机变量描述事件．例如，在掷硬币的试验中，$\{X=1\}$表示事件“出现正面”，且 $P\{X=1\}=\frac{1}{2}$．

在掷骰子的试验中，$\{X=6\}$表示“出现 6 点”，$P\{X=6\}=\frac{1}{6}$；$\{X\geqslant 4\}$表示“出现 4 点，或 5 点，或 6 点”，即$\{X\geqslant 4\}=\{4,5,6\}$，$P\{X\geqslant 4\}=\frac{1}{2}$．

在测试灯泡寿命的试验中，$\{Y\leqslant 1\ 000\}$表示“灯泡寿命不超过 1 000h”．$\{1\ 000\leqslant Y\leqslant 1\ 500\}$表示“灯泡寿命在 1 000h 到 1 500h 之间”，等等．

用随机变量描述事件，可以使我们摆脱只是孤立地研究一个或几个事件，而是通过随机变量把各个事件联系起来，进而去研究随机试验的全貌．随机变量是研究随机试验的有效工具．

1.2 离散型随机变量及其分布律

有些随机变量，它的全部可能取值是有限多个或可列无限多个．例如，在上一小节讨论中出现的几个随机变量：掷骰子出现的点数 X，取值范围为$\{1,2,3,4,5,6\}$；110 报警台一天接到的报警次数 Z，取值范围为$\{0,1,2,\cdots\}$等，这类随机变量称为离散型随机变量．

定义 2 若随机变量 X 只取有限多个或可列无限多个值，则称 X 为**离散型随机变量**．

离散型随机变量是一类特殊的随机变量，本章 §2.3 中讨论的连续型随机变量是另一类特殊的随机变量．除了上述两类外，还存在其他类型的随机变量．

对于离散型随机变量 X，只知道它的全部可能取值是不够的，要掌握 X 的统计规律，还需要知道 X 取每一个可能值的概率．设 X 所有可能取值按照一定顺序（通常是从小到大）排列起来，表示为 $x_1,x_2,\cdots,x_k,\cdots$，可为有限多个，也可为可列无限多个．$X$ 取各可能值的概率，即事件$\{X=x_k\}$的概率为

$$P\{X=x_k\}=p_k,\quad k=1,2,\cdots.$$

定义 3 设 X 为离散型随机变量，可能取值为 $x_1,x_2,\cdots,x_k,\cdots$，且

$$P\{X=x_k\}=p_k,\quad k=1,2,\cdots,$$

则称$\{p_k\}$为 X 的**分布律**（或**分布列**，或**概率分布**）．

分布律也可用表格的形式来表示：

X	x_1	x_2	$\cdots$	x_k	$\cdots$
P	p_1	p_2	$\cdots$	p_k	$\cdots$

其中第一行表示 X 的取值，第二行表示 X 取相应值的概率．

分布律$\{p_k\}$具有下列性质：

（1）$p_k\geqslant 0$，$k=1,2,\cdots$；

(2) $\sum_{k=1}^{\infty} p_k=1$.

第(1)个性质是因为 p_k 是概率，所以 $p_k\geqslant 0$. 由于随机事件 $\{X=x_k\}, k=1,2,\cdots$ 是互不相容的事件列，且 $\bigcup_{k=1}^{\infty}\{X=x_k\}=\Omega$，从而，

$$\sum_{k=1}^{\infty} p_k=\sum_{k=1}^{\infty} P\{X=x_k\}=P\left(\bigcup_{k=1}^{\infty}\{X=x_k\}\right)=P(\Omega)=1.$$

反之，若一数列 $\{p_k\}$ 具有以上两条性质，则它必可以作为某随机变量的分布律.

例 1　设离散型随机变量 X 的分布律为

X	0	1	2
P	0.2	c	0.5

求常数 c.

解　由分布律的性质知

$$0.2+c+0.5=1,$$

解得 $c=0.3$.

例 2　掷一枚质地均匀的骰子，记 X 为出现的点数，求 X 的分布律.

解　X 的全部可能取值为 1,2,3,4,5,6，且

$$p_k=P\{X=k\}=\frac{1}{6},\quad k=1,2,\cdots,6,$$

则 X 的分布律为

X	1	2	3	4	5	6
P	$\frac{1}{6}$	$\frac{1}{6}$	$\frac{1}{6}$	$\frac{1}{6}$	$\frac{1}{6}$	$\frac{1}{6}$

在求离散型随机变量的分布律时，首先要找出其所有可能的取值，然后再求出每个值相应的概率.

例 3　袋子里有 5 个同样大小的球，编号为 1,2,3,4,5. 从中同时取出 3 个球，记 X 为取出的球的最大编号，求 X 的分布律.

解　X 的取值为 3,4,5，由古典概型的概率计算方法得

$P\{X=3\}=\frac{1}{C_5^3}=\frac{1}{10}$，　(3 个球的编号为 1,2,3)

$P\{X=4\}=\frac{C_3^2}{C_5^3}=\frac{3}{10}$，　(有一球编号为 4，从 1,2,3 中任取 2 个的组合与数字 4 搭配成 3 个)

$P\{X=5\}=\frac{C_4^2}{C_5^3}=\frac{6}{10}$，　(有一球编号为 5，另两个球的编号小于 5)

则 X 的分布律为

X	3	4	5
P	$\frac{1}{10}$	$\frac{3}{10}$	$\frac{6}{10}$

例 4 已知一批零件共 10 个,其中有 3 个不合格.现任取一件使用,若取到不合格零件,则丢弃,再重新抽取一个,如此下去,试求取到合格零件之前取出的不合格零件个数 X 的分布律.

解 X 的取值为 0,1,2,3.设 A_i 表示"第 i 次取出的零件是不合格的",$i=1,2,3,4$,利用概率乘法公式可计算得

$$P\{X=0\}=P(\overline{A_1})=\frac{7}{10},$$

$$P\{X=1\}=P(A_1\overline{A_2})=P(A_1)P(\overline{A_2}|A_1)=\frac{3}{10}\times\frac{7}{9}=\frac{7}{30},$$

$$P\{X=2\}=P(A_1A_2\overline{A_3})=P(A_1)P(A_2|A_1)P(\overline{A_3}|A_1A_2)=\frac{3}{10}\times\frac{2}{9}\times\frac{7}{8}=\frac{7}{120},$$

$$P\{X=3\}=P(A_1A_2A_3\overline{A_4})=P(A_1)P(A_2|A_1)P(A_3|A_1A_2)P(\overline{A_4}|A_1A_2A_3)$$
$$=\frac{3}{10}\times\frac{2}{9}\times\frac{1}{8}\times\frac{7}{7}=\frac{1}{120}.$$

故 X 的分布律为

X	0	1	2	3
P	$\frac{7}{10}$	$\frac{7}{30}$	$\frac{7}{120}$	$\frac{1}{120}$

例 5 对某一目标连续进行射击,直到击中目标为止.如果每次射击的命中率为 p,求射击次数 X 的分布律.

解 X 的取值为 $1,2,\cdots$.设 A_i 表示"第 i 次射击未中",$i=1,2,\cdots$,事件 $\{X=k\}$ 表示"前 $k-1$次射击未中,第 k 次命中",则 $\{X=k\}=A_1A_2\cdots A_{k-1}\overline{A}_k$,而每次射击命中与否又是相互独立的,即 $A_1,A_2,\cdots,A_k$ 相互独立.

X 的分布律为

$$p_k=P\{X=k\}=P\{A_1A_2\cdots A_{k-1}\overline{A}_k\}$$
$$=P(A_1)P(A_2)\cdots P(A_{k-1})P(\overline{A}_k)=(1-p)^{k-1}p,\quad k=1,2,\cdots.$$

在实际应用中,有时还要求"X 满足某一条件"这样的事件的概率.比如 $P\{X\geqslant1\}$,$P\{2<X\leqslant4\}$,$P\{X<5\}$等,求法就是把满足条件的 x_k 所对应的概率 p_k 相加可得.如在例 2 中,求掷得奇数点的概率,即为

$$P\{X=1,或\ 3,或\ 5\}=P\{X=1\}+P\{X=3\}+P\{X=5\}=\frac{1}{6}+\frac{1}{6}+\frac{1}{6}=\frac{1}{2}.$$

在例 4 中,

$$P\{X\leqslant1\}=P\{X=0\}+P\{X=1\}=\frac{7}{10}+\frac{7}{30}=\frac{14}{15},$$

$$P\{X>1\}=P\{X=2\}+P\{X=3\}=\frac{7}{120}+\frac{1}{120}=\frac{1}{15},$$

$$P\{1\leqslant X<2.5\}=P\{X=1\}+P\{X=2\}=\frac{7}{30}+\frac{7}{120}=\frac{7}{24}.$$

1.3 0-1 分布与二项分布

下面介绍三种重要的常用离散型随机变量,它们是 0-1 分布、二项分布与泊松分布.

定义 4 若随机变量 X 只取两个可能值 0,1,且

$$P\{X=1\}=p,\quad P\{X=0\}=q,$$

其中 $0<p<1, q=1-p$,则称 X 服从 0-1 **分布**. X 的分布律为

X	0	1
P	q	p

在 n 重贝努利试验中,每次试验只观察 A 是否发生,定义随机变量 X 如下:

$$X=\begin{cases}0, & \text{当 } A \text{ 不发生},\\ 1, & \text{当 } A \text{ 发生}.\end{cases}$$

因为 $P\{X=0\}=P(\overline{A})=1-p, P\{X=1\}=P(A)=p$,所以 X 服从 0-1 分布. 0-1 分布是最简单的分布类,任何只有两种结果的随机现象,比如新生儿是男是女,明天是否下雨,抽查一产品是正品还是次品等,都可用它来描述.

定义 5 若随机变量 X 的可能取值为 $0,1,\cdots,n$,n 为正整数,而 X 的分布律为

$$p_k=P\{X=k\}=C_n^k p^k q^{n-k},\quad k=0,1,2,\cdots,n,$$

其中 $0<p<1, p+q=1$,则称 X 服从参数为 n,p 的**二项分布**,简记为 $X\sim B(n,p)$.

显然,当 $n=1$ 时,X 服从 0-1 分布,即 0-1 分布实际上是二项分布的特例.

在 n 重贝努利试验中,令 X 为 A 发生的次数,则

$$P\{X=k\}=P_n(k)=C_n^k p^k q^{n-k},\quad k=0,1,2,\cdots,n,$$

即 X 服从参数为 n,p 的二项分布.

“二项分布”名称的由来是因为二项式 $(p+q)^n$ 展式中的 $k+1$ 项恰好是 $C_n^k p^k q^{n-k}$. 由此还可以看出

$$\sum_{k=0}^{n} p_k=\sum_{k=0}^{n} C_n^k p^k q^{n-k}=(p+q)^n=1,$$

$\{p_k\}$ 满足分布律的基本性质.

二项分布是一种常用分布,如一批产品的不合格率为 p,检查 n 件产品,n 件产品中不合格品数 X 服从二项分布;调查 n 个人,n 个人中色盲人数 Y 服从参数为 n,p 的二项分布,其中 p 为色盲率;n 部机器独立运转,每台机器出故障的概率为 p,则 n 部机器中出故障的机器数 Z 服从二项分布;等等.

例 6 某特效药的临床有效率为 0.95. 现有 10 人服用,问至少有 8 人治愈的概率是多少?

解 设 X 为 10 人中被治愈的人数,则 $X\sim B(10,0.95)$,而所求概率为

$$\begin{aligned}P\{X\geqslant 8\}&=P\{X=8\}+P\{X=9\}+P\{X=10\}\\&=C_{10}^{8}(0.95)^8(0.05)^2+C_{10}^{9}(0.95)^9(0.05)^1+C_{10}^{10}(0.95)^{10}(0.05)^0=0.988\,5.\end{aligned}$$

例 7 设 $X\sim B(2,p)$, $Y\sim B(3,p)$. 设 $P\{X\geqslant 1\}=\frac{5}{9}$,试求 $P\{Y\geqslant 1\}$.

解 由 $P\{X\geqslant 1\}=\frac{5}{9}$,知 $P\{X=0\}=1-P\{X\geqslant 1\}=\frac{4}{9}$,即

$$C_2^0 p^0(1-p)^2=\frac{4}{9},$$

由此得 $p=\frac{1}{3}$.

再由 $Y\sim B\left(3,\frac{1}{3}\right)$，可得

$$P\{Y\geqslant 1\}=1-P\{Y=0\}=1-C_3^0p^0(1-p)^3=\frac{19}{27}.$$

在计算涉及二项分布有关事件的概率时，有时计算会很繁琐，例如 $n=1\,000$，$p=0.005$ 时要计算

$$C_{1\,000}^{10}(0.005)^{10}(0.995)^{990},\quad \sum_{k=0}^{10}C_{1\,000}^{k}(0.005)^{k}(0.995)^{1\,000-k}$$

就很困难，这就要求寻求近似计算的方法. 下面我们给出一个 n 很大、p 很小时的近似计算公式，这就是著名的二项分布的泊松逼近. 有如下定理：

泊松(Poisson)定理 设 $\lambda>0$ 是常数，n 是任意正整数，在 n 重伯努利试验中，记事件 A 在一次试验中发生的概率为 p_n，当 $n\to+\infty$ 时，有 $np_n\to\lambda$，则对于任意取定的非负整数 k，有

$$\lim_{n\to\infty}C_n^kp_n^k(1-p_n)^{n-k}=\frac{\lambda^k}{k!}e^{-\lambda}.$$

证明略.

由泊松定理，当 n 很大、p 很小时，有近似公式

$$C_n^kp^kq^{n-k}\approx\frac{\lambda^k}{k!}e^{-\lambda},\tag{2.1.1}$$

其中 $\lambda=np$，$q=1-p$.

在实际计算中，当 $n\geqslant 20$，$p\leqslant 0.05$ 时用近似公式(2.1.1)的效果颇佳. $\frac{\lambda^k}{k!}e^{-\lambda}$ 的值还有表可查(见附表 2)，表中直接给出的是 $\sum\limits_{k=x}^{+\infty}\frac{\lambda^k}{k!}e^{-\lambda}$ 的值.

例 8 一个工厂生产的产品中废品率为 0.005，任取 1 000 件，计算：

(1) 其中至少有两件是废品的概率；

(2) 其中不超过 5 件废品的概率.

解 设 X 表示任取的 1 000 件产品中的废品数，则 $X\sim B(1\,000,0.005)$. 利用(2.1.1)式近似计算，$\lambda=1\,000\times 0.005=5$.

(1)
$$\begin{aligned}P\{X\geqslant 2\}&=1-P\{X=0\}-P\{X=1\}\\&=1-C_{1\,000}^0(0.005)^0(0.995)^{1\,000}-C_{1\,000}^1(0.005)(0.995)^{999}\\&\approx 1-e^{-5}-5e^{-5}=0.959\,6;\end{aligned}$$

(2)
$$\begin{aligned}P\{X\leqslant 5\}&=\sum_{k=0}^{5}P\{X=k\}=\sum_{k=0}^{5}C_{1\,000}^k(0.005)^k(0.995)^{1\,000-k}\\&\approx\sum_{k=0}^{5}\frac{5^k}{k!}e^{-5}=1-\sum_{k=6}^{\infty}\frac{5^k}{k!}e^{-5}=0.616\,0.\end{aligned}$$

最后一步为查附表 2 而得. 此处还用到 $\sum\limits_{k=0}^{\infty}\frac{5^k}{k!}e^{-5}=1$.

1.4 泊松分布

定义 6 设随机变量 X 的可能取值为 $0,1,2,\cdots,n,\cdots$，而 X 的分布律为

$$p_k=P\{X=k\}=\frac{\lambda^k}{k!}e^{-\lambda},\quad k=0,1,2,\cdots,$$

其中$\lambda>0$，则称X服从参数为λ的**泊松分布**，简记为$X\sim P(\lambda)$.

由$\sum_{k=0}^{\infty} p_k=\sum_{k=0}^{\infty}\frac{\lambda^k}{k!}e^{-\lambda}=e^{-\lambda}\sum_{k=0}^{\infty}\frac{\lambda^k}{k!}=e^{-\lambda}e^{\lambda}=1$，可知$\{p_k\}$满足分布律的基本性质.

具有泊松分布的随机变量在实际应用中是很多的.例如，某一时段进入某商店的顾客数，某一地区一个时间间隔内发生交通事故的次数，一天内110报警台接到的报警次数，在一个时间间隔内某种放射性物质发出的粒子数，等等，都服从泊松分布.泊松分布也是概率论中的一种重要分布.

例 9　设随机变量X服从参数为5的泊松分布，求：

(1) $P\{X=10\}$；(2) $P\{X\leqslant 10\}$.

解　(1) 查附表2中$\lambda=5$这一栏的数据，可得

$$P\{X=10\}=P\{X\geqslant 10\}-P\{X\geqslant 11\}=\sum_{k=10}^{\infty}\frac{\lambda^k}{k!}e^{-\lambda}-\sum_{k=11}^{\infty}\frac{\lambda^k}{k!}e^{-\lambda}=0.018\ 133.$$

(2) $P\{X\leqslant 10\}=1-P\{X\geqslant 11\}=1-\sum_{k=11}^{\infty}\frac{\lambda^k}{k!}e^{-\lambda}=0.986\ 305.$

例 10　设X服从泊松分布，且已知$P\{X=1\}=P\{X=2\}$，求$P\{X=4\}$.

解　设X服从参数为λ的泊松分布，则

$$P\{X=1\}=\frac{\lambda^1}{1!}e^{-\lambda},\quad P\{X=2\}=\frac{\lambda^2}{2!}e^{-\lambda}.$$

由已知得

$$\lambda e^{-\lambda}=\frac{\lambda^2}{2!}e^{-\lambda},$$

解得$\lambda=2$，则

$$P\{X=4\}=\frac{2^4}{4!}e^{-2}=\frac{2}{3}e^{-2}.$$

习　题　2.1

1. 设随机变量X的分布律为

$$P\{X=k\}=\frac{a}{N},\quad k=1,2,\cdots,N,$$

求常数a.

2. 设随机变量X只可能取$-1,0,1,2$这4个值，且取这4个值相应的概率依次为$\frac{1}{2c},\frac{3}{4c},\frac{5}{8c},\frac{7}{16c}$，求常数$c$.

3. 将一枚骰子连掷两次，以X表示两次所得的点数之和，以Y表示两次出现的最小点数，分别求X,Y的分布律.

4. 设在15个同类型的零件中有2个是次品，从中任取3次，每次取1个，取后不放回，以X表示取出的次品的个数，求X的分布律.

5. 抛掷一枚质地不均匀的硬币，每次出现正面的概率为$\frac{2}{3}$，连续抛掷8次，以X表示出现

正面的次数，求 X 的分布律.

6. 设随机变量 X 的分布律为

X	-1	2	3
P	$\frac{1}{4}$	$\frac{1}{2}$	$\frac{1}{4}$

求：$P\left\{X\leqslant\frac{1}{2}\right\}$，$P\left\{\frac{2}{3}<X\leqslant\frac{5}{2}\right\}$，$P\{2\leqslant X\leqslant 3\}$，$P\{2\leqslant X<3\}$.

7. 设事件 A 在每一次试验中发生的概率为 0.3. 当 A 发生不少于 3 次时，指示灯发出信号，求：

(1) 进行 5 次独立试验，求指示灯发出信号的概率；

(2) 进行 7 次独立试验，求指示灯发出信号的概率.

8. 甲、乙两人投篮，投中的概率分别为 0.6，0.7. 现各投 3 次，求两人投中次数相等的概率.

9. 有一繁忙的汽车站，每天有大量的汽车经过. 设每辆汽车在一天的某段时间内出事故的概率为 0.000 2. 在某天的该段时间内有 1 000 辆汽车经过，问出事故的次数不小于 2 的概率是多少？（利用泊松分布定理计算）

10. 一电话交换台每分钟收到的呼唤次数服从参数为 4 的泊松分布，求：

(1) 每分钟恰有 8 次呼唤的概率；

(2) 每分钟的呼唤次数大于 10 的概率.

§2　随机变量的分布函数

2.1　分布函数的概念

对于离散型随机变量 X，它的分布律能够完全刻画其统计特性，也可用分布律得到我们关心的事件，如 $\{X>a\}$，$\{X\leqslant b\}$，$\{a\leqslant X\leqslant b\}$ 等事件的概率. 而对于非离散型的随机变量，就无法用分布律来描述它. 首先，我们不能将其可能的取值一一地列举出来，如下一节讨论的连续型随机变量的取值可充满数轴上的一个区间 (a,b)，甚至是几个区间，也可以是无穷区间. 其次，对于连续型随机变量 X，取任一指定的实数值 x 的概率都等于 0，即 $P\{X=x\}=0$. 于是，如何刻画一般的随机变量的统计规律成了我们的首要问题.

在实际应用中，如测量物理量的误差 ε，测量灯泡的寿命 T 等这样的随机变量，我们并不会对误差或寿命取某一特定值的概率感兴趣，而是考虑误差落在某个区间的概率，寿命大于某个数的概率，也就是考虑随机变量取值落在一个区间内的概率. 对于随机变量 X，我们关心诸如事件 $\{X\leqslant x\}$，$\{X>x\}$，$\{x_1<X\leqslant x_2\}$ 等的概率. 但由于 $\{x_1<X\leqslant x_2\}=\{X\leqslant x_2\}-\{X\leqslant x_1\}$，$x_1\leqslant x_2$，且 $\{X\leqslant x_1\}\subset\{X\leqslant x_2\}$，所以

$$P\{x_1<X\leqslant x_2\}=P\{X\leqslant x_2\}-P\{X\leqslant x_1\}.$$

又因为 $\{X>x\}$ 的对立事件是 $\{X\leqslant x\}$，所以

$$P\{X>x\}=1-P\{X\leqslant x\}.$$

通过诸如此类的讨论，可知事件$\{X\leqslant x\}$的概率$P\{X\leqslant x\}$成了关键角色，在计算概率时起到了重要作用，记$F(x)=P\{X\leqslant x\}$. 任意给定$x\in(-\infty,+\infty)$，对应的$F(x)$是一个概率$P\{X\leqslant x\}\in[0,1]$，说明$F(x)$是定义在$(-\infty,+\infty)$上的普通实值函数，从而引出了随机变量的分布函数的定义.

定义 7 设X为随机变量，称函数

$$F(x)=P\{X\leqslant x\},\quad x\in(-\infty,+\infty)$$

为X的**分布函数**.

注意 随机变量的分布函数的定义适应于任意的随机变量，其中也包含了离散型随机变量，即离散型随机变量既有分布律也有分布函数，二者都能完全描述它的统计规律性.

当X为离散型随机变量时，设X的分布律为

$$p_k=P\{X=k\},\quad k=0,1,2,\cdots.$$

由于$\{X\leqslant x\}=\bigcup\limits_{x_k\leqslant x}\{X=x_k\}$，由概率性质知，

$$F(x)=P\{X\leqslant x\}=\sum_{x_k\leqslant x}P\{X=x_k\}=\sum_{x_k\leqslant x}p_k,$$

即

$$F(x)=\sum_{x_k\leqslant x}p_k,\tag{2.2.1}$$

其中求和是对所有满足$x_k\leqslant x$时x_k相应的概率p_k求和.

例 11 设离散型随机变量X的分布律为

X	-1	0	1	2
P	0.2	0.1	0.3	0.4

求X的分布函数.

解 当$x<-1$时，$F(x)=P\{X\leqslant x\}=0$；

当$-1\leqslant x<0$时，$F(x)=P\{X\leqslant x\}=P\{X=-1\}=0.2$；

当$0\leqslant x<1$时，$F(x)=P\{X\leqslant x\}=P\{x=-1\}+P\{X=0\}=0.2+0.1=0.3$；

当$1\leqslant x<2$时，$F(x)=P\{X\leqslant x\}=P\{X=-1\}+P\{X=0\}+P\{X=1\}$
$=0.2+0.1+0.3=0.6$；

当$x\geqslant 2$时，$F(x)=P\{X\leqslant x\}=P\{X=-1\}+P\{X=0\}+P\{X=1\}+P\{X=2\}$
$=0.2+0.1+0.3+0.4=1$，

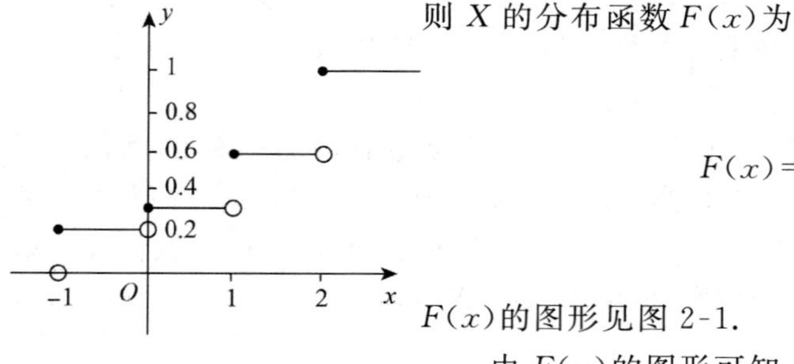

图 2-1

则X的分布函数$F(x)$为

$$F(x)=\begin{cases}0, & x<-1,\\ 0.2, & -1\leqslant x<0,\\ 0.3, & 0\leqslant x<1,\\ 0.6, & 1\leqslant x<2,\\ 1, & x\geqslant 2.\end{cases}$$

$F(x)$的图形见图 2-1.

由$F(x)$的图形可知，$F(x)$是分段函数，$y=F(x)$的图形是阶梯曲线，在X的可能取值$-1,0,1,2$处为$F(x)$的跳跃型间断点.

一般地，对于离散型随机变量X，它的分布函数$F(x)$在X的

可能值 $x_k, k=1,2,\cdots$ 处具有跳跃值，跳跃值恰为该处的概率 $p_k=P\{X=x_k\}$，$F(x)$ 的图形是阶梯曲线，$F(x)$ 为分段函数，分段点仍是 $x_k, k=1,2,\cdots$.

另一方面，由例 11 中分布函数的求法及公式(2.2.1)可见，分布函数本质上是一种累计概率.

2.2　分布函数的性质

分布函数有以下基本性质：

(1) $0\leqslant F(x)\leqslant 1$.

这是由于 $F(x)=P\{X\leqslant x\}$，所以 $0\leqslant F(x)\leqslant 1$.

(2) $F(x)$ 是不减函数，即对于任意的 $x_1<x_2$ 有 $F(x_1)\leqslant F(x_2)$.

这是因为当 $x_1<x_2$ 时，$P\{x_1<X\leqslant x_2\}=P\{X\leqslant x_2\}-P\{X\leqslant x_1\}\geqslant 0$，即

$$P\{x_1<X\leqslant x_2\}=F(x_2)-F(x_1)\geqslant 0,$$

从而

$$F(x_1)\leqslant F(x_2).$$

(3) $F(-\infty)=0, F(+\infty)=1$，即 $\lim\limits_{x\to-\infty}F(x)=0$，$\lim\limits_{x\to+\infty}F(x)=1$.

在此，我们不作严格证明，读者可从分布函数的定义 $F(x)=P\{X\leqslant x\}$ 去理解性质(3).

(4) $F(x)$ 右连续，即 $F(x+0)=\lim\limits_{\Delta x\to 0^+}F(x+\Delta x)=F(x)$.

证明略.

例 12　设随机变量 X 的分布函数为

$$F(x)=\begin{cases} a+be^{-\lambda x}, & x>0, \\ 0, & x\leqslant 0, \end{cases}$$

其中 $\lambda>0$ 为常数，求常数 a 与 b 的值.

解　由已知，可得

$$F(+\infty)=\lim_{x\to+\infty}F(x)=\lim_{x\to+\infty}(a+be^{-\lambda x})=a.$$

由分布函数的性质 $F(+\infty)=1$，知 $a=1$.

又由 $F(x)$ 的右连续性，得到

$$F(0+0)=\lim_{x\to 0^+}F(x)=\lim_{x\to 0^+}(a+be^{-\lambda x})=a+b=F(0)=0,$$

由此得 $b=-1$.

已知 X 的分布函数 $F(x)$，我们可以求出下列重要事件的概率：

1°　$P\{X\leqslant b\}=F(b)$.

2°　$P\{a<X\leqslant b\}=F(b)-F(a)$，其中 $a<b$.

3°　$P\{X>b\}=1-F(b)$.

1°，2°，3°的证明留给读者.

例 13　设随机变量 X 的分布函数为

$$F(x)=\begin{cases}0, & x<0\\ \dfrac{x}{3}, & 0\leqslant x<1,\\ \dfrac{x}{2}, & 1\leqslant x<2,\\ 1, & x\geqslant 2.\end{cases}$$

求：(1) $P\left\{\frac{1}{2}<X\leqslant\frac{3}{2}\right\}$；(2) $P\left\{X>\frac{1}{2}\right\}$；(3) $P\left\{X>\frac{3}{2}\right\}$.

解 (1) $P\left\{\frac{1}{2}<X\leqslant\frac{3}{2}\right\}=F\left(\frac{3}{2}\right)-F\left(\frac{1}{2}\right)=\frac{3}{4}-\frac{1}{6}=\frac{7}{12}$；

(2) $P\left\{X>\frac{1}{2}\right\}=1-F\left(\frac{1}{2}\right)=1-\frac{1}{6}=\frac{5}{6}$；

(3) $P\left\{X>\frac{3}{2}\right\}=1-F\left(\frac{3}{2}\right)=1-\frac{3}{4}=\frac{1}{4}$.

事实上，已知 X 的分布函数 $F(x)$，X 落在任意区间上的概率都可由 $F(x)$求出，这一点对于 X 为连续型随机变量时更容易被理解. 连续型随机变量是下节的内容.

习　题　2.2

1. 求 0-1 分布的分布函数.

2. 设离散型随机变量 X 的分布律为

X	-1	2	3
P	0.25	0.5	0.25

求 X 的分布函数，以及概率 $P\{1.5<X\leqslant 2.5\}$，$P\{X>0.5\}$.

3. 设 $F_1(x)$，$F_2(x)$分别为随机变量 X_1 和 X_2 的分布函数，且 $F(x)=aF_1(x)-bF_2(x)$也是某一随机变量的分布函数. 证明：$a-b=1$.

4. 以下 4 个函数，哪个是随机变量的分布函数：

(1) $F_1(x)=\begin{cases}0, & x<-2,\\ \dfrac{1}{2}, & -2\leqslant x<0,\\ 2, & x\geqslant 0;\end{cases}$　　(2) $F_2(x)=\begin{cases}0 & x<0,\\ \sin x, & 0\leqslant x<\pi,\\ 1, & x\geqslant\pi;\end{cases}$

(3) $F_3(x)=\begin{cases}0, & x<0,\\ \sin x, & 0\leqslant x<\dfrac{\pi}{2},\\ 1, & x\geqslant\dfrac{\pi}{2};\end{cases}$　　(4) $F_4(x)=\begin{cases}0, & x\leqslant 0,\\ x+\dfrac{1}{3}, & 0<x<\dfrac{1}{2},\\ 1, & x\geqslant\dfrac{1}{2}.\end{cases}$

5. 设随机变量 X 的分布函数为

$$F(x)=a+b\arctan x,\quad -\infty<x<+\infty.$$

求：(1) 常数 a,b；(2) $P\{-1<X\leqslant 1\}$.

6. 设随机变量 X 的分布函数为

$$F(x)=\begin{cases}0, & x<1,\\ \ln x, & 1\leqslant x<e,\\ 1, & x\geqslant e.\end{cases}$$

求：$P\{X\leqslant 2\}$，$P\{0<X\leqslant 3\}$，$P\{2<X\leqslant 2.5\}$.

§3　连续型随机变量及其概率密度

3.1　连续型随机变量及其概率密度

在前面已几次提到连续型随机变量，下面给出它的定义.

定义 8　若对于随机变量 X 的分布函数 $F(x)$，存在非负函数 $f(x)$，使得对任意实数 x，有

$$F(x)=\int_{-\infty}^{x}f(t)\mathrm{d}t, \tag{2.3.1}$$

则称 X 为**连续型随机变量**，并称 $f(x)$ 为 X 的**概率密度函数**，简称**概率密度**（有些书称**密度函数**）.

由式(2.3.1)及高等数学知识知，当 $f(x)$ 可积时，连续型随机变量的分布函数 $F(x)$ 是连续函数，进一步，对于任意的实数 x，$\Delta x>0$，有

$$0\leqslant P\{X=x\}\leqslant P\{x-\Delta x<X\leqslant x\}=F(x)-F(x-\Delta x).$$

由于 $F(x)$ 为连续函数，令 $\Delta x\to 0$，则 $P\{X=x\}=0$，即连续型随机变量在某一指定点取值的概率为 0.

由定义 8 及分布函数的性质可得下列概率密度的性质：

(1) $f(x)\geqslant 0$.

(2) $\int_{-\infty}^{+\infty}f(x)\mathrm{d}x=1$.

因为

$$F(+\infty)=\lim_{x\to+\infty}F(x)=\lim_{x\to+\infty}\int_{-\infty}^{x}f(t)\mathrm{d}t=\int_{-\infty}^{+\infty}f(t)\mathrm{d}t,$$

所以由 $F(+\infty)=1$ 得

$$\int_{-\infty}^{+\infty}f(x)\mathrm{d}x=\int_{-\infty}^{+\infty}f(t)\mathrm{d}t=1.$$

反之，满足以上两条性质的函数一定是某个连续型随机变量的概率密度.

(3) $P\{a<X\leqslant b\}=F(b)-F(a)=\int_{a}^{b}f(x)\mathrm{d}x$，$a\leqslant b$.

由于 $P\{X=x\}=0$，所以

$$P\{a\leqslant X\leqslant b\}=P\{X=a\}+P\{a<X\leqslant b\}=P\{a<X\leqslant b\},$$

同理，

$$P\{a\leqslant X<b\}=P\{a<X<b\}=P\{a<X\leqslant b\},$$

则

$$P\{a\leqslant X\leqslant b\}=P\{a\leqslant X<b\}=P\{a<X<b\}=P\{a<X\leqslant b\}=\int_a^b f(x)\mathrm{d}x.$$

注意　离散型随机变量没有这样的性质.

(4) 设 x 为 $f(x)$ 的连续点，则 $F'(x)$ 存在，且

$$F'(x)=f(x).$$

由高等数学的知识知，当 x 为 $f(x)$ 的连续点时，变上限积分 $\int_{-\infty}^{x} f(t)\mathrm{d}t$ 在 x 的导数存在，且等于 $f(x)$，立刻证得本性质. 这一性质进一步揭示了连续型随机变量的分布函数和概率密度的密切联系，二者都能完全地描述连续型随机变量的统计规律性.

根据积分的几何意义，性质(2)意为介于曲线 $y=f(x)$ 与 x 轴之间的面积等于 1. 由性质(3)知 X 落在区间 $(a,b]$ 的概率 $P\{a<X\leqslant b\}$ 就是由曲线 $y=f(x)$，$x=a$，$x=b$ 及 x 轴围成的曲边梯形的面积(见图 2-2).

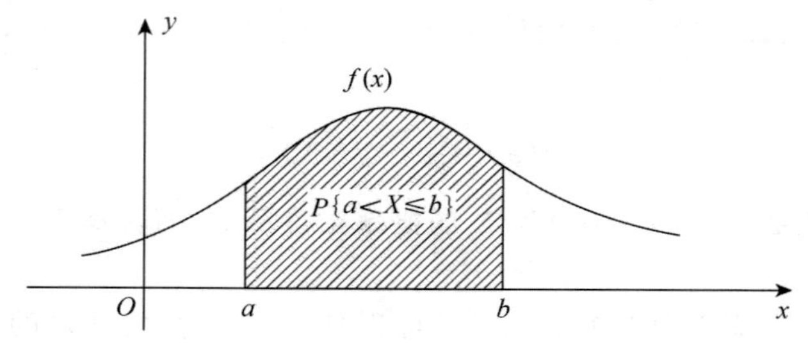

图 2-2

由性质(4)，在 $f(x)$ 的连续点 x 处有

$$f(x)=\lim_{\Delta x\to 0^+}\frac{F(x+\Delta x)-F(x)}{\Delta x}=\lim_{\Delta x\to 0^+}\frac{P\{x<X\leqslant x+\Delta x\}}{\Delta x},$$

即 $f(x)$ 为 X 落入小区间 $(x,x+\Delta x]$ 的概率与区间长度比值的极限. 从这里我们看到概率密度的定义与物理学中的线密度的定义相类似，这就是称 $f(x)$ 为概率密度的原因.

例 14　设随机变量 X 的概率密度为

$$f(x)=\begin{cases}c, & |x|<1,\\ 0, & |x|\geqslant 1,\end{cases}$$

其中 c 为待定常数，求：

(1) 常数 c；(2) X 落入区间 $\left(-3,\frac{1}{2}\right)$ 的概率.

解　(1) 由概率密度的性质 $\int_{-\infty}^{+\infty} f(x)\mathrm{d}x=1$，有

$$\int_{-\infty}^{+\infty} f(x)\mathrm{d}x=\int_{-\infty}^{-1} 0\mathrm{d}x+\int_{-1}^{1} c\mathrm{d}x+\int_{1}^{+\infty} 0\mathrm{d}x=2c=1,$$

故 $c=\frac{1}{2}$.

(2) 由于 $f(x)$ 是分段函数，所以求 $P\left\{-3<X<\frac{1}{2}\right\}$ 需分段积分：

$$P\left\{-3<X<\frac{1}{2}\right\}=\int_{-3}^{\frac{1}{2}} f(x)\mathrm{d}x=\int_{-3}^{-1} 0\mathrm{d}x+\int_{-1}^{\frac{1}{2}} \frac{1}{2}\mathrm{d}x=\frac{3}{4}.$$

例 15　设随机变量 X 的概率密度为

$$f(x)=\begin{cases}x, & 0\leqslant x<1,\\ 2-x, & 1\leqslant x<2,\\ 0, & \text{其他}.\end{cases}$$

求 X 的分布函数 $F(x)$.

解　当 $x<0$ 时，

$$F(x)=\int_{-\infty}^{x} f(t)\mathrm{d}t=0;$$

当 $0\leqslant x<1$ 时，

$$F(x)=\int_{0}^{x} t\mathrm{d}t=\frac{x^2}{2};$$

当 $1\leqslant x<2$ 时，

$$F(x)=\int_{0}^{1} t\mathrm{d}t+\int_{1}^{x} (2-t)\mathrm{d}t=-\frac{x^2}{2}+2x-1;$$

当 $x\geqslant 2$ 时，

$$F(x)=\int_{0}^{1} t\mathrm{d}t+\int_{1}^{2} (2-t)\mathrm{d}t=1,$$

即 X 的分布函数为

$$F(x)=\begin{cases}0, & x<0,\\ \dfrac{x^2}{2}, & 0\leqslant x<1,\\ \dfrac{-x^2}{2}+2x-1, & 1\leqslant x<2,\\ 1, & x\geqslant 2.\end{cases}$$

由例 15 可见，一般地，$f(x)$为分段函数时，$F(x)$也是分段函数，二者有相同的分段点.

例 16　设连续型随机变量 X 的分布函数为

$$F(x)=\begin{cases}0, & x\leqslant 0,\\ x^2, & 0<x<1,\\ 1, & x\geqslant 1.\end{cases}$$

求：(1) X 的概率密度 $f(x)$；(2) X 落入区间(0.3，0.7)的概率.

解　(1) $f(x)=F'(x)=\begin{cases}2x, & 0<x<1,\\ 0, & \text{其他}.\end{cases}$

(2) 有两种解法：

$$P\{0.3<X<0.7\}=F(0.7)-F(0.3)=0.7^2-0.3^2=0.4;$$

或者

$$P\{0.3<X<0.7\}=\int_{0.3}^{0.7} f(x)\mathrm{d}x=\int_{0.3}^{0.7} 2x\mathrm{d}x=0.4.$$

例 17　设某种型号电子元件的寿命 X(单位：h)具有以下的概率密度：

$$f(x)=\begin{cases}\dfrac{1\,000}{x^2} & x\geqslant 1\,000,\\ 0, & \text{其他}.\end{cases}$$

现有一大批此种元件(设各元件工作相互独立)，问：

(1) 任取1个，其寿命大于1 500h的概率是多少？

(2) 任取4个，4个元件中恰有2个元件的寿命大于1 500h的概率是多少？

(3) 任取4个，4个元件中至少有1个元件的寿命大于1 500h的概率是多少？

解 (1) $P\{X>1\,500\}=\int_{1\,500}^{+\infty}\frac{1\,000}{x^2}\mathrm{d}x=\left(-\frac{1\,000}{x}\right)\Big|_{1\,500}^{+\infty}=\frac{2}{3}.$

(2) 各元件工作相互独立，可看成4重伯努利试验，观察各元件的寿命是否大于1 500h，令Y表示4个元件中寿命大于1 500h的元件个数，则$Y\sim B\left(4,\frac{2}{3}\right)$，所求概率为

$$P\{Y=2\}=\mathrm{C}_4^2\left(\frac{2}{3}\right)^2\left(\frac{1}{3}\right)^2=\frac{8}{27}.$$

(3) 所求概率为$P\{Y\geqslant 1\}=1-P\{Y=0\}=1-\mathrm{C}_4^0\left(\frac{2}{3}\right)^0\left(\frac{1}{3}\right)^4=\frac{80}{81}.$

3.2 均匀分布与指数分布

以下介绍三种最常用的连续型随机变量的概率分布：均匀分布、指数分布和正态分布. 本小节先介绍前两种.

定义9 若随机变量X的概率密度为

$$f(x)=\begin{cases}\dfrac{1}{b-a}, & a\leqslant x\leqslant b,\\ 0, & \text{其他},\end{cases}$$

则称X服从区间$[a,b]$上的均匀分布，简记为$X\sim U(a,b)$.

容易求得其分布函数为

$$F(x)=\begin{cases}0, & x\leqslant a,\\ \dfrac{x-a}{b-a}, & a<x<b,\\ 1, & x\geqslant b.\end{cases}$$

均匀分布的概率密度$f(x)$和分布函数$F(x)$的图形分别见图2-3和图2-4.

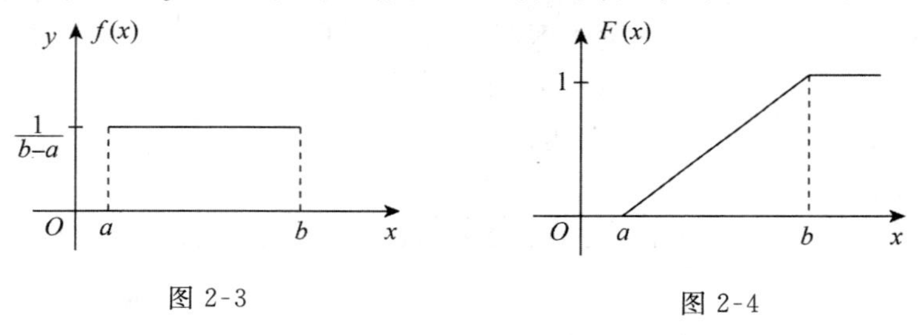

图 2-3　　图 2-4

显然，均匀分布的概率密度$f(x)$在区间$[a,b]$内取常数$\frac{1}{b-a}$，即区间长度的倒数.

均匀分布的均匀性是指随机变量X落在区间$[a,b]$内长度相等的子区间上的概率都是相等同的.

均匀分布的概率计算中有一个概率公式：

设 $X\sim U(a,b)$，$a\leqslant c<d\leqslant b$，即$[a,b]\supset[c,d]$，则 $P\{c\leqslant X\leqslant d\}=\dfrac{d-c}{b-a}$.

使用这个公式计算均匀分布的概率很方便. 例如，设 $X\sim U(0,3)$，则

$$P\{1\leqslant X\leqslant 2\}=\frac{2-1}{3-0}=\frac{1}{3}.$$

均匀分布是实际问题中常见的分布. 例如数值计算中，若计算结果保留到小数点后第 n 位，则舍入误差 X 通常假定服从$(-0.5\times10^{-n},0.5\times10^{-n})$上的均匀分布；从刻度器上读数时，把零头数化为最靠近的整分度时发生的误差也服从均匀分布；等等.

例 18 公共汽车站每隔 5min 有一辆汽车通过，乘客在 5min 内任一时刻到达汽车站是等可能的，求乘客候车时间在 1～3min 内的概率.

解 设 X 表示乘客的候车时间，则 $X\sim U(0,5)$，其概率密度为

$$f(x)=\begin{cases}\dfrac{1}{5}, & 0\leqslant x\leqslant 5,\\ 0 & \text{其他}.\end{cases}$$

所求概率为

$$P\{1\leqslant X\leqslant 3\}=\frac{3-1}{5-0}=\frac{2}{5}.$$

定义 10 若随机变量 X 的概率密度为

$$f(x)=\begin{cases}\lambda e^{-\lambda x}, & x>0,\\ 0, & x\leqslant 0,\end{cases}$$

其中 $\lambda>0$ 为常数，则称 X 服从参数为 λ 的**指数分布**，简记为 $X\sim E(\lambda)$，其分布函数为

$$F(x)=\begin{cases}1-e^{-\lambda x}, & x>0,\\ 0, & x\leqslant 0.\end{cases}$$

$f(x)$和 $F(x)$的图形分别见图 2-5 和图 2-6.

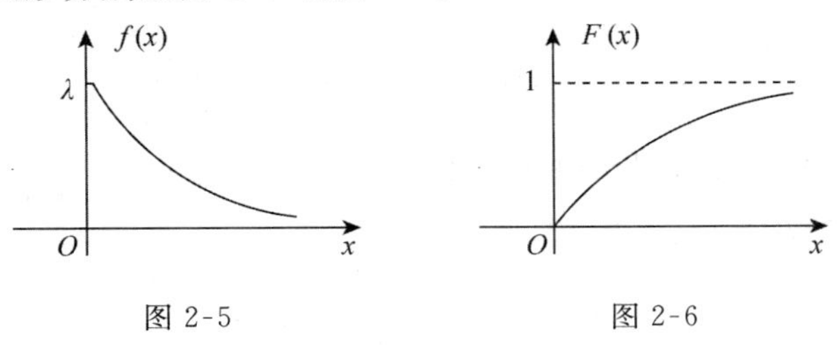

图 2-5　　图 2-6

指数分布常被用作各种“寿命”的分布，如电子元件的使用寿命、动物的寿命、电话的通话时间、顾客在某一服务系统接受服务的时间等都可假定服从指数分布，因而指数分布有着广泛的应用.

例 19 设 X 服从参数为 λ 的指数分布，证明：对任意的 $s>0$，$t>0$，有

$$P\{X>s+t\,|\,X>s\}=P\{X>t\}.$$

此性质称为指数分布的无记忆性.

证明 对于任意的 $x>0$，

$$P\{X>x\}=\int_x^{+\infty}\lambda e^{-\lambda t}\,dx=e^{-\lambda t}.$$

又因为$\{X>s+t\}\subset\{X>s\}$，所以$\{X>s+t\}\cap\{X>s\}=\{X>s+t\}$，则

$$P\{X>s+t|X>s\}=\frac{P\{\{X>s+t\}\cap\{X>s\}\}}{P\{X>s\}}=\frac{P\{X>s+t\}}{P\{X>s\}}$$
$$=\frac{e^{-\lambda(s+t)}}{e^{-\lambda s}}=e^{-\lambda t}=P\{X>t\}.$$

3.3 正态分布

定义 11 若随机变量 X 的概率密度为

$$f(x)=\frac{1}{\sqrt{2\pi}\sigma}e^{-\frac{(x-\mu)^2}{2\sigma^2}},\quad -\infty<x<+\infty,$$

其中 μ,σ^2 为常数，$-\infty<\mu<+\infty,\sigma>0$，则称 X 服从参数为 μ,σ^2 的**正态分布**，简记为

$$X\sim N(\mu,\sigma^2).$$

$f(x)$的图形见图 2-7.

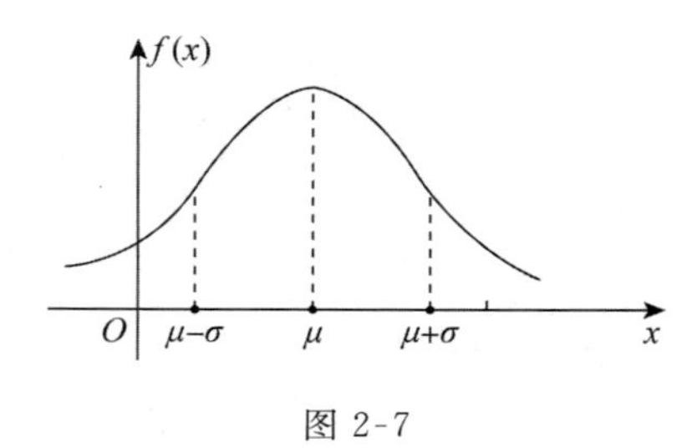

图 2-7

习惯上，称服从正态分布的随机变量为**正态随机变量**，又称正态分布的概率密度曲线为**正态分布曲线**. 下面我们分析一下正态分布曲线的性质.

(1) 曲线关于直线 $x=\mu$ 对称，这表明对于任何 $h>0$，有

$$P\{\mu-h<X\leqslant\mu\}=P\{\mu<X\leqslant\mu+h\}.$$

(2) 当 $x=\mu$ 时取到最大值

$$f(\mu)=\frac{1}{\sqrt{2\pi}\sigma},$$

在 $x=\mu\pm\sigma$ 处曲线有拐点，曲线以 x 轴为渐近线.

(3) 当 σ 取定，$\mu_1<\mu_2$ 时，

$$f_1(x)=\frac{1}{\sqrt{2\pi}\sigma}e^{-\frac{(x-\mu_1)^2}{2\sigma^2}},$$

$$f_2(x)=\frac{1}{\sqrt{2\pi}\sigma}e^{-\frac{(x-\mu_2)^2}{2\sigma^2}}.$$

$f_1(x)$与 $f_2(x)$的图形见图 2-8. 实际上两条曲线可互相沿着 x 轴平行移动而得，不改变其形状，可见正态分布曲线的位置完全由 μ 决定，μ 是正态分布的中心.

(4) 当 μ 给定，且 $\sigma_1<\sigma_2$ 时，

$$f_3(x)=\frac{1}{\sqrt{2\pi}\sigma_1}e^{-\frac{(x-\mu)^2}{2\sigma_1^2}},$$

$$f_4(x)=\frac{1}{\sqrt{2\pi}\sigma_2}e^{-\frac{(x-\mu)^2}{2\sigma_2^2}}.$$

$f_3(x)$与$f_4(x)$的图形见图 2-9，可见当σ越小时，图形变得越尖锐；反之，σ越大时，图形变得越平缓.因此，正态分布曲线中σ的值刻画了正态随机变量取值的分散程度.σ越小，取值分散程度越小；σ越大，取值分散程度越大.

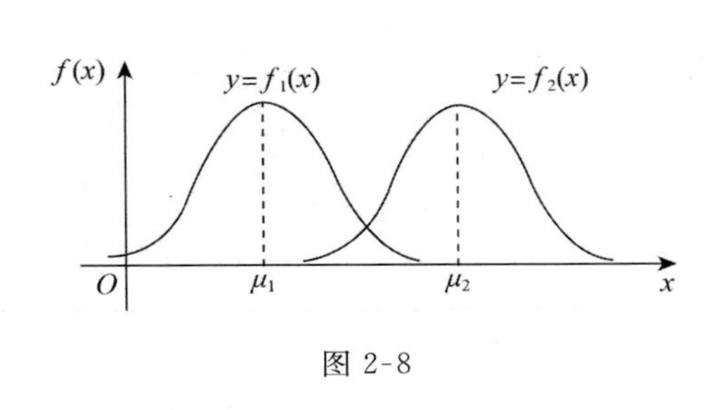

图 2-8

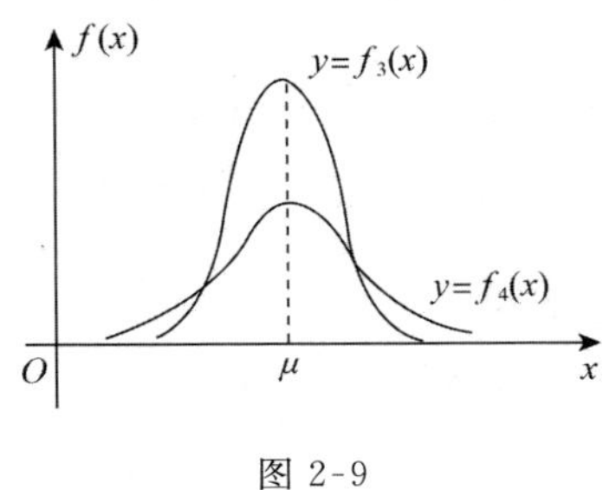

图 2-9

设$X\sim N(\mu,\sigma^2)$，则X的分布函数为

$$F(x)=\int_{-\infty}^{x}\frac{1}{\sqrt{2\pi}\sigma}e^{-\frac{(t-\mu)^2}{2\sigma^2}}dt.$$

它的图形见图 2-10.

特别地，当$\mu=0,\sigma=1$时的正态分布$N(0,1)$称为**标准正态分布**.为区别起见，标准正态分布的概率密度和分布函数分别记为$\varphi(x)$，$\Phi(x)$，即

$$\varphi(x)=\frac{1}{\sqrt{2\pi}}e^{-\frac{x^2}{2}},\quad -\infty<x<+\infty,$$

$$\Phi(x)=\frac{1}{\sqrt{2\pi}}\int_{-\infty}^{x}e^{-\frac{t^2}{2}}dt,\quad -\infty<x<+\infty.$$

$\varphi(x)$的图形见图 2-11.

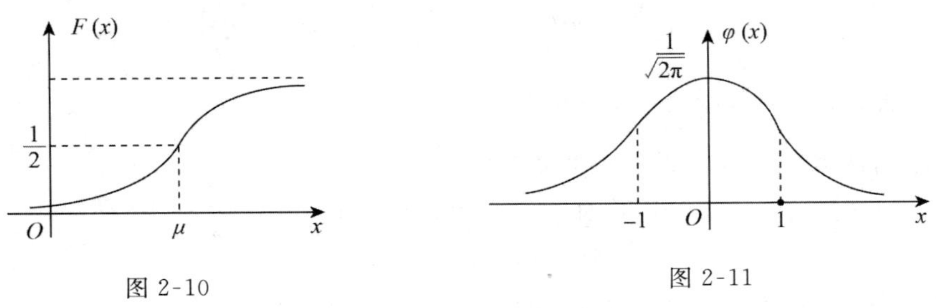

图 2-10　　图 2-11

显然，$\varphi(x)$的图形关于y轴对称，且$\varphi(x)$在$x=0$处取得最大值$\frac{1}{\sqrt{2\pi}}$.

通常我们称$\Phi(x)$为**标准正态分布函数**，它有下列性质：

(1) $\Phi(-x)=1-\Phi(x)$.

事实上，$\Phi(-x)=\int_{-\infty}^{-x}\frac{1}{\sqrt{2\pi}}e^{-\frac{t^2}{2}}dt$，作变量代换$u=-t,du=-dt$，从而

$$\begin{aligned}\Phi(-x)&=\int_{x}^{+\infty}\frac{1}{\sqrt{2\pi}}e^{-\frac{u^2}{2}}du=\int_{-\infty}^{+\infty}\frac{1}{\sqrt{2\pi}}e^{-\frac{u^2}{2}}du-\int_{-\infty}^{x}\frac{1}{\sqrt{2\pi}}e^{-\frac{u^2}{2}}du\\&=1-\Phi(x).\end{aligned}$$

(2) $\Phi(0)=\frac{1}{2}$.

由性质(1)可得.

$\Phi(x)$的值可以从标准正态分布表查得,见附表1.利用$\Phi(x)$可进行正态分布的有关概率计算.有下列计算公式,它们揭示了一般正态分布的分布函数$F(x)$与标准正态分布函数$\Phi(x)$的关系.

(1) 设$X\sim N(\mu,\sigma^2)$,其分布函数为$F(x)$,则

$$F(x)=P\{X\leqslant x\}=\Phi\left(\frac{x-\mu}{\sigma}\right). \tag{2.3.2}$$

事实上,因为

$$F(x)=\frac{1}{\sqrt{2\pi}\sigma}\int_{-\infty}^{x} e^{-\frac{(t-\mu)^2}{2\sigma^2}}\mathrm{d}t,$$

作变量代换$u=\frac{t-\mu}{\sigma},\mathrm{d}u=\frac{1}{\sigma}\mathrm{d}t$,有

$$F(x)=\frac{1}{\sqrt{2\pi}}\int_{-\infty}^{\frac{x-\mu}{\sigma}} e^{-\frac{u^2}{2}}\mathrm{d}u=\Phi\left(\frac{x-\mu}{\sigma}\right),$$

所以

$$F(x)=\Phi\left(\frac{x-\mu}{\sigma}\right).$$

(2) $P\{a<X\leqslant b\}=P\{a\leqslant X<b\}=P\{a\leqslant X\leqslant b\}=P\{a<X<b\}$

$$=\Phi\left(\frac{b-\mu}{\sigma}\right)-\Phi\left(\frac{a-\mu}{\sigma}\right). \tag{2.3.3}$$

事实上,由于X是连续型随机变量,式(2.3.3)中的4个概率都等于$F(b)-F(a)$,而由(1)得

$$F(b)-F(a)=\Phi\left(\frac{b-\mu}{\sigma}\right)-\Phi\left(\frac{a-\mu}{\sigma}\right).$$

(3) $P\{X>a\}=P\{X\geqslant a\}=1-\Phi\left(\frac{a-\mu}{\sigma}\right)$.

证明留给读者.显然(2.3.3)式是最重要的.

例 20 设$X\sim N(0,1)$,证明:对于任意的$h>0$,有

$$P\{|X|\leqslant h\}=2\Phi(h)-1.$$

证明 $P\{|X|\leqslant h\}=P\{-h\leqslant X\leqslant h\}$

$$=\Phi(h)-\Phi(-h)=\Phi(h)-[1-\Phi(h)]$$
$$=2\Phi(h)-1.$$

例 21 设$X\sim N(0,1)$,求:

(1) $P\{X<2.35\}$;(2) $P\{X<-3.03\}$;

(3) $P\{|X|\leqslant 1.54\}$;(4) 求数$u_{0.025}$,使得$P\{X>u_{0.025}\}=0.025$.

解 (1) $P\{X<2.35\}=\Phi(2.35)=0.990\ 6$.(查附表1)

(2) $P\{X<-3.03\}=\Phi(-3.03)=1-\Phi(3.03)=1-0.999\ 5=0.000\ 5$.(查附表1)

(3) $P\{|X|\leqslant 1.54\}=2\Phi(1.54)-1=2\times 0.938\ 2-1=0.876\ 4$.(查附表1)

(4) $P\{X>u_{0.025}\}=0.025$,即

$$1-P\{X\leqslant u_{0.025}\}=0.025,$$

则

$$\Phi(u_{0.025})=0.975,$$

反查标准正态分布表得 $u_{0.025}=1.96$.

本例的主要目的是希望读者学会标准正态分布表的使用,注意附表1的第一列和第一行共同组成了 z 的值:第一列是 z 的个位和小数点后第一位,而第一行是 z 的小数点后的第二位,表中的值是 $\Phi(z)$ 的值.

反查标准正态分布表的方法如下,举例说明:

设已知 $\Phi(u)=0.975$,在附表1中找到0.975,在此位置向左找到1.9,向上找到6,则 $u=1.96$.

例22 设 $X\sim N(1.5,4)$,求:

(1) $P\{X<3.5\}$;(2) $P\{1.5<X<3.5\}$;(3) $P\{|X|\geqslant 3\}$.

解 $\mu=1.5,\sigma=2$,记 $F(x)$ 为 X 的分布函数.

(1) $P\{X<3.5\}=F(3.5)=\Phi\left(\frac{3.5-1.5}{2}\right)=\Phi(1)=0.8413.$

(2)
$$\begin{aligned}P\{1.5<X<3.5\}&=F(3.5)-F(1.5)\\&=\Phi\left(\frac{3.5-1.5}{2}\right)-\Phi\left(\frac{1.5-1.5}{2}\right)=\Phi(1)-\Phi(0)\\&=0.8413-0.5=0.3413.\end{aligned}$$

(3)
$$\begin{aligned}P\{|X|\geqslant 3\}&=1-P\{|X|<3\}=1-P\{-3<X<3\}\\&=1-F(3)+F(-3)=1-\Phi\left(\frac{3-1.5}{2}\right)+\Phi\left(\frac{-3-1.5}{2}\right)\\&=1-\Phi(0.75)+\Phi(-2.25)\\&=1-\Phi(0.75)+1-\Phi(2.25)\\&=1-0.7734+1-0.9878=0.2388.\end{aligned}$$

例23 设 $X\sim N(\mu,\sigma^2)$,求 X 落在区间 $[\mu-k\sigma,\mu+k\sigma]$ 的概率,其中 $k=1,2,3$.

解
$$\begin{aligned}P\{\mu-k\sigma\leqslant X\leqslant\mu+k\sigma\}&=\Phi\left(\frac{(\mu+k\sigma)-\mu}{\sigma}\right)-\Phi\left(\frac{(\mu-k\sigma)-\mu}{\sigma}\right)\\&=\Phi(k)-\Phi(-k)=2\Phi(k)-1,\end{aligned}$$

则

$$P\{\mu-\sigma\leqslant X\leqslant\mu+\sigma\}=2\Phi(1)-1=0.6826,$$
$$P\{\mu-2\sigma\leqslant X\leqslant\mu+2\sigma\}=2\Phi(2)-1=0.9544,$$
$$P\{\mu-3\sigma\leqslant X\leqslant\mu+3\sigma\}=2\Phi(3)-1=0.9973.$$

由此可以看出:尽管正态随机变量的取值范围是 $(-\infty,+\infty)$,但它的值落在 $[\mu-3\sigma,\mu+3\sigma]$ 的概率为0.9973几乎是肯定的,这个性质被称为正态分布的"**3σ 规则**".

为了便于今后的应用,对于标准正态随机变量,我们引入 α 分位数的定义.

定义12 设 $X\sim N(0,1)$,若 u_α 满足条件

$$P\{X>u_\alpha\}=\alpha,\quad 0<\alpha<1,$$

则称点 u_α 为标准正态分布的**上侧 α 分位数**(见图2-12).

常用的上侧分位数有:

$$u_{0.1}=1.282,\quad u_{0.05}=1.645,\quad u_{0.025}=1.960,$$
$$u_{0.01}=2.326,\quad u_{0.005}=2.567,\quad u_{0.001}=3.090.$$

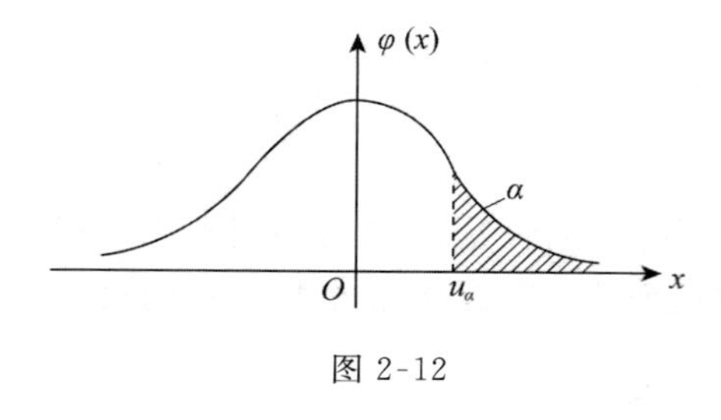

图 2-12

这些值都可类似例 21 的方法反查附表 1 得到.

正态分布是最常见的一种分布．在实际问题中，许多随机变量服从或近似服从正态分布.例如，一个地区的男性成年人的身高和体重，测量某个物理量所产生的随机误差，一批原棉纤维的长度，某地区的年降水量等，它们都服从正态分布.本书第五章的中心极限定理表明：一个变量如果由大量独立、微小且均匀的随机因素的叠加而生成，那么它就近似服从正态分布.由此可见，在概率论和数量统计的理论研究和实际应用中，正态分布占有十分重要的地位.

习 题 2.3

1．设随机变量 X 的概率密度为

$$f(x)=\begin{cases}a\cos x, & |x|\leqslant\dfrac{\pi}{2},\\ 0, & \text{其他}.\end{cases}$$

求：(1) 常数 a；(2) $P\left\{0<X<\dfrac{\pi}{4}\right\}$；(3) X 的分布函数 $F(x)$.

2．设随机变量 X 的概率密度为

$$f(x)=a\mathrm{e}^{-|x|},\quad -\infty<x<+\infty,$$

求：(1) 常数 a；(2) $P\{0\leqslant X\leqslant 1\}$；(3) X 的分布函数.

3．求下列分布函数所对应的概率密度：

(1) $F_1(x)=\dfrac{1}{2}+\dfrac{1}{\pi}\arctan x,-\infty<x<+\infty$；

(2) $F_2(x)=\begin{cases}1-\mathrm{e}^{-\frac{x^2}{2}}, & x>0,\\ 0, & x\leqslant 0;\end{cases}$

(3) $F_3(x)=\begin{cases}0, & x<0,\\ \sin x, & 0\leqslant x\leqslant\dfrac{\pi}{2},\\ 1, & x>\dfrac{\pi}{2}.\end{cases}$

4．设随机变量 X 的概率密度为

$$f(x)=\begin{cases}x, & 0\leqslant x<1,\\ 2-x, & 1\leqslant x<2,\\ 0, & \text{其他}.\end{cases}$$

求：(1) $P\left\{X\geqslant\dfrac{1}{2}\right\}$；(2) $P\left\{\dfrac{1}{2}<X<\dfrac{3}{2}\right\}$.

5．设 K 在 $(0,5)$ 上服从均匀分布，求方程 $4x^2+4Kx+K+2=0$ 有实根的概率.

6. 设 $X \sim U(2,5)$，现在对 X 进行 3 次独立观测，求至少有两次观测值大于 3 的概率.

7. 设修理某机器所用的时间 X 服从参数为 $\lambda=0.5\mathrm{h}$ 的指数分布，求在机器出现故障时，在一小时内可以修好的概率.

8. 设顾客在某银行的窗口等待服务的时间 X(单位:min)服从参数为 $\lambda=\frac{1}{5}$ 的指数分布. 某顾客在窗口等待服务，若超过 10min，他就离开．他一个月要到银行 5 次，以 Y 表示他未等到服务而离开窗口的次数. 写出 Y 的分布律，并求 $P\{Y\geqslant 1\}$.

9. 设 $X \sim N(3,2^2)$，求：

(1) $P\{2<X\leqslant 5\}$，$P\{-4<X\leqslant 10\}$，$P\{|X|>2\}$，$P\{X>3\}$；

(2) 常数 c，使 $P\{X>c\}=P\{X\leqslant c\}$.

10. 设 $X \sim N(0,1)$，设 x 满足 $P\{|X|>x\}<0.1$. 求 x 的取值范围.

11. 设 $X \sim N(10,2^2)$，求：

(1) $P\{7<X\leqslant 15\}$；(2) 常数 d，使 $P\{|X-10|<d\}<0.9$.

12. 某机器生产的螺栓长度 X(单位:cm)服从正态分布 $N(10.05,0.06^2)$，规定长度在区间$(10.05-0.12,10.05+0.12)$内为合格，求一螺栓不合格的概率.

13. 测量距离时产生的随机误差 X(单位:m)服从正态分布 $N(20,40^2)$. 进行 3 次独立测量. 求：

(1) 至少有一次误差绝对值不超过 30m 的概率；

(2) 只有一次误差绝对值不超过 30m 的概率.

§4　随机变量函数的概率分布

4.1　离散型随机变量函数的概率分布

在实际应用中，我们常常遇到这样的情况，所关心的随机变量不能直接测量得到，而它却是某个能直接测量的随机变量的函数. 例如，我们能测量圆轴截面的直径 X，而关心的却是其截面的面积 $Y=\frac{\pi}{4}X^2$. 这里随机变量 Y 就是随机变量 X 的函数.

设 $g(x)$ 是一给定的连续函数，称 $Y=g(X)$ 为随机变量 X 的一个函数，显然 Y 也是一个随机变量. 当 X 取值 x 时，Y 取值 $y=g(x)$. 本节将讨论如何由已知的随机变量 X 的概率分布去求函数 $Y=g(X)$ 的概率分布.

先讨论 X 为离散型随机变量的情况. 设 X 为离散型随机变量，其分布律为

X	x_1	x_2	$\cdots$	x_k	$\cdots$
P	p_1	p_2	$\cdots$	p_k	$\cdots$

由于 X 的可能取值为 $x_1,x_2,\cdots,x_k,\cdots$，所以 Y 的可能取值为 $g(x_1),g(x_2),\cdots,g(x_k),\cdots$. 可见$Y$ 只取有限多个值或可列无穷多个值，故 Y 是一个离散型随机变量. 注意，$g(x_1)$，$g(x_2)$，$\cdots$，$g(x_k)$，$\cdots$中可能有相等的情况.

主要问题是如何求 Y 的分布律. 先看一个例子.

例 24 设随机变量 X 的分布律为

X	-1	0	1	2
P	0.2	0.1	0.3	0.4

求:(1) $Y=X^3$ 的分布律;(2) $Z=X^2$ 的分布律.

解 (1) Y 的可能取值为 $-1,0,1,8$. 由于,

$$P\{Y=-1\}=P\{X^3=-1\}=P\{X=-1\}=0.2,$$
$$P\{Y=0\}=P\{X^3=0\}=P\{X=0\}=0.1,$$
$$P\{Y=1\}=P\{X^3=1\}=P\{X=1\}=0.3,$$
$$P\{Y=8\}=P\{X^3=8\}=P\{X=2\}=0.4,$$

从而 Y 的分布律为

Y	-1	0	1	8
P	0.2	0.1	0.3	0.4

(2) Z 的可能取值为 $0,1,4$. 由于,

$P\{Z=0\}=P\{X^2=0\}=P\{X=0\}=0.1$,

$P\{Z=1\}=P\{X^2=1\}=P\{X=-1\}+P\{X=1\}=0.2+0.3=0.5$,

$P\{Z=4\}=P\{X^2=4\}=P\{X=2\}=0.4$,

则 Z 的分布律为

Z	0	1	4
P	0.1	0.5	0.4

事实上,在求 Y 的分布律时有两种情况:当 $g(x_1),g(x_2),\cdots,g(x_k),\cdots$ 互不相等时,Y 的分布律即为

Y	$g(x_1)$	$g(x_2)$	$\cdots$	$g(x_k)$	$\cdots$
P	p_1	p_2	$\cdots$	p_k	$\cdots$

当 $g(x_1),g(x_2),\cdots,g(x_k),\cdots$ 有相等的情况时,应把使 $g(x_k)$ 相等的那些 x_k 所对应的概率相加,作为 Y 取值 $g(x_k)$ 的概率,这样才能得到 Y 的分布律. 例 24 中,求 Z 的分布律时,$Z=g(X)$,$g(x)=x^2$,$g(-1)=g(1)=1$,则

$$P\{Z=g(1)\}=P\{X=-1\}+P\{X=1\}=0.5.$$

还应注意,应将最后所得的分布律按 Y 的各可能值的自然顺序重新排列一下.

例 25 设随机变量 X 的分布律为

X	1	2	$\cdots$	n	$\cdots$
P	$\frac{1}{2}$	$\frac{1}{2^2}$	$\cdots$	$\frac{1}{2^n}$	$\cdots$

求 $Y=\sin\left(\frac{\pi}{2}X\right)$ 的分布律.

解 因为

$$\sin\left(\frac{\pi}{2}n\right)=\begin{cases}-1, & n=4k-1,\\ 0, & n=2k, \qquad k=1,2,\cdots,\\ 1, & n=4k-3,\end{cases}$$

所以 Y 只能取值 $-1,0,1$，而取这些值的概率为

$$\begin{aligned}P\{Y=-1\}&=\sum_{k=1}^{\infty}P\{X=4k-1\}\\&=\sum_{k=1}^{\infty}\frac{1}{2^{4k-1}}=\sum_{k=1}^{\infty}\frac{2}{16^k}=\frac{2}{16}\sum_{k=1}^{\infty}\frac{1}{16^{k-1}}=\frac{2}{16}\times\frac{1}{1-\frac{1}{16}}=\frac{2}{15},\end{aligned}$$

$$P\{Y=0\}=\sum_{k=1}^{\infty}P\{X=2k\}=\sum_{k=1}^{\infty}\frac{1}{2^{2k}}=\sum_{k=1}^{\infty}\frac{1}{4^k}=\frac{1}{3},$$

$$P\{Y=1\}=\sum_{k=1}^{\infty}P\{X=4k-3\}=\sum_{k=1}^{\infty}\frac{1}{2^{4k-3}}=\sum_{k=1}^{\infty}\frac{8}{16^k}=\frac{8}{15}.$$

故 Y 的分布律为

Y	-1	0	1
P	$\frac{2}{15}$	$\frac{1}{3}$	$\frac{8}{15}$

有时我们只求 $Y=g(X)$ 在某一点 y 处取值的概率，有

$$P\{Y=y\}=P\{g(X)=y\}=\sum_{k:g(x_k)=y}p_k,$$

即把满足 $g(x_k)=y$ 的 x_k 所对应的概率相加即可.

例 26 设 $X\sim B(3,0.4)$，令 $Y=\dfrac{X(3-X)}{2}$，求 $P\{Y=1\}$.

解
$$\begin{aligned}P\{Y=1\}&=P\left\{\frac{X(3-X)}{2}=1\right\}=P\{X=1\}+P\{X=2\}\\&=C_3^1(0.4)^1(0.6)^2+C_3^2(0.4)^2(0.6)^1=0.72.\end{aligned}$$

4.2 连续型随机变量函数的概率分布

设 X 为连续型随机变量，其概率密度为 $f_X(x)$，要求 $Y=g(X)$ 的概率密度 $f_Y(y)$，我们可以利用如下定理的结论.

定理 1 设 X 为连续型随机变量，其概率密度为 $f_X(x)$. 设 $g(x)$ 是一严格单调的可导函数，其值域为 (α,β)，且 $g'(x)\neq0$. 记 $x=h(y)$ 为 $y=g(x)$ 的反函数，则 $Y=g(X)$ 的概率密度为

$$f_Y(y)=\begin{cases}f_X(h(y))|h'(y)|, & \alpha<y<\beta,\\ 0, & \text{其他}.\end{cases} \tag{2.4.1}$$

特别地，当 $\alpha=-\infty,\beta=+\infty$ 时，

$$f_Y(y)=f_X(h(y))|h'(y)|,\quad -\infty<y<+\infty.$$

证明 分两种情况证明.

首先，设 $g(x)$ 为单调增函数，此时它的反函数 $x=h(y)$ 也是增函数，则当 $\alpha<y<\beta$ 时，

$$\{Y\leqslant y\}=\{g(X)\leqslant y\}=\{X\leqslant h(y)\}.$$

于是 Y 的分布函数为

$$F_Y(y)=P\{Y\leqslant y\}=P\{X\leqslant h(y)\}=\int_{-\infty}^{h(y)} f_X(x)\mathrm{d}x.$$

故

$$f_Y(y)=F'_Y(y)=f_X(h(y))h'(y).$$

而当 $y\leqslant\alpha$ 或 $y\geqslant\beta$ 时，$f_Y(y)=0$.

其次，设 $g(x)$ 为单调减函数，此时它的反函数 $x=h(y)$ 也是减函数，则当 $\alpha<y<\beta$ 时，

$$\{Y\leqslant y\}=\{g(X)\leqslant y\}=\{X\geqslant h(y)\}.$$

于是 Y 的分布函数为

$$F_Y(y)=P\{Y\leqslant y\}=P\{X\geqslant h(y)\}=\int_{h(y)}^{+\infty} f_X(x)\mathrm{d}x.$$

故

$$f_Y(y)=F'_Y(y)=f_X(h(y))(-h'(y)).$$

而当 $y\leqslant\alpha$ 或 $y\geqslant\beta$ 时，$f_Y(y)=0$.

考虑在第一种情况下 $h'(y)>0$，在第二种情况下 $h'(y)<0$，定理的结论立即可得.

例 27 设连续型随机变量 X 的概率密度为 $f_X(x)$，令 $Y=aX+b$，其中 a,b 为常数，$a\neq 0$，求 Y 的概率密度.

解 $y=g(x)=ax+b,\alpha=-\infty,\beta=+\infty,x=h(y)=\dfrac{y-b}{a},h'(y)=\dfrac{1}{a}$，由定理得

$$f_Y(y)=f_X(h(y))|h'(y)|=f_X\left(\frac{y-b}{a}\right)\frac{1}{|a|}.$$

例 28 设 $X\sim N(\mu,\sigma^2)$，求：

(1) $Y=\dfrac{X-\mu}{\sigma}$ 的概率密度；(2) $Y=aX+b$ 的概率密度.

解 已知 $f_X(x)=\dfrac{1}{\sqrt{2\pi}\sigma}\mathrm{e}^{-\frac{(x-\mu)^2}{2\sigma^2}}$，利用例 27 所得的结论，得

(1) $a=\dfrac{1}{\sigma},b=-\dfrac{\mu}{\sigma}$，则

$$\begin{aligned}f_Y(y)&=f_X\left(\sigma\left(y+\frac{\mu}{\sigma}\right)\right)\cdot\sigma=f_X(\sigma y+\mu)\cdot\sigma,\\&=\frac{1}{\sqrt{2\pi}\sigma}\mathrm{e}^{-\frac{(\sigma y+\mu-\mu)^2}{2\sigma^2}}\cdot\sigma=\frac{1}{\sqrt{2\pi}}\mathrm{e}^{-\frac{y^2}{2}},\end{aligned}$$

即 $Y\sim N(0,1)$.

(2) $$f_Y(y)=\frac{1}{|a|}f_X\left(\frac{y-b}{a}\right)=\frac{1}{|a|}\cdot\frac{1}{\sqrt{2\pi}\sigma}\mathrm{e}^{-\frac{\left(\frac{y-b}{a}-\mu\right)^2}{2\sigma^2}}=\frac{1}{\sqrt{2\pi}\sigma|a|}\mathrm{e}^{-\frac{[y-(a\mu+b)]^2}{2(\sigma|a|)^2}},$$

即 $Y\sim N(a\mu+b,a^2\sigma^2)$.

例 28 说明两个重要结论：当 $X\sim N(\mu,\sigma^2)$ 时，$Y=\dfrac{X-\mu}{\sigma}\sim N(0,1)$，且随机变量 $\dfrac{X-\mu}{\sigma}$ 称为 X 的**标准化**. 另外，正态随机变量的线性变换 $Y=aX+b$ 仍是正态随机变量，即 $aX+b\sim N(a\mu+b,a^2\sigma^2)$. 这两个结论十分有用，必须记住.

例 29 设 $X\sim U\left(-\dfrac{\pi}{2},\dfrac{\pi}{2}\right)$，令 $Y=\tan X$，求 Y 的概率密度 $f_Y(y)$.

解 $y=g(x)=\tan x$，值域为$(-\infty,+\infty)$，反函数 $x=h(y)=\arctan y, h'(y)=\frac{1}{1+y^2}$. 记 X 的概率密度为 $f_X(x)$，则

$$f_Y(y)=f_X(h(y))|h'(y)|=\frac{1}{\pi}\cdot\frac{1}{1+y^2}=\frac{1}{\pi(1+y^2)},\quad -\infty<y<+\infty.$$

这一概率分布称为**柯西(Cauchy)分布**.

例 30 设 $X\sim N(\mu,\sigma^2)$，求 $Y=e^X$ 的概率密度 $f_Y(y)$.

解 $y=g(x)=e^x$，值域$(0,+\infty)$，即 $\alpha=0,\beta=+\infty$.

$y=g(x)=e^x$ 的反函数 $x=h(y)=\ln y, h'(y)=\frac{1}{y}$. 记 X 的概率密度为 $f_X(x)$，则

$$f_Y(y)=\begin{cases}f_X(\ln y)\cdot\frac{1}{y}, & y>0,\\ 0, & y\leqslant 0\end{cases}=\begin{cases}\frac{1}{\sqrt{2\pi}\sigma y}e^{-\frac{(\ln y-\mu)^2}{2\sigma^2}}, & y>0,\\ 0, & y\leqslant 0.\end{cases}$$

此分布称为**对数正态分布**.

以上各例中求 $Y=g(X)$的概率密度的方法均是应用定理 1 中的公式(2.4.1)，故称为“公式法”. 需要注意的是，它仅适用于“单调型”随机变量函数，即要求 $y=g(x)$为单调函数. 如果 $y=g(x)$不是单调函数，求 $Y=g(X)$的概率密度较复杂. 下面仅通过两个例题，简要介绍所谓的“直接变换法”.

例 31 设随机变量 X 的概率密度为

$$f_X(x)=\begin{cases}\frac{x}{8}, & 0<x<4,\\ 0, & \text{其他}.\end{cases}$$

求 $Y=2X+8$ 的概率密度.

解 记 Y 的分布函数为 $F_Y(y)$，则

$$F_Y(y)=P\{Y\leqslant y\}=P\{2X+8\leqslant y\}=P\left\{X\leqslant\frac{y-8}{2}\right\}=F_X\left(\frac{y-8}{2}\right),$$

其中 $F_X(x)$为 X 的分布函数. 故

$$\begin{aligned}f_Y(y)&=F'_Y(y)=F'_X\left(\frac{y-8}{2}\right)\cdot\frac{1}{2}=f_X\left(\frac{y-8}{2}\right)\cdot\frac{1}{2}\\&=\begin{cases}\frac{1}{8}\left(\frac{y-8}{2}\right)\cdot\frac{1}{2}, & 0<\frac{y-8}{2}<4,\\ 0, & \text{其他}\end{cases}\\&=\begin{cases}\frac{y-8}{32}, & 8<y<16,\\ 0, & \text{其他}.\end{cases}\end{aligned}$$

例 31 中求随机变量函数的概率密度的方法称为“直接变换法”，它同样适应于非单调型随机变量的情况. 例 31 也可以用定理 1 中的公式(2.4.1)求解，这样更容易一些.

例 32 设 X 的概率密度为 $f_X(x)$，求 $Y=X^2$ 的概率密度 $f_Y(y)$. 特别地，当 $X\sim N(0,1)$时，求 $Y=X^2$ 的概率密度.

解 当 $y\leqslant 0$ 时，Y 的分布函数

$$F_Y(y)=P\{Y\leqslant y\}=P\{X^2\leqslant y\}=0;$$

当 $y>0$ 时，

$$F_Y(y)=P\{Y\leqslant y\}=P\{X^2\leqslant y\}=P\{-\sqrt{y}\leqslant X\leqslant\sqrt{y}\}=F_X(\sqrt{y})-F_X(-\sqrt{y}),$$

其中 $F_X(x)$ 为 X 的分布函数，则

$$f_Y(y)=F'_Y(y)=\frac{1}{2\sqrt{y}}[f_X(\sqrt{y})+f_X(-\sqrt{y})]. \tag{2.4.2}$$

特别地，$X\sim N(0,1)$，则

$$f_X(x)=\frac{1}{\sqrt{2\pi}}\mathrm{e}^{-\frac{x^2}{2}}.$$

由(2.4.2)式得，当 $y>0$ 时，

$$f_Y(y)=\frac{1}{2\sqrt{y}}\left(\frac{1}{\sqrt{2\pi}}\mathrm{e}^{-\frac{y}{2}}+\frac{1}{\sqrt{2\pi}}\mathrm{e}^{-\frac{y}{2}}\right)=\frac{1}{\sqrt{2\pi y}}\mathrm{e}^{-\frac{y}{2}};$$

而当 $y\leqslant 0$ 时，$f_Y(y)=0$. 综上，可得 Y 的概率密度为

$$f_Y(y)=\begin{cases}\dfrac{1}{\sqrt{2\pi y}}\mathrm{e}^{-\frac{y}{2}}, & y>0,\\ 0, & y\leqslant 0.\end{cases}$$

注意 设 $X\sim N(0,1)$，则 $Y=X^2$ 的分布称为 **χ^2 分布**，其自由度为 1，记为 $Y\sim\chi^2(1)$. 本书后面将会讲到一般的 χ^2 分布.

习 题 2.4

1. 设随机变量 X 的分布律为

X	-2	0	2	3
P	0.2	0.2	0.3	0.3

求：(1) $Y_1=-2X+1$ 的分布律；(2) $Y_2=|X|$ 的分布律.

2. 设随机变量 X 的分布律为

X	-1	0	1	2
P	0.2	0.3	0.1	0.4

求 $Y=(X-1)^2$ 的分布律.

3. 设 $X\sim U(0,1)$，求下列 Y 的概率密度：

(1) $Y=-2\ln X$；(2) $Y=3X+1$；(3) $Y=\mathrm{e}^X$.

4. 设随机变量 X 的概率密度为

$$f_X(x)=\begin{cases}\dfrac{3}{2}x^2, & -1<x<1,\\ 0, & \text{其他}.\end{cases}$$

求下列 Y 的概率密度：

(1) $Y=3X$；(2) $Y=3-X$；(3) $Y=X^2$.

5. 设 X 服从参数为 $\lambda=1$ 的指数分布，求下列 Y 的概率密度：

(1) $Y=2X+1$；(2) $Y=e^X$；(3) $Y=X^2$.

6. 设 $X\sim N(0.1)$，求下列 Y 的概率密度：

(1) $Y=|X|$；(2) $Y=2X^2+1$.

小　　结

概率论的核心是随机变量及其概率分布. 本章引入随机变量的概念. 为了全面刻画随机变量，又引入了随机变量的分布函数的概念. 同时，本章还讨论了离散型和连续型两类随机变量. 本章的重点内容包括：离散型随机变量及其分布律，连续型随机变量及其概率密度，随机变量的分布函数，二项分布与正态分布.

本章的基本内容及要求如下：

1. 理解随机变量的概念，掌握分布函数的概念及性质，会用分布函数求概率.

2. 理解离散型随机变量及其分布律的概念与性质，会求简单离散型随机变量的分布律和分布函数.

3. 掌握 3 个常用的离散型概率分布：0-1 分布、二项分布和泊松分布，会查泊松分布表，会计算这些分布的相关概率.

4. 理解连续型随机变量及其概率密度的概念，掌握概率密度的性质，清楚概率密度与分布函数的关系，会用概率密度求分布函数，也会用分布函数求概率密度，会计算随机变量落入某一区间的概率.

5. 掌握均匀分布和指数分布，熟练掌握正态分布，会查标准正态分布表，能熟练运用正态分布的概率计算公式计算概率：设 $X\sim N(\mu,\sigma^2)$，则有

$$P\{a<X\leqslant b\}=\Phi\left(\frac{b-\mu}{\sigma}\right)-\Phi\left(\frac{a-\mu}{\sigma}\right),$$

$$P\{X\leqslant b\}=\Phi\left(\frac{b-\mu}{\sigma}\right),$$

$$P\{X>a\}=1-\Phi\left(\frac{a-\mu}{\sigma}\right).$$

6. 会求离散型随机变量简单函数的分布律. 对于连续型随机变量的函数，要求会用“公式法”求“单调型”随机变量函数的概率密度. 至于“非单调型”随机变量函数的概率密度的“直接变换法”，只要求一般了解即可.

自 测 题 2

一、选择题

1. 设一批产品共有 1 000 件，其中有 50 件次品，从中随机地有放回地抽取 500 件产品，X

表示抽到次品的件数，则 $P\{X=3\}=$（　　）.

A. $\dfrac{C_{50}^{3}C_{950}^{497}}{C_{1\,000}^{500}}$　　B. $\dfrac{A_{50}^{3}A_{950}^{497}}{A_{1\,000}^{500}}$　　C. $C_{500}^{3}(0.05)^{3}(0.95)^{497}$　　D. $\dfrac{3}{500}$

2. 设随机变量 $X\sim B(4,0.2)$，则 $P\{X>3\}=$（　　）.

A. 0.001 6　　B. 0.027 2　　C. 0.409 6　　D. 0.819 2

3. 设随机变量 X 的分布函数为 $F(x)$，下列结论中不一定成立的是（　　）.

A. $F(+\infty)=1$　　B. $F(-\infty)=0$

C. $0\leqslant F(x)\leqslant 1$　　D. $F(x)$为连续函数

4. 下列各函数中是随机变量分布函数的为（　　）.

A. $F_1(x)=\dfrac{1}{1+x^2},-\infty<x<+\infty$　　B. $F_2(x)=\begin{cases}0, & x\leqslant 0,\\ \dfrac{x}{1+x}, & x>0\end{cases}$

C. $F_3(x)=e^{-x},-\infty<x<+\infty$　　D. $F_4(x)=\dfrac{3}{4}+\dfrac{1}{2\pi}\arctan x,-\infty<x<+\infty$

5. 设随机变量 X 的概率密度为 $f(x)=\begin{cases}\dfrac{a}{x^2}, x>10,\\ 0, \ x\leqslant 10,\end{cases}$ 则常数 $a=$（　　）.

A. -10　　B. $-\dfrac{1}{500}$　　C. $\dfrac{1}{500}$　　D. 10

6. 如果函数 $f(x)=\begin{cases}x, & a\leqslant x\leqslant b,\\ 0, & \text{其他}\end{cases}$ 是某连续型随机变量 X 的概率密度，则区间$[a,b]$可以是（　　）.

A. $[0,1]$　　B. $[0,2]$　　C. $[0,\sqrt{2}]$　　D. $[1,2]$

7. 设随机变量 X 的取值范围是$[-1,1]$，下列函数可以作为 X 的概率密度的是（　　）.

A. $\begin{cases}\dfrac{1}{2}, & -1<x<1\\ 0, & \text{其他}\end{cases}$　　B. $\begin{cases}2, & -1<x<1,\\ 0, & \text{其他}\end{cases}$

C. $\begin{cases}x, & -1<x<1\\ 0, & \text{其他}\end{cases}$　　D. $\begin{cases}x^2 & -1<x<1,\\ 0, & \text{其他}\end{cases}$

8. 设连续型随机变量 X 的概率密度为 $f(x)=\begin{cases}\dfrac{x}{2}, & 0<x<2,\\ 0, & \text{其他},\end{cases}$ 则 $P\{-1\leqslant X\leqslant 1\}=$（　　）.

A. 0　　B. 0.25　　C. 0.5　　D. 1

9. 设随机变量 $X\sim U(2,4)$，则 $P\{3<X<4\}=$（　　）.

A. $P\{2.25<X<3.25\}$　　B. $P\{1.5<X<2.5\}$

C. $P\{3.5<X<4.5\}$　　D. $P\{4.5<X<5.5\}$

10. 设随机变量 X 的概率密度为 $f(x)=\dfrac{1}{2\sqrt{2\pi}}e^{-\frac{(x+1)^2}{8}}$，则 $X\sim$（　　）.

A. $N(-1,2)$　　B. $N(-1,4)$　　C. $N(-1,8)$　　D. $N(-1,16)$

11. 已知随机变量 X 的概率密度为 $f_X(x)$，令 $Y=-2X$，则 Y 的概率密度 $f_Y(y)$为（　　）.

A. $2f_X(-2y)$　B. $f_X\left(-\frac{y}{2}\right)$　C. $-\frac{1}{2}f_X\left(-\frac{y}{2}\right)$　D. $\frac{1}{2}f_X\left(-\frac{y}{2}\right)$

二、填空题

1. 已知随机变量 X 的分布律为

X	1	2	3	4	5
P	$2a$	0.1	0.3	a	0.3

则常数 $a=$________.

2. 设随机变量 X 的分布律为

X	1	2	3
P	$\frac{1}{6}$	$\frac{2}{6}$	$\frac{3}{6}$

记 X 的分布函数为 $F(x)$，则 $F(2)=$________.

3. 抛一枚质地均匀的硬币 5 次，记其中正面向上的次数为 X，则 $P\{X\leqslant 4\}=$________.

4. 设 X 服从参数为 $\lambda>0$ 的泊松分布，且 $P\{X=0\}=\frac{1}{2}P\{X=2\}$，则 $\lambda=$________.

5. 设随机变量 X 的分布函数为

$$F(x)=\begin{cases}0, & x<a,\\ 0.4, & a\leqslant x<b,\\ 1, & x\geqslant b,\end{cases}$$

其中 $0<a<b$，则 $P\left\{\frac{a}{2}<X\leqslant\frac{a+b}{2}\right\}=$________.

6. 设 X 为连续型随机变量，c 是一个常数，则 $P\{X=c\}=$________.

7. 设连续型随机变量 X 的分布函数为

$$F(x)=\begin{cases}\frac{1}{3}e^x, & x<0,\\ \frac{1}{3}(x+1), & 0\leqslant x<2,\\ 1, & x\geqslant 2.\end{cases}$$

记 X 的概率密度为 $f(x)$，则当 $x<0$ 时，$f(x)=$________.

8. 设连续型随机变量 X 的分布函数为 $F(x)=\begin{cases}1-e^{-2x}, & x>0,\\ 0, & x\leqslant 0,\end{cases}$ 其概率密度为 $f(x)$，则 $f(1)=$________.

9. 设随机变量 X 的概率密度为 $f(x)=\begin{cases}\frac{1}{2a}, & -a<x<a, a>0,\\ 0, & \text{其他},\end{cases}$ 要使 $P\{X>1\}=\frac{1}{3}$，则常数 $a=$________.

10. 设随机变量 $X\sim N(0,1)$，$\Phi(x)$ 为其分布函数，则 $\Phi(x)+\Phi(-x)=$________.

11. 设 $X\sim N(\mu,\sigma^2)$，其分布函数为 $F(x)$，$\Phi(x)$ 为标准正态分布函数，则 $F(x)$ 与 $\Phi(x)$ 之

间的关系是 $F(x)=$________.

12. 设 $X\sim N(2,4)$，则 $P\{X\leqslant 2\}=$________.

13. 设 $X\sim N(5,9)$，已知标准正态分布函数值 $\Phi(0.5)=0.6915$，为使 $P\{X<a\}<0.6915$，则常数 $a<$________.

14. 设 $X\sim N(0,1)$，则 $Y=2X+1$ 的概率密度 $f_Y(y)=$________.

三、袋中有 2 个白球，3 个红球. 现从袋中随机地抽取 2 个球，以 X 表示取到的红球个数，求 X 的分布律.

四、箱中装有 10 件产品，其中 8 件正品、2 件次品，从中任取 2 件，X 表示取到的次品数. 求：(1) X 的分布律；(2) X 的分布函数 $F(x)$；(3) $P\{0<X\leqslant 2\}$.

五、设随机变量 X 的概率密度为 $f(x)=\begin{cases}|x|, & -1\leqslant x\leqslant 1,\\ 0, & \text{其他}.\end{cases}$ 求：

(1) X 的分布函数 $F(x)$；(2) $P\{X<0.5\}$，$P\{X>-0.5\}$.

六、已知某种类型电子元件的寿命 X(单位：h)服从指数分布，它的概率密度为

$$f(x)=\begin{cases}\dfrac{1}{2000}e^{-\frac{x}{2000}}, & x>0,\\ 0, & x\leqslant 0.\end{cases}$$

一台仪器装有 4 个此种类型的电子元件，其中任意一个损坏时仪器便不能正常工作. 假设 4 个电子元件损坏与否互相独立，试求：

(1) 一个此种类型电子元件能工作 2 000h 以上的概率 p_1；

(2) 一台仪器能正常工作 2 000h 以上的概率 p_2.

七、设随机变量 X 的概率密度为

$$f_X(x)=\begin{cases}\dfrac{1-x}{2}, & -1<x<1,\\ 0, & \text{其他}.\end{cases}$$

记 $Y=X^2+1$. 求：(1) $P\left\{Y<\dfrac{5}{4}\right\}$；(2) Y 的分布函数 $F_Y(y)$.

第三章　多维随机变量及其概率分布

§1　多维随机变量的概念

1.1　二维随机变量及其分布函数

在许多实际问题中，常常需要用几个随机变量才能较好地描述某一随机现象. 例如，打靶时，弹着点是由两个随机变量（横、纵坐标）所构成；飞机重心在空中的位置是由三个随机变量（三维坐标）来确定的；学生的考试成绩是由多个随机变量（每门课的成绩）组成的. 为研究这类随机现象的规律性，引入多维随机变量的概念.

定义 1　由 n 个随机变量 $X_1, X_2, \cdots, X_n$ 构成的整体 $\boldsymbol{X}=(X_1, X_2, \cdots, X_n)$，称为一个 **$n$ 维随机变量**或 **n 维随机向量**，X_k 称为 $\boldsymbol{X}$ 的**第 k 个分量**，$k=1,2,\cdots,n$.

特别地，当 $n=1$ 时，X 称为**一维随机变量**，就是第二章介绍的随机变量；当 $n=2$ 时，$\boldsymbol{X}=(X_1, X_2)$ 称为**二维随机变量**.

例如，炮弹落点位置 (X,Y) 是一个二维随机变量，飞机重心在空中的位置 (X,Y,Z) 是一个三维随机变量. 从几何上看，一维随机变量是直线上的随机点，二维随机变量可看作平面上的随机点.

定义 2　设 (X,Y) 是二维随机变量，对任意的实数 x,y，二元函数

$$F(x,y)=P\{X\leqslant x, Y\leqslant y\},\quad -\infty<x,y<+\infty$$

称为二维随机变量 (X,Y) 的**联合分布函数**，简称**分布函数**.

X 与 Y 各自的分布函数分别称为 (X,Y) 关于 X 与关于 Y 的**边缘分布函数**，记为 $F_X(x)$ 与 $F_Y(y)$，则

$$F_X(x)=P\{X\leqslant x\}=P\{X\leqslant x, Y<+\infty\}=F(x,+\infty)=\lim_{y\to+\infty}F(x,y),$$

$$F_Y(y)=P\{Y\leqslant y\}=P\{X<+\infty, Y\leqslant y\}=F(+\infty,y)=\lim_{x\to+\infty}F(x,y).$$

几何上，如果将二维随机变量 (X,Y) 看成是平面上随机点的坐标，那么点 (x,y) 处的分布函数值 $F(x,y)$ 就是随机点 (X,Y) 落在以点 (x,y) 为顶点而位于该点左下方的无穷矩形域内的概率，如图 3-1 所示.

随机点落在矩形域 $\{x_1<X\leqslant x_2, y_1<Y\leqslant y_2\}$ 的概率为

$$P\{x_1<X\leqslant x_2, y_1<Y\leqslant y_2\}=F(x_2,y_2)-F(x_2,y_1)-F(x_1,y_2)+F(x_1,y_1).\qquad(3.1.1)$$

二维随机变量的分布函数 $F(x,y)$ 具有下列的性质：

性质 1（单调性）　$F(x,y)$ 分别对 x 或对 y 是单调不减的，即

当 $x_1<x_2$ 时，有 $F(x_1,y)\leqslant F(x_2,y)$，

当 $y_1<y_2$ 时，有 $F(x,y_1)\leqslant F(x,y_2)$.

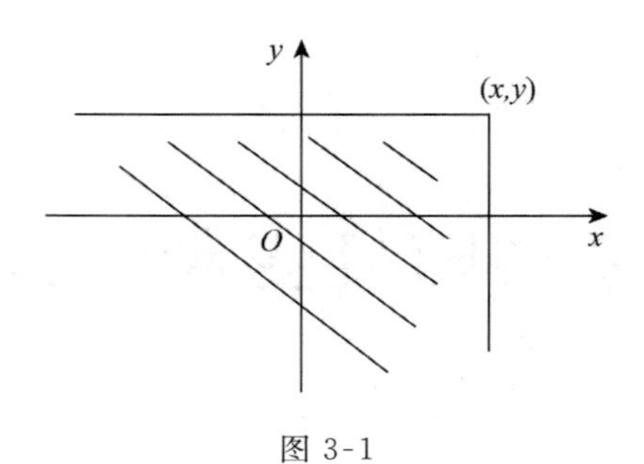

图 3-1

性质 2（有界性）　对任意的 x 和 y，有 $0 \leqslant F(x,y) \leqslant 1$，且

$$F(-\infty,y)=\lim_{x\to-\infty}F(x,y)=0,\quad F(x,-\infty)=\lim_{y\to-\infty}F(x,y)=0;$$

$$F(-\infty,-\infty)=\lim_{x,y\to-\infty}F(x,y)=0,\quad F(+\infty,+\infty)=\lim_{x,y\to+\infty}F(x,y)=1.$$

性质 3（右连续性）　对每个变量都是右连续的，即

$$F(x+0,y)=F(x,y),\quad F(x,y+0)=F(x,y).$$

性质 4（非负性）　对任意的 $x_1<x_2,y_1<y_2$，有

$$P\{x_1<X\leqslant x_2,y_1<Y\leqslant y_2\}=F(x_2,y_2)-F(x_2,y_1)-F(x_1,y_2)+F(x_1,y_1)\geqslant 0.$$

以上性质证明略.

具有上述四条性质的二元函数 $F(x,y)$ 一定是某个二维随机变量的分布函数；反之，任意一个二维随机变量的分布函数 $F(x,y)$ 必具备上述四条性质. 性质 1 至性质 3 同一维随机变量，而且性质 4 不能由性质 1 至性质 3 推出，它是二维随机变量所特有的，必须单独列出.

例 1　判断二元函数 $G(x,y)=\begin{cases}0, & x+y<0,\\ 1, & x+y\geqslant 0\end{cases}$ 是否是某个二维随机变量的分布函数.

解　显然，它满足性质 1 至性质 3. 取 $a=c=-1,b=d=1$，则

$$\begin{aligned}P\{a<X\leqslant b,c<Y\leqslant d\}&=F(b,d)-F(a,d)-F(b,c)+F(a,c)\\&=1-1-1+0=-1<0,\end{aligned}$$

即它不满足性质 4. 所以 $G(x,y)$ 不是二维随机变量的分布函数，它仅仅是一个二元函数.

1.2　二维离散型随机变量的分布律和边缘分布律

定义 3　如果二维随机变量 (X,Y) 的取值 (x,y) 只能是有限对或可列无限多对，则称 (X,Y) 为**二维离散型随机变量**.

设二维离散型随机变量 (X,Y) 的所有可能取的值为 (x_i,y_j)，$i,j=1,2,\cdots$，其相应的概率为

$$P\{X=x_i,Y=y_j\}=p_{ij},\quad i,j=1,2,\cdots,$$

称 $p_{ij}=P\{X=x_i,Y=y_j\}$，$i,j=1,2,\cdots$ 为二维离散型随机变量 (X,Y) 的**分布律**，或简称为**分布律**.

(X,Y) 的分布律也可以用表格的形式表示如下：

X \ Y	y_1	y_2	…	y_j	…
x_1	p_{11}	p_{12}	…	p_{1j}	…
x_2	p_{21}	p_{22}	…	p_{2j}	…
⋮	⋮	⋮	…	⋮	…
x_i	p_{i1}	p_{i2}	…	p_{ij}	…
⋮	⋮	⋮	…	⋮	…

显然，二维离散型随机变量(X,Y)的分布律具有两条基本性质：

(1) 非负性：$p_{ij}\geqslant 0,\quad i,j=1,2,\cdots$；

(2) 规范性：$\sum\limits_{i=1}^{\infty}\sum\limits_{j=1}^{\infty}p_{ij}=1$.

例 2 设二维随机变量(X,Y)的分布律为

X \ Y	1	2	3
1	$\frac{1}{3}$	$\frac{a}{6}$	$\frac{1}{4}$
2	$\frac{1}{4}$	a^2	0

解 由分布律的性质知

$$\frac{1}{3}+\frac{a}{6}+\frac{1}{4}+\frac{1}{4}+a^2+0=1,$$

则

$$6a^2+a-1=(2a+1)(3a-1)=0,$$

解得

$$a=-\frac{1}{2}\quad 或\quad a=\frac{1}{3}.$$

由于分布律的非负性，舍去负值，所以$a=\frac{1}{3}$.

例 3 设二维随机变量(X,Y)的分布律为

X \ Y	1	2	3
0	0.15	0.15	0.2
1	0.2	0	0.3

求：(1) $P\{X=0\}$；(2) $P\{Y\leqslant 2\}$；(3) $P\{X<1,Y\leqslant 2\}$；(4) $P\{X+Y=2\}$.

解 (1) 由于$\{X=0\}=\{X=0,Y=1\}\cup\{X=0,Y=2\}\cup\{X=0,Y=3\}$，且$\{X=0,Y=1\}$，$\{X=0,Y=2\}$，$\{X=0,Y=3\}$两两互不相容，所以

$$\begin{aligned}P\{X=0\}&=P\{X=0,Y=1\}+P\{X=0,Y=2\}+P\{X=0,Y=3\}\\&=0.15+0.15+0.2=0.5.\end{aligned}$$

(2) $\{Y\leqslant 2\}=\{Y=1\}\cup\{Y=2\}$

$$=\{X=0,Y=1\}\cup\{X=1,Y=1\}\cup\{X=0,Y=2\}\cup\{X=1,Y=2\},$$

所以

$$P\{Y\leqslant 2\}=P\{X=0,Y=1\}+P\{X=1,Y=1\}+P\{X=0,Y=2\}+P\{X=1,Y=2\}$$
$$=0.15+0.2+0.15+0=0.5.$$

(3) $\{X<1,Y\leqslant 2\}=\{X=0,Y=1\}\cup\{X=0,Y=2\}$，所以

$$P\{X<1,Y\leqslant 2\}=P\{X=0,Y=1\}+P\{X=0,Y=2\}=0.15+0.15=0.3.$$

(4) $\{X+Y=2\}=\{X=0,Y=2\}\cup\{X=1,Y=1\}$，所以

$$P\{X+Y=2\}=P\{X=0,Y=2\}+P\{X=1,Y=1\}=0.15+0.2=0.35.$$

例 4 现有 3 个整数 1,2,3，X 表示从这 3 个数字中随机抽取的 1 个整数，Y 表示从 1 至 X 中随机抽取一个整数. 试求 (X,Y) 的分布律.

解 X 与 Y 可能的取值均为 1,2,3，利用概率乘法公式，可得 (X,Y) 取各对数值的概率分别是

$$P\{X=1,Y=1\}=P\{X=1\}\cdot P\{Y=1|X=1\}=\frac{1}{3}\times 1=\frac{1}{3},$$

$$P\{X=2,Y=1\}=P\{X=2\}\cdot P\{Y=1|X=2\}=\frac{1}{3}\times\frac{1}{2}=\frac{1}{6},$$

$$P\{X=2,Y=2\}=P\{X=2\}\cdot P\{Y=2|X=2\}=\frac{1}{3}\times\frac{1}{2}=\frac{1}{6},$$

$$P\{X=3,Y=1\}=P\{X=3\}\cdot P\{Y=1|X=3\}=\frac{1}{3}\times\frac{1}{3}=\frac{1}{9},$$

$$P\{X=3,Y=2\}=P\{X=3\}\cdot P\{Y=2|X=3\}=\frac{1}{3}\times\frac{1}{3}=\frac{1}{9},$$

$$P\{X=3,Y=3\}=P\{X=3\}\cdot P\{Y=3|X=3\}=\frac{1}{3}\times\frac{1}{3}=\frac{1}{9}.$$

注意到 $\{X=1,Y=2\}$，$\{X=1,Y=3\}$，$\{X=2,Y=3\}$ 为不可能事件，其概率为零. 从而 (X,Y) 的分布律为

X \ Y	1	2	3
1	$\frac{1}{3}$	0	0
2	$\frac{1}{6}$	$\frac{1}{6}$	0
3	$\frac{1}{9}$	$\frac{1}{9}$	$\frac{1}{9}$

定义 4 对于二维离散型随机变量 (X,Y)，其分量 X 与 Y 各自的分布律分别称为 (X,Y) 关于 X 与关于 Y 的**边缘分布律**，记为 $p_{i\cdot}$，$i=1,2,\cdots$ 与 $p_{\cdot j}$，$j=1,2,\cdots$.

已知二维离散型随机变量 (X,Y) 的分布律为

$$p_{ij}=P\{X=x_i,Y=y_j\},\quad i,j=1,2,\cdots,$$

则 (X,Y) 关于 X 的边缘分布律为

$$p_{i\cdot}=P\{X=x_i\}=\sum_{j=1}^{\infty}P\{X=x_i,Y=y_j\}=\sum_{j=1}^{\infty}p_{ij},\quad i=1,2,\cdots. \tag{3.1.2}$$

同理，(X,Y) 关于 Y 的边缘分布律为

$$p_{\cdot j}=P\{Y=y_j\}=\sum_{i=1}^{\infty}P\{X=x_i,Y=y_j\}=\sum_{i=1}^{\infty}p_{ij},\quad j=1,2,\cdots. \tag{3.1.3}$$

(X,Y) 的边缘分布律具有下列性质：

$$p_{i\cdot}\geqslant 0,\quad p_{\cdot j}\geqslant 0,\quad i,j=1,2,\cdots,$$

$$\sum_{i=1}^{\infty}p_{i\cdot}=1,\quad \sum_{j=1}^{\infty}p_{\cdot j}=1.$$

例 5　求例 4 中 (X,Y) 的边缘分布律.

解　(X,Y) 关于 X 的边缘分布律为

$$P\{X=1\}=P\{X=1,Y=1\}+P\{X=1,Y=2\}+P\{X=1,Y=3\}=\frac{1}{3}+0+0=\frac{1}{3},$$

$$P\{X=2\}=P\{X=2,Y=1\}+P\{X=2,Y=2\}+P\{X=2,Y=3\}=\frac{1}{6}+\frac{1}{6}+0=\frac{1}{3},$$

$$P\{X=3\}=P\{X=3,Y=1\}+P\{X=3,Y=2\}+P\{X=3,Y=3\}=\frac{1}{9}+\frac{1}{9}+\frac{1}{9}=\frac{1}{3}.$$

(X,Y) 关于 Y 的边缘分布律为

$$P\{Y=1\}=P\{X=1,Y=1\}+P\{X=2,Y=1\}+P\{X=3,Y=1\}=\frac{1}{3}+\frac{1}{6}+\frac{1}{9}=\frac{11}{18},$$

$$P\{Y=2\}=P\{X=1,Y=2\}+P\{X=2,Y=2\}+P\{X=3,Y=2\}=0+\frac{1}{6}+\frac{1}{9}=\frac{5}{18},$$

$$P\{Y=3\}=P\{X=1,Y=3\}+P\{X=2,Y=3\}+P\{X=3,Y=3\}=0+0+\frac{1}{9}=\frac{1}{9}.$$

也可以将 (X,Y) 的分布律及边缘分布律写在一张表上：

X \ Y	1	2	3	$p_{i\cdot}$
1	$\frac{1}{3}$	0	0	$\frac{1}{3}$
2	$\frac{1}{6}$	$\frac{1}{6}$	0	$\frac{1}{3}$
3	$\frac{1}{9}$	$\frac{1}{9}$	$\frac{1}{9}$	$\frac{1}{3}$
$p_{\cdot j}$	$\frac{11}{18}$	$\frac{5}{18}$	$\frac{1}{9}$	1

值得注意的是：对于二维离散型随机变量 (X,Y)，虽然它的分布可以确定它的边缘分布，但在一般情况下，边缘分布不能确定其分布律，请看下面的例题.

例 6　设盒中有 2 个红球、3 个白球，从中每次任取一球，连续取两次，记 X,Y 分别表示第一次与第二次是否取到红球.“1”表示取到红球，“0”表示取到白球，分别对有放回取球与不放回取球两种情形求出 (X,Y) 的分布律与边缘分布律.

解　(1) 有放回取球的情形.

由题意可知，事件 $\{X=1\}$ 表示第一次取到红球，事件 $\{X=0\}$ 表示第一次取到白球，则 X

的分布律为

$$P\{X=1\}=\frac{2}{5},\quad P\{X=0\}=\frac{3}{5};$$

同理，Y 的分布律为

$$P\{Y=1\}=\frac{2}{5},\quad P\{Y=0\}=\frac{3}{5}.$$

由于事件$\{X=i\}$与事件$\{Y=j\}$相互独立，$i,j=0,1$，所以

$$P\{X=0,Y=0\}=P\{X=0\}\cdot P\{Y=0\}=\frac{3}{5}\times\frac{3}{5}=\frac{9}{25},$$

$$P\{X=0,Y=1\}=P\{X=0\}\cdot P\{Y=1\}=\frac{3}{5}\times\frac{2}{5}=\frac{6}{25},$$

$$P\{X=1,Y=0\}=P\{X=1\}\cdot P\{Y=0\}=\frac{2}{5}\times\frac{3}{5}=\frac{6}{25},$$

$$P\{X=1,Y=1\}=P\{X=1\}\cdot P\{Y=1\}=\frac{2}{5}\times\frac{2}{5}=\frac{4}{25},$$

则(X,Y)的分布律与边缘分布律为

$X \backslash Y$	0	1	$p_{i\cdot}$
0	$\frac{9}{25}$	$\frac{6}{25}$	$\frac{3}{5}$
1	$\frac{6}{25}$	$\frac{4}{25}$	$\frac{2}{5}$
$p_{\cdot j}$	$\frac{3}{5}$	$\frac{2}{5}$	1

（2）不放回取球的情形.

由题意可知

$$P\{X=0,Y=0\}=P\{X=0\}\cdot P\{Y=0|X=0\}=\frac{3}{5}\times\frac{2}{4}=\frac{3}{10},$$

$$P\{X=0,Y=1\}=P\{X=0\}\cdot P\{Y=1|X=0\}=\frac{3}{5}\times\frac{2}{4}=\frac{3}{10},$$

$$P\{X=1,Y=0\}=P\{X=1\}\cdot P\{Y=0|X=1\}=\frac{2}{5}\times\frac{3}{4}=\frac{3}{10},$$

$$P\{X=1,Y=1\}=P\{X=1\}\cdot P\{Y=1|X=1\}=\frac{2}{5}\times\frac{1}{4}=\frac{1}{10},$$

则(X,Y)的分布律与边缘分布律为

$X \backslash Y$	0	1	$p_{i\cdot}$
0	$\frac{3}{10}$	$\frac{3}{10}$	$\frac{3}{5}$
1	$\frac{3}{10}$	$\frac{1}{10}$	$\frac{2}{5}$
$p_{\cdot j}$	$\frac{3}{5}$	$\frac{2}{5}$	1

比较两表可以看出：对有放回抽样与不放回抽样两种情况下，(X,Y)的边缘分布律完全相

同,但(X,Y)的分布律却不相同,这表明(X,Y)的分布律不仅反映了两个分量的概率分布,还反映了X与Y之间的关系.若两个分量的概率分布完全相同,但分量之间的关系却不同,则它们的分布律也会不同.

因此在研究二维随机变量时,不仅要考查两个分量X与Y各自的概率性质,还需要考虑它们之间的关系,即将(X,Y)作为一个整体来研究.

1.3 二维连续型随机变量的概率密度和边缘概率密度

类似于一维连续型随机变量的概率密度,我们有下面的定义.

定义 5 设二维连续型随机变量(X,Y)的分布函数为$F(x,y)$,若存在非负可积的二元函数$f(x,y)$,使得对任意的x,y,有

$$F(x,y)=\int_{-\infty}^{x}\int_{-\infty}^{y}f(u,v)\mathrm{d}u\mathrm{d}v,$$

则称(X,Y)是**二维连续型随机变量**,并称$f(x,y)$为(X,Y)的**概率密度**或X与Y的**联合密度函数**.

(X,Y)的概率密度$f(x,y)$满足如下的性质:

(1) 非负性:$f(x,y)\geqslant 0$;

(2) 规范性:$\int_{-\infty}^{+\infty}\int_{-\infty}^{+\infty}f(x,y)\mathrm{d}x\mathrm{d}y=1$;

(3) 若$f(x,y)$在点(x,y)处连续,则有

$$\frac{\partial^2 F(x,y)}{\partial x\partial y}=f(x,y);\qquad(3.1.4)$$

(4) 设D是xOy平面上的一个区域,则二维随机变量(X,Y)落在D内的概率为

$$P\{(x,y)\in D\}=\iint_D f(x,y)\mathrm{d}x\mathrm{d}y.\qquad(3.1.5)$$

例 7 设二维随机变量(X,Y)的概率密度为

$$f(x,y)=\begin{cases}12\mathrm{e}^{-(3x+4y)}, & x>0,y>0,\\ 0, & \text{其他}.\end{cases}$$

求(X,Y)的分布函数$F(x,y)$.

解 当$x\leqslant 0$或$y\leqslant 0$时,有$F(x,y)=0$;当$x>0,y>0$时,有

$$F(x,y)=12\int_0^x\int_0^y\mathrm{e}^{-(3u+4v)}\mathrm{d}u\mathrm{d}v=(1-\mathrm{e}^{-3x})(1-\mathrm{e}^{-4y}).$$

所以,(X,Y)的分布函数$F(x,y)$为

$$F(x,y)=\begin{cases}(1-\mathrm{e}^{-3x})(1-\mathrm{e}^{-4y}), & x>0,y>0,\\ 0, & \text{其他}.\end{cases}$$

例 8 设二维随机变量(X,Y)的分布函数为

$$F(x,y)=a(b+\arctan x)(c+\arctan y),\quad -\infty<x,y<+\infty.$$

求:(1)常数a,b,c;(2) (X,Y)的概率密度.

解 (1) 由分布函数的性质可知

$$F(+\infty,+\infty)=a\left(b+\frac{\pi}{2}\right)\left(c+\frac{\pi}{2}\right)=1,$$

$$F(x,-\infty)=a(b+\arctan x)\left(c-\frac{\pi}{2}\right)=0,$$

$$F(-\infty,y)=a\left(b-\frac{\pi}{2}\right)(c+\arctan y)=0,$$

解得 $a=\frac{1}{\pi^2},b=\frac{\pi}{2},c=\frac{\pi}{2}$.

(2) 由于随机变量(X,Y)的分布函数为

$$F(x,y)=\frac{1}{\pi^2}\left(\frac{\pi}{2}+\arctan x\right)\left(\frac{\pi}{2}+\arctan y\right),\quad -\infty<x,y<+\infty,$$

所以二维连续型随机变量(X,Y)的概率密度为

$$f(x,y)=\frac{1}{\pi^2(1+x^2)(1+y^2)},\quad -\infty<x,y<+\infty.$$

下面介绍两个重要的二维连续型随机变量的分布:均匀分布与二维正态分布.

定义 6 设 D 是平面上的一个有界区域,其面积为 $S>0$,如果二维连续型随机变量(X,Y)的概率密度为

$$f(x,y)=\begin{cases}\frac{1}{S}, & (x,y)\in D,\\ 0, & \text{其他},\end{cases}$$

则称(X,Y)服从区域 D 上的**均匀分布**,记作$(X,Y)\sim U_D$.

特别地,有以下两个特殊情形:

(1) D 是矩形区域 $a\leqslant x\leqslant b,c\leqslant y\leqslant d$,$(X,Y)\sim U_D$,则$(X,Y)$的概率密度为

$$f(x,y)=\begin{cases}\frac{1}{(b-a)(d-c)}, & a\leqslant x\leqslant b,c\leqslant y\leqslant d,\\ 0, & \text{其他}.\end{cases}$$

(2) D 是圆形区域 $x^2+y^2\leqslant R^2$,$(X,Y)\sim U_D$,则(X,Y)的概率密度为

$$f(x,y)=\begin{cases}\frac{1}{\pi R^2}, & x^2+y^2\leqslant R^2,\\ 0, & \text{其他}.\end{cases}$$

例 9 设二维连续型随机变量(X,Y)服从区域 $D=\{(x,y)\mid y\leqslant x,0\leqslant x\leqslant 1,y\geqslant 0\}$上的均匀分布,求$P\{X+Y\leqslant 1\}$.

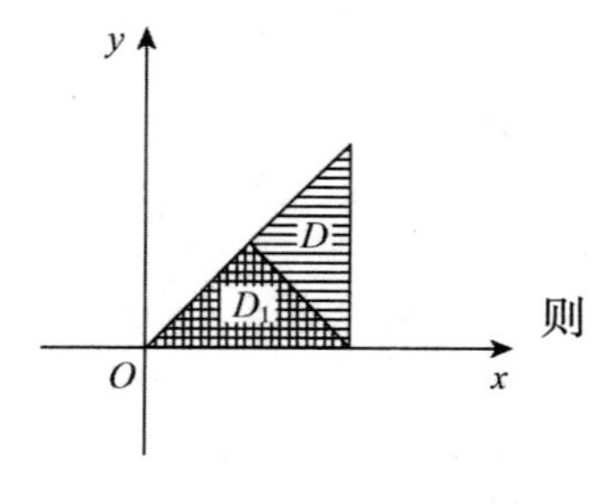

图 3-2

解 如图 3-2 所示,由于 D 的面积为$\frac{1}{2}$,所以(X,Y)的概率密度为

$$f(x,y)=\begin{cases}2, & (x,y)\in D,\\ 0, & \text{其他},\end{cases}$$

则

$$P\{X+Y\leqslant 1\}=\iint\limits_{x+y\leqslant 1}f(x,y)\mathrm{d}x\mathrm{d}y=\iint\limits_{D_1}2\mathrm{d}x\mathrm{d}y,$$

其中 $D_1=\{(x,y)\mid 0\leqslant y\leqslant x,x+y\leqslant 1\}$,由于 D_1 的面积为$\frac{1}{4}$,故

$$P\{X+Y\leqslant 1\}=\iint\limits_{x+y\leqslant 1}f(x,y)\mathrm{d}x\mathrm{d}y=2\times\frac{1}{4}=\frac{1}{2}.$$

定义 7 若二维连续型随机变量(X,Y)的概率密度为

$$f(x,y)=\frac{1}{2\pi\sigma_1\sigma_2\sqrt{1-\rho^2}}e^{-\frac{1}{2(1-\rho^2)}\left[\frac{(x-\mu_1)^2}{\sigma_1^2}-2\rho\frac{(x-\mu_1)(y-\mu_2)}{\sigma_1\sigma_2}+\frac{(y-\mu_2)^2}{\sigma_2^2}\right]},\tag{3.1.6}$$

其中$\mu_1,\mu_2,\sigma_1^2,\sigma_2^2,\rho$都是常数，且$\sigma_1>0,\sigma_2>0,|\rho|\leqslant 1,-\infty<x,y<+\infty$，则称$(X,Y)$服从**二维正态分布**，记为$(X,Y)\sim N(\mu_1,\mu_2,\sigma_1^2,\sigma_2^2,\rho)$.

特别地，若$\mu_1=\mu_2=0,\sigma_1=\sigma_2=1$，即$(X,Y)\sim N(0,0,1,1,\rho)$，则称$(X,Y)$服从参数为$\rho$的**标准二维正态分布**，其概率密度为

$$f(x,y)=\frac{1}{2\pi\sqrt{1-\rho^2}}e^{-\frac{x^2-2\rho xy+y^2}{2(1-\rho^2)}},\quad -\infty<x,y<+\infty.$$

二维正态分布的概率密度的图形很像一顶四周无限延伸的草帽，其中心点在(μ_1,μ_2)处，其等高线是椭圆.

下面讨论二维连续型随机变量(X,Y)的边缘分布.

定义 8 对于二维连续型随机变量(X,Y)，其分量X与Y各自的概率密度分别称为(X,Y)关于X与关于Y的**边缘概率密度**，记为$f_X(x)$与$f_Y(y)$.

已知二维连续型随机变量(X,Y)的概率密度为$f(x,y)$，则

$$f_X(x)=\int_{-\infty}^{+\infty}f(x,y)\mathrm{d}y,\quad -\infty<x<+\infty,\tag{3.1.7}$$

$$f_Y(y)=\int_{-\infty}^{+\infty}f(x,y)\mathrm{d}x,\quad -\infty<y<+\infty.\tag{3.1.8}$$

事实上，

$$F_X(x)=F(x,+\infty)=\int_{-\infty}^{+\infty}\left(\int_{-\infty}^{x}f(u,v)\mathrm{d}u\right)\mathrm{d}v=\int_{-\infty}^{x}\left(\int_{-\infty}^{+\infty}f(u,v)\mathrm{d}v\right)\mathrm{d}u.$$

由$F_X(x)=\int_{-\infty}^{x}f_X(u)\mathrm{d}u$，知

$$f_X(u)=\int_{-\infty}^{+\infty}f(u,v)\mathrm{d}v,$$

即

$$f_X(x)=\int_{-\infty}^{+\infty}f(x,y)\mathrm{d}y,\quad -\infty<x<+\infty.$$

同理

$$f_Y(y)=\int_{-\infty}^{+\infty}f(x,y)\mathrm{d}x,\quad -\infty<y<+\infty.$$

例 10 设二维正态随机变量$(X,Y)\sim N(\mu_1,\mu_2,\sigma_1^2,\sigma_2^2,\rho)$，求$(X,Y)$关于$X$与关于$Y$的边缘概率密度.

解 由于(X,Y)的概率密度为

$$f(x,y)=\frac{1}{2\pi\sigma_1\sigma_2\sqrt{1-\rho^2}}e^{-\frac{1}{2(1-\rho^2)}\left[\frac{(x-\mu_1)^2}{\sigma_1^2}-2\rho\frac{(x-\mu_1)(y-\mu_2)}{\sigma_1\sigma_2}+\frac{(y-\mu_2)^2}{\sigma_2^2}\right]},\quad -\infty<x,y<+\infty,$$

且

$$\left[\frac{(y-\mu_2)^2}{\sigma_2^2}-2\rho\frac{(x-\mu_1)(y-\mu_2)}{\sigma_1\sigma_2}\right]=\left[\frac{(y-\mu_2)}{\sigma_2}-\rho\frac{(x-\mu_1)}{\sigma_1}\right]^2-\rho^2\frac{(x-\mu_1)^2}{\sigma_1^2},$$

即

$$-\frac{1}{2(1-\rho^2)}\left[\frac{(x-\mu_1)^2}{\sigma_1^2}-2\rho\frac{(x-\mu_1)(y-\mu_2)}{\sigma_1\sigma_2}+\frac{(y-\mu_2)^2}{\sigma_2^2}\right]$$

$$=-\frac{1}{2(1-\rho^2)}\left[\frac{(x-\mu_1)^2}{\sigma_1^2}-\rho^2\frac{(x-\mu_1)^2}{\sigma_1^2}\right]-\frac{1}{2(1-\rho^2)}\left[\frac{(y-\mu_2)}{\sigma_2}-\rho\frac{(x-\mu_1)}{\sigma_1}\right]^2$$

$$=-\frac{(x-\mu_1)^2}{2\sigma_1^2}-\frac{1}{2(1-\rho^2)}\left[\frac{(y-\mu_2)}{\sigma_2}-\rho\frac{(x-\mu_1)}{\sigma_1}\right]^2.$$

于是

$$f_X(x)=\int_{-\infty}^{+\infty}f(x,y)\mathrm{d}y=\frac{1}{2\pi\sigma_1\sigma_2\sqrt{1-\rho^2}}\mathrm{e}^{-\frac{(x-\mu_1)^2}{2\sigma_1^2}}\int_{-\infty}^{+\infty}\mathrm{e}^{-\frac{1}{2(1-\rho^2)}\left[\frac{(y-\mu_2)}{\sigma_2}-\rho\frac{(x-\mu_1)}{\sigma_1}\right]^2}\mathrm{d}y,$$

令 $t=\frac{1}{\sqrt{1-\rho^2}}\left(\frac{y-\mu_2}{\sigma_2}-\frac{x-\mu_1}{\sigma_1}\right)$, $\mathrm{d}y=\sqrt{1-\rho^2}\cdot\sigma_2\mathrm{d}t$, 则

$$f_X(x)=\frac{1}{2\pi\sigma_1}\mathrm{e}^{-\frac{(x-\mu_1)^2}{2\sigma_1^2}}\int_{-\infty}^{+\infty}\mathrm{e}^{-\frac{t^2}{2}}\mathrm{d}t=\frac{1}{2\pi\sigma_1}\mathrm{e}^{-\frac{(x-\mu_1)^2}{2\sigma_1^2}}\cdot\sqrt{2\pi}=\frac{1}{\sqrt{2\pi}\sigma_1}\mathrm{e}^{-\frac{(x-\mu_1)^2}{2\sigma_1^2}},$$

即 $X\sim N(\mu_1,\sigma_1^2)$.

注意 因为 $\int_{-\infty}^{+\infty}\frac{1}{\sqrt{2\pi}}\mathrm{e}^{-\frac{t^2}{2}}\mathrm{d}t=1$,则 $\int_{-\infty}^{+\infty}\mathrm{e}^{-\frac{t^2}{2}}\mathrm{d}t=\sqrt{2\pi}$.

同理可得

$$f_Y(y)=\frac{1}{2\pi\sigma_2}\mathrm{e}^{-\frac{(y-\mu_2)^2}{2\sigma_2^2}}\int_{-\infty}^{+\infty}\mathrm{e}^{-\frac{t^2}{2}}\mathrm{d}t=\frac{1}{\sqrt{2\pi}\sigma_2}\mathrm{e}^{-\frac{(y-\mu_2)^2}{2\sigma_2^2}},$$

即 $Y\sim N(\mu_2,\sigma_2^2)$.

特别地,若 $(X,Y)\sim N(0,0,1,1,\rho)$,则 $X\sim N(0,1)$, $Y\sim N(0,1)$.

由此可知,若 (X,Y) 服从二维正态分布,则 X 和 Y 服从一维正态分布,而且其边缘概率密度中不含参数 ρ. 这说明二维正态分布的边缘分布是相同的,但具有相同边缘分布的二维正态分布可以是不同的.

例 11 设二维随机变量 (X,Y) 服从区域 D 上的均匀分布,其中 D 为 x 轴、y 轴及 $y=1-2x$ 围成的三角形区域. 求 (X,Y) 的边缘概率密度 $f_X(x)$, $f_Y(y)$.

解 见图 3-3,由于 D 的面积为 $\frac{1}{4}$,所以 (X,Y) 的概率密度为 $f(x,y)=\begin{cases}4, & (x,y)\in D,\\ 0, & 其他.\end{cases}$

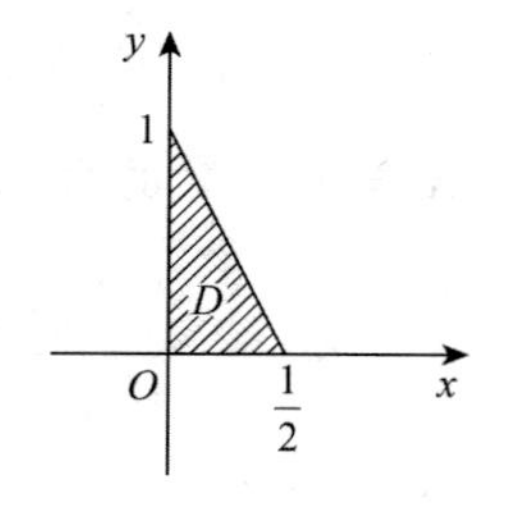

图 3-3

(X,Y) 关于 X 的边缘概率密度为

$$f_X(x)=\int_{-\infty}^{+\infty}f(x,y)\mathrm{d}y=\begin{cases}\int_0^{1-2x}4\mathrm{d}y, & 0\leqslant x\leqslant\frac{1}{2},\\ 0, & 其他\end{cases}$$

$$=\begin{cases}4(1-2x), & 0\leqslant x\leqslant\frac{1}{2},\\ 0, & 其他.\end{cases}$$

同理可得 (X,Y) 关于 Y 的边缘概率密度为

$$f_Y(y)=\int_{-\infty}^{+\infty}f(x,y)\mathrm{d}x=\begin{cases}\int_0^{\frac{1-y}{2}}4\mathrm{d}x, & 0\leqslant y\leqslant 1,\\ 0, & 其他\end{cases}=\begin{cases}2(1-y), & 0\leqslant y\leqslant 1,\\ 0, & 其他.\end{cases}$$

例 12 设二维随机变量(X,Y)服从区域$D=\{x^2\leqslant y\leqslant x,0\leqslant x\leqslant 1\}$上的均匀分布，求$(X,Y)$的边缘概率密度$f_X(x),f_Y(y)$.

解 如图 3-4 所示，由于D的面积

$$S=\int_0^1(x-x^2)\mathrm{d}x=\left(\frac{1}{2}x^2-\frac{1}{3}x^3\right)\bigg|_0^1=\frac{1}{6},$$

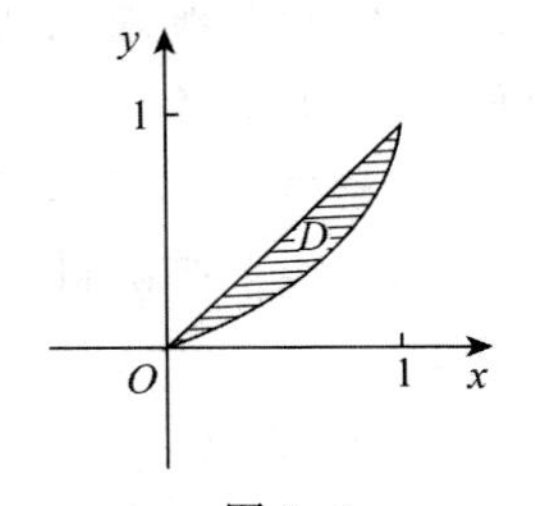

图 3-4

所以(X,Y)的概率密度为

$$f(x,y)=\begin{cases}6, & (x,y)\in D,\\0, & 其他.\end{cases}$$

(X,Y)关于X的边缘概率密度为

$$f_X(x)=\int_{-\infty}^{+\infty}f(x,y)\mathrm{d}y=\begin{cases}\int_{x^2}^{x}6\mathrm{d}y, & 0\leqslant x\leqslant 1,\\0, & 其他\end{cases}=\begin{cases}6(x-x^2), & 0\leqslant x\leqslant 1,\\0, & 其他.\end{cases}$$

同理可得(X,Y)关于Y的边缘概率密度为

$$f_Y(y)=\int_{-\infty}^{+\infty}f(x,y)\mathrm{d}x=\begin{cases}\int_{y}^{\sqrt{y}}6\mathrm{d}x, & 0\leqslant y\leqslant 1,\\0, & 其他\end{cases}=\begin{cases}6(\sqrt{y}-y), & 0\leqslant y\leqslant 1,\\0, & 其他.\end{cases}$$

例 13 设二维随机变量(X,Y)的概率密度为

$$f(x,y)=\begin{cases}8xy, & 0\leqslant x\leqslant y\leqslant 1,\\0, & 其他.\end{cases}$$

求$P\left\{X>\frac{1}{2}\right\}$.

解 如图 3-5 所示，先计算X的边缘概率密度$f_X(x)$，有

$$f_X(x)=\int_{-\infty}^{+\infty}f(x,y)\mathrm{d}y=\begin{cases}\int_x^1 8xy\mathrm{d}y, & 0\leqslant x\leqslant 1,\\0, & 其他\end{cases}$$

$$=\begin{cases}4x(1-x^2), & 0\leqslant x\leqslant 1,\\0, & 其他,\end{cases}$$

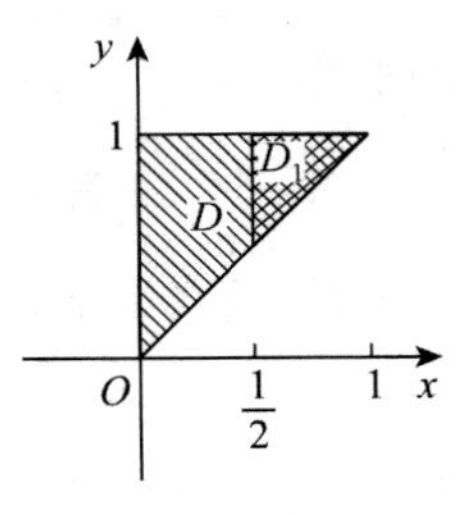

图 3-5

则 $P\left\{X>\frac{1}{2}\right\}=\int_{\frac{1}{2}}^1 4x(1-x^2)\mathrm{d}x=(2x^2-x^4)\Big|_{\frac{1}{2}}^1=1-\frac{7}{16}=\frac{9}{16}.$

另解，利用(X,Y)的概率密度$f(x,y)$直接计算

$$P\left\{X>\frac{1}{2}\right\}=\int_{\frac{1}{2}}^1\left(\int_x^1 8xy\mathrm{d}y\right)\mathrm{d}x=\int_{\frac{1}{2}}^1 4x(1-x^2)\mathrm{d}x=(2x^2-x^4)\Big|_{\frac{1}{2}}^1=\frac{9}{16}.$$

习 题 3.1

1. 设二维随机变量(X,Y)的概率密度为

$$f(x,y)=\begin{cases}c, & -1\leqslant x\leqslant 1,0\leqslant y\leqslant 2,\\0, & 其他,\end{cases}$$

则常数$c=$(　　).

A. $\frac{1}{4}$　　B. $\frac{1}{2}$　　C. 2　　D. 4

2. 设二维随机变量(X,Y)的分布函数为$F(x,y)$，(X,Y)关于Y的边缘分布函数为$F_Y(y)$，则$F_Y(y)=($　　$)$.

A. $F(-\infty,y)$　　B. $F(+\infty,y)$　　C. $F(y,-\infty)$　　D. $F(y,+\infty)$

3. 设二维随机变量(X,Y)的分布律为

X \ Y	0	1	2
0	0.1	0.2	0.3
1	0.1	0.2	0.1

则$P\{X=1\}=($　　$)$.

A. 0.1　　B. 0.2　　C. 0.3　　D. 0.4

4. 设二维随机变量(X,Y)的分布律为

X \ Y	1	2	3
1	0.3	0.1	0.1
2	0.2	a	0.1

则常数$a=$____.

5. 设二维随机变量(X,Y)服从区域$D=\{-1\leqslant x\leqslant 2,0\leqslant y\leqslant 2\}$上的均匀分布，则$(X,Y)$的概率密度$f(x,y)$在$D$上的表达式为____.

6. 若二维随机变量(X,Y)的概率密度为$f(x,y)$，则$\int_{-\infty}^{+\infty}\int_{-\infty}^{+\infty}f(x,y)\mathrm{d}x\mathrm{d}y=$____.

7. 设二维随机变量(X,Y)的概率密度为

$$f(x,y)=\frac{a}{(1+x^2)(1+y^2)},\quad -\infty<x,y<+\infty.$$

求：(1) a的值；(2) $P\{(X,Y)\in D\}$，其中$D=\{(x,y)\mid 0<x<1,0<y<1\}$.

8. 设二维随机变量(X,Y)的分布律为

X \ Y	0	1
0	0.2	0.3
1	a	b

且$P\{Y=0\}=0.4$. 求：(1) 常数a,b；(2) (X,Y)关于X,Y的边缘分布律.

9. 二维随机变量(X,Y)的所有可能取值为$(0,0)$，$(1,1)$，$(1,4)$，$(2,2)$，$(2,3)$，$(3,2)$，$(3,3)$，且知取前六个值的概率依次为$\frac{1}{12},\frac{5}{24},\frac{7}{24},\frac{1}{8},\frac{1}{24},\frac{1}{6}$. 求：

(1) 二维随机变量(X,Y)的分布律；(2) 关于X的边缘分布律；(3) $P\{X\leqslant Y\}$.

10. 设二维随机变量(X,Y)的概率密度为

$$f(x,y)=\begin{cases}6x^2y, & 0\leqslant x\leqslant 1,0\leqslant y\leqslant 1,\\ 0, & \text{其他}.\end{cases}$$

求(X,Y)关于X的边缘概率密度$f_X(x)$.

§2 随机变量的独立性

2.1 两个随机变量的独立性

在多维随机变量中各分量的取值有时会相互影响，但有时也会毫无影响.

例如，一个人的身高X和体重Y之间就会相互影响，但与收入Z一般就没有什么影响. 本节主要讨论两个变量之间的独立关系.

回顾两个事件相互独立的概念，事件$\{X\leqslant x\}$与事件$\{Y\leqslant y\}$的积事件是$\{X\leqslant x,Y\leqslant y\}$，若

$$P\{X\leqslant x,Y\leqslant y\}=P\{X\leqslant x\}\cdot P\{Y\leqslant y\},$$

则事件$\{X\leqslant x\}$与事件$\{Y\leqslant y\}$相互独立，由此引入两个随机变量相互独立的概念.

定义 9 设二维随机变量(X,Y)的分布函数为$F(x,y)$，边缘分布函数分别为$F_X(x)$，$F_Y(y)$，若对任意x,y，有

$$P\{X\leqslant x,Y\leqslant y\}=P\{X\leqslant x\}\cdot P\{Y\leqslant y\},$$

即

$$F(x,y)=F_X(x)\cdot F_Y(y),$$

则称随机变量X与Y**相互独立**.

例 14 设二维随机变量(X,Y)的分布函数$F(x,y)$为

$$F(x,y)=\begin{cases}(1-\mathrm{e}^{-3x})(1-\mathrm{e}^{-4y}), & x>0,y>0,\\ 0, & \text{其他}.\end{cases}$$

证明X与Y相互独立.

证明 关于X的边缘分布函数为

$$F_X(x)=F(x,+\infty)=\begin{cases}1-\mathrm{e}^{-3x}, & x>0,\\ 0, & \text{其他}.\end{cases}$$

关于Y的边缘分布函数为

$$F_Y(y)=F(+\infty,y)=\begin{cases}1-\mathrm{e}^{-4y}, & y>0,\\ 0, & \text{其他}.\end{cases}$$

因此，对任意x,y有$F(x,y)=F_X(x)\cdot F_Y(y)$成立，故$X$与$Y$相互独立.

2.2 二维离散型随机变量的独立性

设(X,Y)为二维离散型随机变量，其分布律为

$$p_{ij}=P\{X=x_i,Y=y_j\},\quad i,j=1,2,\cdots,$$

边缘分布律为

$$p_{i\cdot} = P\{X = x_i\} = \sum_{j=1}^{\infty} p_{ij}, \quad i = 1,2,\cdots,$$

$$p_{\cdot j} = P\{Y = y_j\} = \sum_{i=1}^{\infty} p_{ij}, \quad j = 1,2,\cdots.$$

如果对于(X,Y)的所有的取值 x_i,y_j 有

$$P\{X=x_i,Y=y_j\}=P\{X=x_i\}\cdot P\{Y=y_j\},$$

即

$$p_{ij}=p_{i\cdot}\cdot p_{\cdot j}, \quad i,j=1,2,\cdots,$$

则随机变量 X 与 Y 是相互独立的.

例 15　判断例 6 中的 X 和 Y 是否相互独立.

解　(1) 有放回取球的情形.

(X,Y)的分布律与边缘分布律为

X \ Y	0	1	$p_{i\cdot}$
0	$\frac{9}{25}$	$\frac{6}{25}$	$\frac{3}{5}$
1	$\frac{6}{25}$	$\frac{4}{25}$	$\frac{2}{5}$
$p_{\cdot j}$	$\frac{3}{5}$	$\frac{2}{5}$	1

因为

$$P\{X=0,Y=0\}=\frac{9}{25}=\frac{3}{5}\times\frac{3}{5}=P\{X=0\}\cdot P\{Y=0\},$$

$$P\{X=0,Y=1\}=\frac{6}{25}=\frac{3}{5}\times\frac{2}{5}=P\{X=0\}\cdot P\{Y=1\},$$

$$P\{X=1,Y=0\}=\frac{6}{25}=\frac{2}{5}\times\frac{3}{5}=P\{X=1\}\cdot P\{Y=0\},$$

$$P\{X=1,Y=1\}=\frac{4}{25}=\frac{2}{5}\times\frac{2}{5}=P\{X=1\}\cdot P\{Y=1\},$$

所以 X 与 Y 相互独立.

(2) 不放回取球的情形.

(X,Y)的分布律与边缘分布律为

X \ Y	0	1	$p_{i\cdot}$
0	$\frac{3}{10}$	$\frac{3}{10}$	$\frac{3}{5}$
1	$\frac{3}{10}$	$\frac{1}{10}$	$\frac{2}{5}$
$p_{\cdot j}$	$\frac{3}{5}$	$\frac{2}{5}$	1

由于

$$P\{X=0,Y=0\}=\frac{3}{10},$$

$$P\{X=0\}P\{Y=0\}=\frac{3}{5}\times\frac{3}{5}=\frac{9}{25},$$

则

$$P\{X=0,Y=0\}\neq P\{X=0\}\cdot P\{Y=0\},$$

所以 X 与 Y 不相互独立.

例 16 设二维随机变量(X,Y)的分布律为

X \ Y	1	2
1	$\frac{1}{9}$	a
2	$\frac{1}{6}$	$\frac{1}{3}$
3	$\frac{1}{18}$	b

且 X 与 Y 相互独立.求常数 a 与 b 的值.

解 由于 X 与 Y 相互独立,所以

$$P\{X=1,Y=1\}=P\{X=1\}\cdot P\{Y=1\}.$$

由

$$P\{X=1\}=\frac{1}{9}+a,\quad P\{Y=1\}=\frac{1}{9}+\frac{1}{6}+\frac{1}{18}=\frac{1}{3},$$

$$P\{X=1,Y=1\}=\frac{1}{9},$$

得

$$\frac{1}{9}=\left(\frac{1}{9}+a\right)\times\frac{1}{3}.$$

另

$$P\{Y=2\}=a+\frac{1}{3}+b=1-P\{Y=1\}=1-\frac{1}{3}=\frac{2}{3},$$

解得,$a=\frac{2}{9}$,$b=\frac{1}{9}$.

(X,Y)的分布律与边缘分布律为

X \ Y	0	1	$p_{i\cdot}$
1	$\frac{1}{9}$	$a=\frac{2}{9}$	$\frac{1}{3}$
2	$\frac{1}{6}$	$\frac{1}{3}$	$\frac{1}{2}$
3	$\frac{1}{18}$	$b=\frac{1}{9}$	$\frac{1}{6}$
$p_{\cdot j}$	$\frac{1}{3}$	$\frac{2}{3}$	1

满足独立性的条件.

2.3　二维连续型随机变量的独立性

二维连续型随机变量(X,Y)的概率密度为$f(x,y)$，关于X与关于Y的边缘概率密度分别为$f_X(x)$与$f_Y(y)$. 若对于(X,Y)的所有取值(x,y)，有

$$f(x,y)=f_X(x)\cdot f_Y(y)$$

成立，则随机变量X与Y是相互独立的.

例 17　证明例 8 中随机变量X与Y相互独立.

证明　由于二维随机变量(X,Y)的概率密度为

$$f(x,y)=\frac{1}{\pi^2(1+x^2)(1+y^2)},\quad -\infty<x,y<+\infty.$$

关于X的边缘概率密度为

$$\begin{aligned}f_X(x)&=\int_{-\infty}^{+\infty}\frac{1}{\pi^2(1+x^2)(1+y^2)}\mathrm{d}y\\&=\frac{1}{\pi^2(1+x^2)}\arctan y\Big|_{-\infty}^{+\infty}\\&=\frac{1}{\pi(1+x^2)},\quad -\infty<x<+\infty.\end{aligned}$$

关于Y的边缘概率密度为

$$f_Y(y)=\int_{-\infty}^{+\infty}\frac{1}{\pi^2(1+x^2)(1+y^2)}\mathrm{d}x=\frac{1}{\pi(1+y^2)},\quad -\infty<y<+\infty.$$

从而，对任意的x,y有

$$f(x,y)=f_X(x)\cdot f_Y(y),$$

因此X与Y相互独立.

例 18　设随机变量$(X,Y)\sim N(\mu_1,\mu_2,\sigma_1^2,\sigma_2^2,\rho)$，试求$X$和$Y$相互独立的充分必要条件.

解　由已知

$$f(x,y)=\frac{1}{2\pi\sigma_1\sigma_2\sqrt{1-\rho^2}}\mathrm{e}^{-\frac{1}{2(1-\rho^2)}\left[\frac{(x-\mu_1)^2}{\sigma_1^2}-2\rho\frac{(x-\mu_1)(y-\mu_2)}{\sigma_1\sigma_2}+\frac{(y-\mu_2)^2}{\sigma_2^2}\right]},\quad -\infty<x,y<+\infty.$$

由例 10 知$X\sim N(\mu_1,\sigma_1^2)$，$Y\sim N(\mu_2,\sigma_2^2)$，即

$$f_X(x)=\frac{1}{\sqrt{2\pi}\sigma_1}\mathrm{e}^{-\frac{(x-\mu_1)^2}{2\sigma_1^2}},\quad -\infty<x<+\infty,$$

$$f_Y(y)=\frac{1}{\sqrt{2\pi}\sigma_2}\mathrm{e}^{-\frac{(y-\mu_2)^2}{2\sigma_2^2}},\quad -\infty<y<+\infty.$$

从而

$$f_X(x)\cdot f_Y(y)=\frac{1}{2\pi\sigma_1\sigma_2}\mathrm{e}^{-\frac{1}{2}\left[\frac{(x-\mu_1)^2}{\sigma_1^2}+\frac{(y-\mu_2)^2}{\sigma_2^2}\right]}.$$

（1）如果$\rho=0$，则

$$f(x,y)=\frac{1}{2\pi\sigma_1\sigma_2\sqrt{1-\rho^2}}\mathrm{e}^{-\frac{1}{2(1-\rho^2)}\left[\frac{(x-\mu_1)^2}{\sigma_1^2}-2\rho\frac{(x-\mu_1)(y-\mu_2)}{\sigma_1\sigma_2}+\frac{(y-\mu_2)^2}{\sigma_2^2}\right]}$$

$$=\frac{1}{2\pi\sigma_1\sigma_2}e^{-\frac{1}{2}\left[\frac{(x-\mu_1)^2}{\sigma_1^2}+\frac{(y-\mu_2)^2}{\sigma_2^2}\right]}=f_X(x)\cdot f_Y(y),$$

即 X 与 Y 相互独立.

(2) 若 X 与 Y 相互独立,则对于所有的 x,y 有

$$f(x,y)=f_X(x)\cdot f_Y(y).$$

特别地,令 $x=\mu_1,y=\mu_2$,则

$$f(x,y)=\frac{1}{2\pi\sigma_1\sigma_2\sqrt{1-\rho^2}}e^{-\frac{1}{2(1-\rho^2)}\left[\frac{(x-\mu_1)^2}{\sigma_1^2}-2\rho\frac{(x-\mu_1)(y-\mu_2)}{\sigma_1\sigma_2}+\frac{(y-\mu_2)^2}{\sigma_2^2}\right]}=\frac{1}{2\pi\sigma_1\sigma_2\sqrt{1-\rho^2}},$$

$$f_X(x)\cdot f_Y(y)=\frac{1}{2\pi\sigma_1\sigma_2}e^{-\frac{1}{2}\left[\frac{(x-\mu_1)^2}{\sigma_1^2}+\frac{(y-\mu_2)^2}{\sigma_2^2}\right]}=\frac{1}{2\pi\sigma_1\sigma_2},$$

于是

$$\frac{1}{2\pi\sigma_1\sigma_2\sqrt{1-\rho^2}}=\frac{1}{2\pi\sigma_1\sigma_2},$$

从而得 $\rho=0$.

综合所证即得 X 与 Y 相互独立的充分必要条件是 $\rho=0$.

例 19 设(X,Y)在以原点为圆心,半径为 1 的圆域上服从均匀分布,问 X 与 Y 是否相互独立?

解 由已知可得(X,Y)的概率密度为

$$f(x,y)=\begin{cases}\frac{1}{\pi}, & x^2+y^2\leqslant 1,\\ 0, & \text{其他}.\end{cases}$$

关于 X 的边缘概率密度为

$$f_X(x)=\int_{-\infty}^{+\infty}f(x,y)\mathrm{d}y=\begin{cases}\int_{-\sqrt{1-x^2}}^{\sqrt{1-x^2}}\frac{1}{\pi}\mathrm{d}y, & |x|\leqslant 1,\\ 0, & \text{其他}\end{cases}=\begin{cases}\frac{2}{\pi}\sqrt{1-x^2}, & |x|\leqslant 1,\\ 0, & \text{其他}.\end{cases}$$

同理可得关于 Y 的边缘概率密度为

$$f_Y(y)=\int_{-\infty}^{+\infty}f(x,y)\mathrm{d}x=\begin{cases}\int_{-\sqrt{1-y^2}}^{\sqrt{1-y^2}}\frac{1}{\pi}\mathrm{d}x, & |y|\leqslant 1,\\ 0, & \text{其他}\end{cases}=\begin{cases}\frac{2}{\pi}\sqrt{1-y^2}, & |y|\leqslant 1,\\ 0, & \text{其他}.\end{cases}$$

从而

$$f_X(x)\cdot f_Y(y)=\begin{cases}\frac{4}{\pi^2}\sqrt{1-x^2}\sqrt{1-y^2}, & |x|\leqslant 1,|y|\leqslant 1,\\ 0, & \text{其他}.\end{cases}$$

易见,当 $|x|\leqslant 1,|y|\leqslant 1$ 时,$f(x,y)\neq f_X(x)\cdot f_Y(y)$.

所以,X 与 Y 不相互独立.

前面我们曾讨论过联合分布与边缘分布的关系:联合分布可以确定边缘分布,但一般情形下,边缘分布不能确定联合分布.然而当随机变量 X 与 Y 相互独立时,(X,Y)的分布可以由它的两个边缘分布完全确定.

例 20 设 X 与 Y 是相互独立的随机变量,X 在$[-1,1]$上服从均匀分布,Y 服从指数分

布，其概率密度为

$$f_Y(y)=\begin{cases}2e^{-2y}, & y>0,\\ 0, & \text{其他}.\end{cases}$$

求(X,Y)的概率密度.

解 由已知可得 X 的概率密度为

$$f_X(x)=\begin{cases}\dfrac{1}{2}, & -1\leqslant x\leqslant 1,\\ 0, & \text{其他}.\end{cases}$$

因为 X 与 Y 是相互独立的，所以(X,Y)的概率密度为

$$f(x,y)=f_X(x)\cdot f_Y(y)=\begin{cases}e^{-2y}, & -1\leqslant x\leqslant 1, y>0,\\ 0, & \text{其他}.\end{cases}$$

例 21 设二维随机变量(X,Y)的概率密度为

$$f(x,y)=\begin{cases}8xy, & 0\leqslant x\leqslant 1, 0\leqslant y\leqslant x,\\ 0, & \text{其他}.\end{cases}$$

求关于 X 与 Y 的边缘概率密度，并判断 X 与 Y 是否相互独立？

解 (X,Y)关于 X 的边缘概率密度为

$$f_X(x)=\int_{-\infty}^{+\infty}f(x,y)\mathrm{d}y=\begin{cases}\int_0^x 8xy\mathrm{d}y, & 0\leqslant x\leqslant 1,\\ 0, & \text{其他}\end{cases}=\begin{cases}4x^3, & 0\leqslant x\leqslant 1,\\ 0, & \text{其他}.\end{cases}$$

同理可得

$$f_Y(y)=\int_{-\infty}^{+\infty}f(x,y)\mathrm{d}x=\begin{cases}\int_y^1 8xy\mathrm{d}x, & 0\leqslant y\leqslant 1,\\ 0, & \text{其他}\end{cases}=\begin{cases}4y(1-y^2), & 0\leqslant y\leqslant 1,\\ 0, & \text{其他}.\end{cases}$$

当 $0\leqslant x\leqslant 1, 0\leqslant y\leqslant 1$ 时，

$$f(x,y)\neq f_X(x)\cdot f_Y(y).$$

所以，X 与 Y 不相互独立.

在实际问题中，判断两个随机变量是否相互独立，往往不是用数学定义去验证，而常常是由随机变量的实际意义去考证它们是否相互独立. 如投掷骰子的试验中，两颗骰子出现的点数；两个彼此没有联系的工厂一天生产的产品中各自出现的废品数等，都可以认为是相互独立的随机变量.

2.4 n 个随机变量的相互独立

上述关于两个随机变量相互独立的概念可以推广到 n 个随机变量中.

定义 10 设 n 维随机变量$(X_1,X_2,\cdots,X_n)$的分布函数为

$$F(x_1,x_2,\cdots,x_n)=P\{X_1\leqslant x_1,X_2\leqslant x_2,\cdots,X_n\leqslant x_n\},$$

概率密度为 $f(x_1,x_2,\cdots,x_n)$，则$(X_1,X_2,\cdots,X_n)$**关于** $X_k,k=1,2,\cdots,n$ **的边缘分布函数和边缘概率密度**分别是

$$F_{X_k}(x_k)=P\{X_1<+\infty,X_2<+\infty,\cdots,X_k\leqslant x_k,\cdots,X_n<+\infty\},$$

$$f_{X_k}(x_k)=\underbrace{\int_{-\infty}^{+\infty}\cdots\int_{-\infty}^{+\infty}}_{(n-1)}f(x_1,\cdots,x_{k-1},x_k,x_{k+1},\cdots,x_n)\mathrm{d}x_1\cdots\mathrm{d}x_{k-1}\mathrm{d}x_{k+1}\cdots\mathrm{d}x_n.$$

定义 11 若对一切的 $x_1,x_2,\cdots,x_n$ 有

$$P\{X_1\leqslant x_1,X_2\leqslant x_2,\cdots,X_n\leqslant x_n\}=\prod_{k=1}^{n}P\{X_k\leqslant x_k\},$$

即

$$F(x_1,x_2,\cdots,x_n)=F_{X_1}(x_1)\cdot F_{X_2}(x_2),\cdots,F_{X_n}(x_n),$$

则称 n 个随机变量 $X_1,X_2,\cdots,X_n$ 是**相互独立的**.

例 22 设 $X_1,X_2,\cdots,X_n$ 相互独立，且 $X_i\sim N(\mu_i,\sigma_i^2)$，$i=1,2,\cdots,n$. 求 $(X_1,X_2,\cdots,X_n)$ 的概率密度.

解 由于 $X_k\sim N(\mu_k,\sigma_k^2)$，$k=1,2,\cdots,n$，故

$$f_{X_k}(x_k)=\frac{1}{(2\pi)^{\frac{1}{2}}\sigma_k}\mathrm{e}^{-\frac{(x_k-\mu_k)^2}{2\sigma_k^2}},\quad -\infty<x_k<+\infty.$$

又因为 $X_1,X_2,\cdots,X_n$ 相互独立，所以 $(X_1,X_2,\cdots,X_n)$ 的概率密度可表示为

$$\begin{aligned}f(x_1,x_2,\cdots,x_n)&=f_{X_1}(x_1)f_{X_2}(x_2)\cdots f_{X_n}(x_n)\\&=\frac{1}{(2\pi)^{\frac{n}{2}}\sigma_1\sigma_2\cdots\sigma_n}\mathrm{e}^{-\frac{1}{2}\left[\frac{(x_1-\mu_1)^2}{\sigma_1^2}+\frac{(x_2-\mu_2)^2}{\sigma_2^2}+\cdots+\frac{(x_n-\mu_n)^2}{\sigma_n^2}\right]}.\end{aligned}$$

还可以证明，若 $X_1,X_2,\cdots,X_n$ 相互独立，则

(1) 其中任意 k 个随机变量也相互独立，$2\leqslant k\leqslant n$；

(2) 它们各自的函数 $g_1(X_1),g_2(X_2),\cdots,g_n(X_n)$ 也相互独立，比如 $X_1^2,X_2^2,\cdots,X_n^2$ 相互独立.

例 23 设随机变量 X 与 Y 相互独立，都服从区间 $[1,3]$ 上的均匀分布，设 $1<a<3$，若事件 $A=\{X\leqslant a\}$，$B=\{Y>a\}$，且 $P(A\cup B)=\frac{7}{9}$，求常数 a 的值.

解 由已知可得 X 与 Y 的概率密度分别为

$$f_X(x)=\begin{cases}\frac{1}{2}, & 1\leqslant x\leqslant 3,\\ 0, & \text{其他；}\end{cases}\qquad f_Y(y)=\begin{cases}\frac{1}{2}, & 1\leqslant y\leqslant 3,\\ 0, & \text{其他.}\end{cases}$$

则当 $1<a<3$ 时，事件 A,B 的概率分别为

$$P(A)=\frac{a-1}{2},\quad P(B)=\frac{3-a}{2}.$$

由 X 与 Y 相互独立，可知

$$P(AB)=P(A)\cdot P(B)=\frac{(a-1)(3-a)}{4},$$

而

$$P(A\cup B)=P(A)+P(B)-P(AB)=\frac{7}{9},$$

因此

$$\frac{a-1}{2}+\frac{3-a}{2}-\frac{(a-1)(3-a)}{4}=\frac{7}{9},$$

即

$$(3a-5)(3a-7)=0,$$

所以 $a=\frac{5}{3}$或 $a=\frac{7}{3}$.

习　题　3.2

1. 设随机变量 X 与 Y 相互独立，其分布函数分别为 $F_X(x)$，$F_Y(y)$，则二维随机变量(X,Y)的分布函数 $F(x,y)=($　　$)$.

A. $\frac{1}{2}[F_X(x)+F_Y(y)]$　　　　B. $F_X(x)+F_Y(y)$

C. $\frac{1}{2}F_X(x)F_Y(y)$　　　　D. $F_X(x)F_Y(y)$

2. 设二维随机变量(X,Y)的概率密度为

$$f(x,y)=\begin{cases}1, & 0<x<1,0<y<1,\\ 0, & \text{其他},\end{cases}$$

则 X 与 Y(　　).

A. 独立且同分布　　　　B. 独立但不同分布

C. 不独立但同分布　　　　D. 不独立也不同分布

3. 设二维随机变量(X,Y)的概率密度为

$$f(x,y)=\begin{cases}8xy, & 0\leqslant y\leqslant 1,0\leqslant x\leqslant y,\\ 0, & \text{其他}.\end{cases}$$

求：(1) 关于 X 和 Y 的边缘概率密度；(2) X 与 Y 是否独立？

§3　两个随机变量的函数的分布

上一章我们讨论了一个随机变量的函数的分布，本节讨论两个随机变量的函数的分布.

3.1　两个离散型随机变量的函数的分布

对两个离散型随机变量的函数的分布，仅就一些具体问题进行分析.

例 24　设二维随机变量(X,Y)的分布律为

X \ Y	1	2	3
1	$\frac{1}{4}$	$\frac{1}{6}$	$\frac{1}{8}$
2	$\frac{1}{4}$	$\frac{1}{8}$	$\frac{1}{12}$

求：(1) $Z_1=X+Y$ 的分布律；(2) $Z_2=XY$ 的分布律；(3) $P\{X=Y\}$.

解 （1）Z_1 的可能取值是 2,3,4,5,其概率分别为

$$P\{Z_1=2\}=P\{X=1,Y=1\}=\frac{1}{4};$$

事件

$$\{Z_1=3\}=\{X=1,Y=2\}\cup\{X=2,Y=1\},$$

且事件$\{X=1,Y=2\}$与$\{X=2,Y=1\}$互不相容,因此

$$P\{Z_1=3\}=P\{X=1,Y=2\}+P\{X=2,Y=1\}=\frac{1}{6}+\frac{1}{4}=\frac{5}{12};$$

同理

$$P\{Z_1=4\}=P\{X=1,Y=3\}+P\{X=2,Y=2\}=\frac{1}{8}+\frac{1}{8}=\frac{1}{4},$$

$$P\{Z_1=5\}=P\{X=2,Y=3\}=\frac{1}{12}.$$

于是 $Z_1=X+Y$ 的分布律为

Z_1	2	3	4	5
P	$\frac{1}{4}$	$\frac{5}{12}$	$\frac{1}{4}$	$\frac{1}{12}$

（2）Z_2 的可能取值是 1,2,3,4,6,其概率分别为

$$P\{Z_2=1\}=P\{X=1,Y=1\}=\frac{1}{4},$$

$$P\{Z_2=2\}=P\{X=1,Y=2\}+P\{X=2,Y=1\}=\frac{1}{6}+\frac{1}{4}=\frac{5}{12},$$

$$P\{Z_2=3\}=P\{X=1,Y=3\}=\frac{1}{8},$$

$$P\{Z_2=4\}=P\{X=2,Y=2\}=\frac{1}{8},$$

$$P\{Z_2=6\}=P\{X=2,Y=3\}=\frac{1}{12}.$$

于是 $Z_2=XY$ 的分布律为

Z_2	1	2	3	4	6
P	$\frac{1}{4}$	$\frac{5}{12}$	$\frac{1}{8}$	$\frac{1}{8}$	$\frac{1}{12}$

（3）事件

$$\{X=Y\}=\{X=1,Y=1\}\cup\{X=2,Y=2\},$$

且事件$\{X=1,Y=1\}$与$\{X=2,Y=2\}$互不相容,因此

$$P\{X=Y\}=P\{X=1,Y=1\}+P\{X=2,Y=2\}=\frac{1}{4}+\frac{1}{8}=\frac{3}{8}.$$

例 25 设二维随机变量(X,Y)的分布律为

X \ Y	1	2	3
1	$\frac{1}{5}$	0	$\frac{1}{5}$
2	$\frac{1}{5}$	$\frac{1}{5}$	$\frac{1}{5}$

求：(1) $Z=X-Y$ 的分布律；(2) $P\{X<Y\}$.

解　(1) Z 的可能取值是 $-2,-1,0,1$，其概率分别为

$$P\{Z=-2\}=P\{X=1,Y=3\}=\frac{1}{5},$$

$$P\{Z=-1\}=P\{X=1,Y=2\}+P\{X=2,Y=3\}=0+\frac{1}{5}=\frac{1}{5},$$

$$P\{Z=0\}=P\{X=1,Y=1\}+P\{X=2,Y=2\}=\frac{1}{5}+\frac{1}{5}=\frac{2}{5},$$

$$P\{Z=1\}=P\{X=2,Y=1\}=\frac{1}{5}.$$

于是 $Z=X-Y$ 的分布律为

Z	-2	-1	0	1
P	$\frac{1}{5}$	$\frac{1}{5}$	$\frac{2}{5}$	$\frac{1}{5}$

(2) 事件

$$\{X<Y\}=\{X=1,Y=2\}\cup\{X=1,Y=3\}\cup\{X=2,Y=3\},$$

因此

$$\begin{aligned}P\{X<Y\}&=P\{X=1,Y=2\}+P\{X=1,Y=3\}+P\{X=2,Y=3\}\\&=0+\frac{1}{5}+\frac{1}{5}=\frac{2}{5}.\end{aligned}$$

也可以根据 $Z=X-Y$ 的分布律求

$$P\{X<Y\}=P\{X-Y<0\}=P\{Z<0\}=P\{Z=-2\}+P\{Z=-1\}=\frac{1}{5}+\frac{1}{5}=\frac{2}{5}.$$

例 26　设随机变量 X 与 Y 相互独立，且分别服从参数为 λ_1,λ_2 的泊松分布. 证明：$Z=X+Y$ 服从参数为 $\lambda=\lambda_1+\lambda_2$ 的泊松分布.

证明　由已知条件

$$P\{X=k\}=\frac{\lambda_1^k e^{-\lambda_1}}{k!},\quad P\{Y=k\}=\frac{\lambda_2^k e^{-\lambda_2}}{k!},\quad k=0,1,2,\cdots.$$

事件

$$\{Z=k\}=\{X=0,Y=k\}\cup\{X=1,Y=k-1\}\cup\cdots\cup\{X=k,Y=0\},$$

且互不相容，于是

$$\begin{aligned}P\{Z=k\}&=P\{X=0,Y=k\}+P\{X=1,Y=k-1\}+\cdots+P\{X=k,Y=0\},\\&=\sum_{i=0}^{k}P\{X=i,Y=k-i\}.\end{aligned}$$

又根据 X 与 Y 相互独立，有

$$P\{X=i,Y=k-i\}=P\{X=i\}\cdot P\{Y=k-i\},\quad i=1,2,\cdots,k,$$

则

$$\begin{aligned}
P\{Z=k\}&=\sum_{i=0}^{k}P\{X=i\}\cdot P\{Y=k-i\}=\sum_{i=0}^{k}\frac{\lambda_1^i e^{-\lambda_1}}{i!}\cdot\frac{\lambda_2^{k-i}e^{-\lambda_2}}{(k-i)!}\cdot\frac{k!}{k!}\\
&=e^{-(\lambda_1+\lambda_2)}\frac{1}{k!}\sum_{i=0}^{k}\frac{k!}{i!(k-i)!}\lambda_1^i\lambda_2^{k-i}\\
&=e^{-(\lambda_1+\lambda_2)}\frac{1}{k!}\sum_{i=0}^{k}C_k^i\lambda_1^i\lambda_2^{k-i}\\
&=\frac{e^{-(\lambda_1+\lambda_2)}(\lambda_1+\lambda_2)^k}{k!},\quad k=0,1,2,\cdots.
\end{aligned}$$

从而 $Z=X+Y$ 服从参数为 $\lambda=\lambda_1+\lambda_2$ 的泊松分布.

3.2 两个独立连续型随机变量之和的概率分布

例 27 设 X 与 Y 是两个相互独立的随机变量，X 在 $[0,1]$ 上服从均匀分布，Y 的概率密度为

$$f_Y(y)=\begin{cases}\frac{1}{2}e^{-\frac{1}{2}y}, & y>0,\\ 0, & y\leqslant 0.\end{cases}$$

求：(1) (X,Y) 的概率密度；(2) $P\{X+Y\leqslant 1\}$；(3) $P\{X+Y\leqslant 3\}$.

解 (1) 由于 X 服从 $[0,1]$ 上的均匀分布，所以 X 的概率密度为

$$f_X(x)=\begin{cases}1, & 0\leqslant x\leqslant 1,\\ 0, & 其他.\end{cases}$$

又因为 X 与 Y 相互独立，所以 (X,Y) 的概率密度为

$$f(x,y)=f_X(x)\cdot f_Y(y)=\begin{cases}\frac{1}{2}e^{-\frac{1}{2}y}, & 0\leqslant x\leqslant 1,y>0,\\ 0, & 其他.\end{cases}$$

$$\begin{aligned}
(2)\ P\{X+Y\leqslant 1\}&=\iint\limits_{x+y\leqslant 1}f(x,y)\mathrm{d}x\mathrm{d}y=\int_0^1\left(\int_0^{1-x}\frac{1}{2}e^{-\frac{1}{2}y}\mathrm{d}y\right)\mathrm{d}x\\
&=\int_0^1\left(1-e^{-\frac{1}{2}(1-x)}\right)\mathrm{d}x=2e^{-\frac{1}{2}}-1.
\end{aligned}$$

$$\begin{aligned}
(3)\ P\{X+Y\leqslant 3\}&=\iint\limits_{x+y\leqslant 3}f(x,y)\mathrm{d}x\mathrm{d}y=\int_0^1\left(\int_0^{3-x}\frac{1}{2}e^{-\frac{1}{2}y}\mathrm{d}y\right)\mathrm{d}x\\
&=\int_0^1\left(1-e^{-\frac{1}{2}(3-x)}\right)\mathrm{d}x=2e^{-\frac{3}{2}}-2e^{-1}+1.
\end{aligned}$$

例 28 设二维连续型随机变量 (X,Y) 的概率密度为 $f(x,y)$，关于 X,Y 的边缘概率密度分别为 $f_X(x)$ 和 $f_Y(y)$，X 与 Y 相互独立，求 $Z=X+Y$ 的概率密度.

解 因为 X 与 Y 相互独立，则

$$f(x,y)=f_X(x)\cdot f_Y(y).$$

$Z=X+Y$ 的分布函数为

$$\begin{aligned}F_Z(z)&=P\{Z\leqslant z\}=P\{X+Y\leqslant z\}\\&=\iint\limits_{x+y\leqslant z}f(x,y)\mathrm{d}x\mathrm{d}y\\&=\int_{-\infty}^{+\infty}\left(\int_{-\infty}^{z-x}f(x,y)\mathrm{d}y\right)\mathrm{d}x\\&\xlongequal{y=u-x}\int_{-\infty}^{+\infty}\left(\int_{-\infty}^{z}f(x,u-x)\mathrm{d}u\right)\mathrm{d}x\\&=\int_{-\infty}^{z}\left(\int_{-\infty}^{+\infty}f(x,u-x)\mathrm{d}x\right)\mathrm{d}u,\end{aligned}$$

于是 $Z=X+Y$ 的概率密度为

$$f_Z(z)=\int_{-\infty}^{+\infty}f(x,z-x)\mathrm{d}x,$$

同理可得

$$f_Z(z)=\int_{-\infty}^{+\infty}f(z-y,y)\mathrm{d}y.$$

当 X 与 Y 相互独立，上两式可分别表示为

$$f_Z(z)=\int_{-\infty}^{+\infty}f(x,z-x)\mathrm{d}x=\int_{-\infty}^{+\infty}f_X(x)f_Y(z-x)\mathrm{d}x, \tag{3.3.1}$$

$$f_Z(z)=\int_{-\infty}^{+\infty}f(z-y,y)\mathrm{d}y=\int_{-\infty}^{+\infty}f_X(z-y)f_Y(y)\mathrm{d}y. \tag{3.3.2}$$

(3.3.1)和(3.3.2)式称为独立随机变量和的卷积公式.

例 29 设随机变量 X 与 Y 相互独立，都服从标准正态分布 $N(0,1)$，求 $Z=X+Y$ 的概率密度.

解 X 与 Y 的概率密度分别为

$$f_X(x)=\frac{1}{\sqrt{2\pi}}\mathrm{e}^{-\frac{x^2}{2}},\quad -\infty<x<+\infty,$$

$$f_Y(y)=\frac{1}{\sqrt{2\pi}}\mathrm{e}^{-\frac{y^2}{2}},\quad -\infty<y<+\infty.$$

又因为 X 与 Y 相互独立，所以 (X,Y) 的概率密度为

$$f(x,y)=f_X(x)\cdot f_Y(y)=\frac{1}{2\pi}\mathrm{e}^{-\frac{x^2+y^2}{2}},\quad -\infty<x,y<+\infty,$$

得到 Z 的概率密度为

$$\begin{aligned}f_Z(z)&=\int_{-\infty}^{+\infty}f_X(x)f_Y(z-x)\mathrm{d}x\\&=\int_{-\infty}^{+\infty}\frac{1}{2\pi}\mathrm{e}^{-\frac{x^2+(z-x)^2}{2}}\mathrm{d}x\\&=\frac{\mathrm{e}^{-\frac{z^2}{4}}}{2\pi}\int_{-\infty}^{+\infty}\mathrm{e}^{-(x-\frac{z}{2})^2}\mathrm{d}x=\frac{\mathrm{e}^{-\frac{z^2}{4}}}{2\pi}\int_{-\infty}^{+\infty}\mathrm{e}^{-u^2}\mathrm{d}u.\end{aligned}$$

注意到，$\int_{-\infty}^{+\infty}\mathrm{e}^{-x^2}\mathrm{d}x=\sqrt{\pi}$，所以

$$f_Z(z)=\frac{1}{2\sqrt{\pi}}\mathrm{e}^{-\frac{z^2}{4}}=\frac{1}{\sqrt{2\pi}\sqrt{2}}\mathrm{e}^{-\frac{z^2}{2(\sqrt{2})^2}},$$

即 $Z\sim N(0,2)$.

一般地，若 $X\sim N(\mu_1,\sigma_1^2)$，$Y\sim N(\mu_2,\sigma_2^2)$，且 X,Y 相互独立，则 $X+Y$ 仍服从正态分布，且 $Z\sim N(\mu_1+\mu_2,\sigma_2^2+\sigma_2^2)$. 这个结论还可以推广到任意有限个独立正态随机变量的情形，即若 $X_i\sim N(\mu_i,\sigma_i^2)$，$i=1,2,\cdots,n$，且 $X_1,X_2,\cdots,X_n$ 相互独立，则

$$X_1+X_2+\cdots+X_n\sim N\left(\sum_{i=1}^{n}\mu_i,\sum_{i=1}^{n}\sigma_i^2\right).$$

更一般地，可以证明任意有限个独立正态随机变量的线性组合仍服从正态分布，即若 $X_i\sim N(\mu_i,\sigma_i^2)$，$i=1,2,\cdots,n$，且 $X_1,X_2,\cdots,X_n$ 相互独立，则有

$$a_1X_1+a_2X_2+\cdots+a_nX_n\sim N\left(\sum_{i=1}^{n}a_i\mu_i,\sum_{i=1}^{n}a_i^2\sigma_i^2\right),\quad a_1,a_2,\cdots,a_n \text{ 为任意实数}. \tag{3.3.3}$$

例 30 设 $X\sim N(0,1)$，$Y\sim N(1,1)$，$Z\sim N(1,2)$，随机变量 X,Y,Z 相互独立，求 $3X+2Y+Z$ 的分布.

解 由于 X,Y,Z 相互独立且服从正态分布，则 $3X+2Y+Z$ 也服从正态分布，由(3.3.3)式结论可知，

$$3X+2Y+Z\sim N(3,15).$$

习 题 3.3

1. 设二维随机变量(X,Y)的分布律为

X \ Y	0	1	2
0	0.1	0.2	0.3
1	0.1	0.2	0.1

求 $X+Y$ 及 $X-Y$ 的分布律.

2. 若二维随机变量(X,Y)的分布律为

X \ Y	1	2	3
0	0.1	0.2	0.3
1	0.15	0	0.25

求 XY 的分布律.

3. 设随机变量 X 与 Y 相互独立，且都服从$[0,1]$上的均匀分布，求 $X+Y$ 的概率密度.

4. 设 $X\sim N(1,2)$，$Y\sim N(1,1)$，$Z\sim N(3,4)$，随机变量 X,Y,Z 相互独立，求 $2X+3Y+Z$ 的分布.

小　　结

本章讨论了多维随机变量，重点是二维随机变量及其概率分布. 本章的基本要求是：

1. 正确理解二维随机变量及其分布函数的概念和性质. 理解二维离散型随机变量的分布律的概念和二维连续型随机变量的概率密度的概念，并掌握它们的性质及有关计算. 掌握二维均匀分布和二维正态分布.

2. 掌握二维随机变量的分布函数与边缘分布函数的关系，对二维离散型随机变量会由联合分布律求边缘分布律；对二维连续型随机变量，会由联合概率密度求边缘概率密度. 知道二维正态分布的两个边缘分布均为一维正态分布.

3. 随机变量的相互独立性是概率论中的重要概念之一. 知道两个或多个随机变量相互独立的定义. 知道两个离散型随机变量及两个连续型随机变量相互独立的充分必要条件，会用它们来判断两个随机变量的独立性. 知道二维正态分布中两个分量相互独立的充分必要条件是 $\rho=0$. 知道多个独立正态随机变量的线性组合仍为正态随机变量.

自 测 题 3

一、选择题

1. 设二维随机变量 (X,Y) 的分布律为

X \ Y	0	1	2
0	$\frac{1}{12}$	$\frac{2}{12}$	$\frac{2}{12}$
1	$\frac{1}{12}$	$\frac{1}{12}$	0
2	$\frac{2}{12}$	$\frac{1}{12}$	$\frac{2}{12}$

则 $P\{XY=0\}=(\quad)$.

A. $\frac{1}{12}$　　B. $\frac{2}{12}$　　C. $\frac{4}{12}$　　D. $\frac{8}{12}$

2. 设二维随机变量 (X,Y) 的概率密度为 $f(x,y)$，则 $P\{X>1\}=(\quad)$.

A. $\int_{-\infty}^{1}\mathrm{d}x\int_{-\infty}^{+\infty}f(x,y)\mathrm{d}y$　　B. $\int_{1}^{+\infty}\mathrm{d}x\int_{-\infty}^{+\infty}f(x,y)\mathrm{d}y$

C. $\int_{-\infty}^{1}f(x,y)\mathrm{d}y$　　D. $\int_{1}^{+\infty}f(x,y)\mathrm{d}x$

3. 设 $X\sim N(-1,2)$，$Y\sim N(1,3)$，随机变量 X 与 Y 相互独立，则 $X+2Y\sim(\quad)$.

A. $N(1,8)$　　B. $N(1,14)$　　C. $N(1,22)$　　D. $N(1,40)$

4. 设二维随机变量(X,Y)的概率密度为$f(x,y)=\begin{cases} c, & -1\leqslant x\leqslant 1, 0\leqslant y\leqslant 2, \\ 0, & 其他, \end{cases}$则常数$c=($　　$)$.

A. $\frac{1}{4}$　　B. $\frac{1}{2}$　　C. 2　　D. 4

5. 设随机变量X与Y相互独立，其分布函数分别为$F_X(x)$，$F_Y(y)$，则二维随机变量(X,Y)的分布函数$F(x,y)=($　　$)$.

A. $\frac{1}{2}[F_X(x)+F_Y(y)]$　　B. $F_X(x)+F_Y(y)$

C. $\frac{1}{2}F_X(x)F_Y(y)$　　D. $F_X(x)F_Y(y)$

6. 设二维随机变量(X,Y)的分布函数为$F(x,y)$，(X,Y)关于Y的边缘分布函数为$F_Y(y)$，则$F_Y(y)=($　　$)$.

A. $F(-\infty,y)$　　B. $F(+\infty,y)$

C. $F(y,-\infty)$　　D. $F(y,+\infty)$

7. 设二维随机变量(X,Y)的分布律为

X \ Y	0	1	2
1	0.1	0.2	0.25
2	0	0.15	0.3

则$P\{X\leqslant Y\}=($　　$)$.

A. 0.25　　B. 0.45　　C. 0.55　　D. 0.75

8. 设二维随机变量(X,Y)的分布律为

X \ Y	0	1	2
0	0.1	0.2	0.3
1	0.1	0.2	0.1

则$P\{X=1\}=($　　$)$.

A. 0.1　　B. 0.2　　C. 0.3　　D. 0.4

9. 设二维随机变量(X,Y)的分布函数为$F(x,y)$，则(X,Y)关于X的边缘分布函数$F_X(x)=($　　$)$.

A. $F(x,+\infty)$　　B. $F(+\infty,y)$

C. $F(x,-\infty)$　　D. $F(-\infty,y)$

10. 设二维随机变量(X,Y)的分布律为

X \ Y	0	1	2
1	0.1	0.2	0.3
2	0.2	0.1	0.1

则 $P\{X+Y=3\}=($ $)$.

A. 0.1　　B. 0.2　　C. 0.3　　D. 0.4

11. 设二维离散型随机变量(X,Y)的分布律为

X \ Y	0	1	2
1	0.1	0.2	0.25
2	0	0.15	0.3

则 $P\{X=Y\}=($ $)$.

A. 0.2　　B. 0.25　　C. 0.3　　D. 0.5

二、填空题

1. 设随机变量 X 与 Y 相互独立，且 $P\{X\leqslant 1\}=\frac{1}{2}$，$P\{Y\leqslant 1\}=\frac{1}{3}$，则 $P\{X\leqslant 1,Y\leqslant 1\}=$________.

2. 设二维随机变量(X,Y)服从区域 $D=\{-1\leqslant x\leqslant 2,0\leqslant y\leqslant 2\}$上的均匀分布，则 $P\{X\leqslant 1,Y\leqslant 1\}=$________.

3. 设二维随机变量(X,Y)的分布律为

X \ Y	1	2	3
1	0.3	0.1	0.1
2	0.2	a	0.1

则常数 $a=$________.

4. 设二维随机变量(X,Y)的分布律为

X \ Y	0	1
1	0.1	0.2
2	0.3	0.4

则 $P\{X+Y=2\}=$________.

5. 设二维随机变量(X,Y)的分布律为

X \ Y	1	2
0	0.1	0.3
1	0.2	0.4

则 $P\{X+Y\leqslant 2\}=$________.

6. 设二维随机变量(X,Y)的分布律为

X \ Y	0	1
0	c	$1-2c$
1	$1-3c$	c

则 $c=$________.

7. 设二维随机变量(X,Y)服从正态分布 $N(0,0,1,1,0)$，则(X,Y)的概率密度 $f(x,y)=$________.

8. 设二维随机变量(X,Y)服从区域 $D=\{-1\leqslant x\leqslant 2,0\leqslant y\leqslant 2\}$上的均匀分布，则$(X,Y)$的概率密度 $f(x,y)$在 D 上的表达式为________.

9. 设二维随机变量(X,Y)的概率密度为 $f(x,y)=\begin{cases}c, & 0<x<1,0<y<2,\\ 0, & \text{其他},\end{cases}$ 则常数 $c=$________.

10. 设随机变量 X,Y 相互独立，X,Y 的概率密度分别为

$$f_X(x)=\begin{cases}e^{-x}, & x>0,\\ 0, & x\leqslant 0,\end{cases}\quad f_Y(y)=\begin{cases}3e^{-3y}, & y>0,\\ 0, & y\leqslant 0,\end{cases}$$

则当 $x>0,y>0$ 时，二维连续型随机变量(X,Y)的概率密度 $f(x,y)=$________.

11. 设随机变量 X 与 Y 相互独立，X 服从区间$[-2,2]$上的均匀分布，Y 服从参数为 1 的指数分布，则当$-2<x<2,y>0$ 时，(X,Y)的概率密度 $f(x,y)=$________.

12. 设二维随机变量(X,Y)的分布函数为 $F(x,y)$，则 $P\{X\leqslant 0,Y\leqslant 0\}$用 $F(x,y)$表示为________.

三、计算题

1. 设二维随机变量(X,Y)的分布律为

X \ Y	0	1
0	$\frac{9}{25}$	$\frac{6}{25}$
1	$\frac{6}{25}$	c

求：(1) c 的值；(2) X 与 Y 是否相互独立，为什么？(3) $P\{X+Y=0\}$.

2. 设随机变量 X 与 Y 相互独立，X 服从$[0,1]$上的均匀分布，随机变量 Y 的概率密度为

$$f_Y(y)=\begin{cases}e^{-y}, & y>0,\\ 0, & y\leqslant 0.\end{cases}$$

求：(1) X 的概率密度 $f_X(x)$；(2) (X,Y)的概率密度 $f(x,y)$；(3) $P\{X+Y\leqslant 1\}$.

3. 设二维随机变量(X,Y)的概率密度为

$$f(x,y)=\begin{cases}6e^{-(2x+3y)}, & x>0,y>0,\\ 0, & \text{其他}.\end{cases}$$

(1) 求关于 X,Y 的边缘概率密度；

(2) 问 X 与 Y 是否相互独立？为什么？

(3) 计算 $P\{X<1,Y<2\}$.

4. 设二维随机变量(X,Y)的概率密度为

$$f(x,y)=\begin{cases}6x^2y, & 0\leqslant x\leqslant 1,0\leqslant y\leqslant 1,\\ 0, & \text{其他}.\end{cases}$$

求：(1) (X,Y)关于 X 的边缘概率密度 $f_X(x)$；(2) $P\{X>Y\}$.

5. 设二维随机变量(X,Y)的分布律为

X \ Y	0	1
0	0.2	0.3
1	a	b

且 $P\{Y=0\}=0.4$. 求：(1) 常数 a,b；(2) (X,Y)关于 X,Y 的边缘分布律.

第四章 随机变量的数字特征

随机变量的分布函数可以全面地描述该随机变量的统计规律，但在许多实际问题中，要确定一个随机变量的分布往往并不容易；另一方面，有些问题也无需知道随机变量的精确分布，只要知道该随机变量的某些特征即可. 例如，测量某零件的长度，测量结果是一个随机变量. 一般关心的是这批零件的平均长度以及测量结果的精确程度，即测量结果对平均值的偏离程度. 刻画随机变量某些方面特征的数值称为随机变量的数字特征. 本章主要研究随机变量的数学期望、方差、协方差和相关系数等数字特征.

§1 随机变量的数学期望

1.1 离散型随机变量的数学期望

先看一个例子.

某次考试全班 30 人参加，得 5 分的有 8 人，得 4 分的有 12 人，得 3 分和 2 分的各有 5 人，则全班 30 人的平均分为

$$\frac{2\times5+3\times5+4\times12+5\times8}{30}=\frac{113}{30}=3.77(\text{分}).$$

也可以用如下方法计算平均分：

$$2\times\frac{5}{30}+3\times\frac{5}{30}+4\times\frac{12}{30}+5\times\frac{8}{30}=3.77(\text{分}),$$

其中，$\frac{5}{30},\frac{5}{30},\frac{12}{30},\frac{8}{30}$分别是得 2，3，4，5 分的频率，若把得分记为随机变量 X，则 X 的取值为 k $(k=2,3,4,5)$，取值的频数为 m_k $(m_k=5,5,12,8)$，总人数 $n=30$，取值的频率为 $\frac{m_k}{n}\left(\frac{m_k}{n}=\frac{5}{30},\frac{5}{30},\frac{12}{30},\frac{8}{30}\right)$，平均得分是与随机变量 X 密切相关的，但由于频率是随人数 n 的变动而不同，所以这个数值带有一定的波动性，其中$\frac{m_k}{n}$是事件$\{X=k\}$发生的频率. 由频率稳定性(在第五章将介绍)知，当 n 很大时，频率$\frac{m_k}{n}$将在一定意义下接近于事件$\{X=k\}$的概率 p_k，用概率 p_k 代替频率$\frac{m_k}{n}$，称 $\sum\limits_{k=2}^{5}kp_k$ 为随机变量 X 的数学期望，简称期望(或均值).

下面我们给出离散型随机变量的数学期望的定义.

定义 1 设离散型随机变量 X 的分布律为

$$P\{X=x_k\}=p_k,\quad k=1,2,\cdots,$$

若级数 $\sum_{k=1}^{\infty} x_k p_k$ 绝对收敛（即级数 $\sum_{k=1}^{\infty} |x_k| p_k < +\infty$），则称级数 $\sum_{k=1}^{\infty} x_k p_k$ 的和为离散型随机变量 X 的**数学期望**（简称**期望**或**均值**），记为 $E(X)$，即

$$E(X) = \sum_{k=1}^{\infty} x_k p_k. \tag{4.1.1}$$

注意 当 X 的可能取值为有限多个，即 $x_1, x_2, \cdots, x_n$ 时，$E(X) = \sum_{k=1}^{n} x_k p_k$.

对同一个随机变量，它的取值的列举次序可以不同，但当改变列举次序时它的数学期望是不应该改变的，这就意味着无穷级数 $\sum_{k=1}^{\infty} x_k p_k$ 的求和次序发生改变时，它的和要保持不变，而级数 $\sum_{k=1}^{\infty} x_k p_k$ 绝对收敛保证了它的和不受求和次序变动的影响.

例 1 设随机变量 X 的分布律为

X	-1	0	1	2
P	0.1	0.2	0.3	0.4

求 $E(X)$.

解 $E(X) = (-1)\times 0.1 + 0\times 0.2 + 1\times 0.3 + 2\times 0.4 = 1$.

例 2 甲、乙两名射手在一次射击中的得分分别为 X, Y，其分布律分别为

X	1	2	3
P	0.4	0.1	0.5

Y	1	2	3
P	0.1	0.6	0.3

.

试比较甲、乙两射手的技术.

解 分别计算 X 和 Y 的数学期望

$$E(X) = 1\times 0.4 + 2\times 0.1 + 3\times 0.5 = 2.1,$$
$$E(Y) = 1\times 0.1 + 2\times 0.6 + 3\times 0.3 = 2.2.$$

$E(Y) > E(X)$，故乙的技术好一点.

下面给出几种常见的离散型随机变量的数学期望.

(1) 0-1 分布

设随机变量 X 的分布律为

$$P\{X=1\} = p, \quad P\{X=0\} = 1-p, \quad 0<p<1,$$

则

$$E(X) = 1\times p + 0\times(1-p) = p.$$

(2) 二项分布

设随机变量 $X \sim B(n,p)$，即

$$p_k = P\{X=k\} = \mathrm{C}_n^k p^k (1-p)^{n-k}, \quad k=0,1,\cdots,n, 0<p<1,$$

则

$$E(X) = \sum_{k=0}^{n} x_k p_k = \sum_{k=0}^{n} k \mathrm{C}_n^k p^k (1-p)^{n-k} = \sum_{k=1}^{n} k \frac{n!}{k!(n-k)!} p^k (1-p)^{n-k}$$

$$= np\sum_{k=1}^{n}\frac{(n-1)!}{(k-1)!(n-k)!}p^{k-1}(1-p)^{n-k} = np\sum_{k=1}^{n}C_{n-1}^{k-1}p^{k-1}(1-p)^{n-k}$$

$$\overset{i=k-1}{=} np\sum_{i=0}^{n-1}C_{n-1}^{i}p^{i}(1-p)^{n-1-i} = np[p+(1-p)]^{n-1} = np.$$

二项分布的数学期望 np 有明显的概率意义，比如掷硬币实验，设“出现正面”的概率为 $p=\frac{1}{2}$，若进行1 000次实验，则可以**期望**“出现正面”的次数为$1\,000\times\frac{1}{2}=500$. 再比如投掷骰子实验，设“出现 1 点”的概率为 $p=\frac{1}{6}$，若进行1 000次实验，则可以**期望**“出现 1 点”的次数为 $1\,000\times\frac{1}{6}=166.67$，这正是数学期望这一名称的由来.

(3) 泊松分布

设随机变量 $X\sim P(\lambda)$，其分布律为

$$p_k=P\{X=k\}=\frac{\lambda^k}{k!}e^{-\lambda},\quad k=0,1,2,\cdots,$$

则

$$E(X) = \sum_{k=0}^{\infty}x_kp_k = \sum_{k=0}^{\infty}k\cdot\frac{\lambda^k}{k!}e^{-\lambda}$$

$$= \lambda e^{-\lambda}\sum_{k=1}^{\infty}\frac{\lambda^{k-1}}{(k-1)!} \overset{i=k-1}{=} \lambda e^{-\lambda}\sum_{i=0}^{\infty}\frac{\lambda^i}{i!} = \lambda e^{-\lambda}e^{\lambda} = \lambda.$$

比如服从泊松分布的随机变量 X 表示某个时间段内交通事故的次数，则平均次数为参数 λ.

例 3 设随机变量 $X\sim B(n,0.08)$，已知 $E(X)=1.2$，求参数 n.

解 $E(X)=np=n\times0.08=1.2$，得 $n=\frac{1.2}{0.08}=15$.

例 4 已知随机变量服从 0-1 分布，其取值为 2 和 a，且 $P\{X=2\}=0.8$，$E(X)=1.2$，求 a.

解 由 $E(X)=2\times0.8+a(1-0.8)=1.2$，解得 $a=-2$.

下面我们介绍离散型随机变量函数的数学期望.

如果知道了随机变量 X 的分布，且 $E(X)$存在，则由定义可求出随机变量 X 的数学期望. 现在我们要讨论的是：当随机变量 Y 以随机变量的函数形式出现时，即 $Y=g(X)$，那么应该如何计算 $Y=g(X)$的数学期望呢？当然，我们可以先求出随机变量 Y 的分布，再由定义求得 $E(Y)$. 但是注意到，求随机变量函数的分布并非易事，有时甚至是很困难. 那么是否可以不先求 $g(X)$的分布而只根据 X 的分布求得 $E[g(X)]$呢？下面介绍的定理 1 就能解决此问题，定理 1 的意义在于，不用刻意去寻找 Y 的分布也能计算出 Y 的数学期望 $E(Y)$.

定理 1 设 X 为离散型随机变量，其分布律为

$$P\{X=x_k\}=p_k,\quad k=1,2,\cdots.$$

令 $Y=g(X)$. 若级数 $\sum_{k=1}^{\infty}g(x_k)p_k$ 绝对收敛，则 $Y=g(X)$ 的数学期望存在，且有

$$E(Y) = E[g(X)] = \sum_{k=1}^{\infty}g(x_k)p_k. \tag{4.1.2}$$

证明略.

例 5 设随机变量 X 的分布律为

X	-1	0	2	3
P	$\frac{1}{8}$	$\frac{1}{4}$	$\frac{3}{8}$	$\frac{1}{4}$

求 $E(X)$，$E(X^2)$，$E(-2X+1)$.

解 $E(X)=(-1)\times\frac{1}{8}+0\times\frac{1}{4}+2\times\frac{3}{8}+3\times\frac{1}{4}=\frac{11}{8}$，

$E(X^2)=(-1)^2\times\frac{1}{8}+0^2\times\frac{1}{4}+2^2\times\frac{3}{8}+3^2\times\frac{1}{4}=\frac{31}{8}$，

$E(-2X+1)=3\times\frac{1}{8}+1\times\frac{1}{4}+(-3)\times\frac{3}{8}+(-5)\times\frac{1}{4}=-\frac{7}{4}$.

例 6 测量一个正方形的边长（单位：cm），结果是一个随机变量 X，其分布律为

X	9	10	11	12
P	0.2	0.3	0.4	0.1

求周长 L 和面积 S 的数学期望.

解 $E(L)=E(4X)=36\times0.2+40\times0.3+44\times0.4+48\times0.1=41.6(\text{cm})$，

$E(S)=E(X^2)=81\times0.2+100\times0.3+121\times0.4+144\times0.1=109(\text{cm}^2)$.

1.2 连续型随机变量的数学期望

对于连续型随机变量的数学期望，可以类似于离散型随机变量的数学期望给予定义，只需将 $\sum\limits_{k=1}^{\infty}x_kp_k$ 中的求和号“$\sum\limits_{k=1}^{\infty}$”改变为积分号“$\int$”，取值“$x_k$”改变为“$x$”，分布律即概率“$p_k$”改变为“$f(x)\mathrm{d}x$”即可，其中 $f(x)$ 为连续型随机变量 X 的概率密度.

定义 2 设连续型随机变量 X 的概率密度为 $f(x)$，若广义积分 $\int_{-\infty}^{+\infty}xf(x)\mathrm{d}x$ 绝对收敛，则称积分 $\int_{-\infty}^{+\infty}xf(x)\mathrm{d}x$ 的值为连续型随机变量 X 的**数学期望**（简称为**期望**或**均值**），记为 $E(X)$，即

$$E(X)=\int_{-\infty}^{+\infty}xf(x)\mathrm{d}x. \tag{4.1.3}$$

例 7 设随机变量 X 的概率密度为

$$f(x)=\begin{cases}2-2x, & 0\leqslant x\leqslant1,\\ 0, & \text{其他}.\end{cases}$$

求 $E(X)$.

解 $E(X)=\int_{-\infty}^{+\infty}xf(x)\mathrm{d}x=\int_{-\infty}^{0}xf(x)\mathrm{d}x+\int_{0}^{1}xf(x)\mathrm{d}x+\int_{1}^{+\infty}xf(x)\mathrm{d}x$

$=\int_0^1x(2-2x)\mathrm{d}x=\int_0^1(2x-2x^2)\mathrm{d}x$

$=\left(x^2-\frac{2}{3}x^3\right)\Big|_0^1=\frac{1}{3}$.

例 8 设随机变量 X 的概率密度为

$$f(x)=\begin{cases}c\sin^2 x, & |x|\leqslant \dfrac{\pi}{2},\\ 0, & 其他.\end{cases}$$

求:(1) 常数 c;(2) $E(X)$.

解 (1) $\displaystyle\int_{-\infty}^{+\infty} f(x)\mathrm{d}x=\int_{-\frac{\pi}{2}}^{\frac{\pi}{2}} c\sin^2 x\mathrm{d}x=\int_{-\frac{\pi}{2}}^{\frac{\pi}{2}} c\left(\frac{1-\cos 2x}{2}\right)\mathrm{d}x$

$$=c\left(\frac{x}{2}-\frac{1}{4}\sin 2x\right)\Big|_{-\frac{\pi}{2}}^{\frac{\pi}{2}}=c\,\frac{\pi}{2}=1,$$

得 $c=\dfrac{2}{\pi}$.

(2) $\displaystyle E(X)=\int_{-\infty}^{+\infty} xf(x)\mathrm{d}x=\int_{-\frac{\pi}{2}}^{\frac{\pi}{2}}\frac{2}{\pi}x\sin^2 x\mathrm{d}x\xlongequal{奇函数}0.$

下面介绍几种重要连续型随机变量的数学期望.

(1) 均匀分布

设随机变量 X 服从区间$[a,b]$上的均匀分布,其概率密度为

$$f(x)=\begin{cases}\dfrac{1}{b-a}, & a\leqslant x\leqslant b,\\ 0, & 其他,\end{cases}$$

则

$$E(X)=\int_{-\infty}^{+\infty} xf(x)\mathrm{d}x=\int_a^b x\,\frac{1}{b-a}\mathrm{d}x=\frac{1}{b-a}\cdot\frac{x^2}{2}\Big|_a^b=\frac{a+b}{2}.$$

因此,在区间$[a,b]$上服从均匀分布的随机变量的数学期望是该区间的中点.

(2) 指数分布

设随机变量 X 服从参数为 $\lambda>0$ 的指数分布,其概率密度为

$$f(x)=\begin{cases}\lambda \mathrm{e}^{-\lambda x}, & x>0,\\ 0, & x\leqslant 0,\end{cases}$$

则

$$\begin{aligned}E(X)&=\int_{-\infty}^{+\infty} xf(x)\mathrm{d}x=\int_0^{+\infty} x\lambda\mathrm{e}^{-\lambda x}\mathrm{d}x\\ &=-x\mathrm{e}^{-\lambda x}\Big|_0^{+\infty}+\int_0^{+\infty}\mathrm{e}^{-\lambda x}\mathrm{d}x=0-\frac{1}{\lambda}\mathrm{e}^{-\lambda x}\Big|_0^{+\infty}=\frac{1}{\lambda}.\end{aligned}$$

(3) 正态分布

设随机变量 $X\sim N(\mu,\sigma^2)$,其概率密度为

$$f(x)=\frac{1}{\sqrt{2\pi}\sigma}\mathrm{e}^{-\frac{(x-\mu)^2}{2\sigma^2}},\quad -\infty<x<+\infty,$$

则

$$E(X)=\int_{-\infty}^{+\infty} xf(x)\mathrm{d}x=\int_{-\infty}^{+\infty} x\,\frac{1}{\sqrt{2\pi}\sigma}\mathrm{e}^{-\frac{(x-\mu)^2}{2\sigma^2}}\mathrm{d}x.$$

令 $z=\dfrac{x-\mu}{\sigma}$,则

$$E(X)=\frac{1}{\sqrt{2\pi}\sigma}\int_{-\infty}^{+\infty}(\sigma z+\mu)\mathrm{e}^{-\frac{z^2}{2}}\sigma\mathrm{d}z$$

$$= \frac{\sigma}{\sqrt{2\pi}}\int_{-\infty}^{+\infty} z\mathrm{e}^{-\frac{z^2}{2}}\mathrm{d}z + \mu\int_{-\infty}^{+\infty}\frac{1}{\sqrt{2\pi}}\mathrm{e}^{-\frac{z^2}{2}}\mathrm{d}z = 0 + \mu \times 1 = \mu.$$

由此可知，正态分布 $N(\mu,\sigma^2)$ 中的参数 μ，恰是服从正态分布的随机变量的数学期望. 这也是预料之中的结果，μ 是正态分布的中心，也是正态变量取值的集中位置；又因为正态分布是对称的，μ 应该是期望.

下面给出连续型随机变量函数的数学期望.

类似于定理 1，给出连续型随机变量函数的数学期望.

定理 2 设 X 为连续型随机变量，其概率密度为 $f_X(x)$，又随机变量 $Y = g(X)$，则当积分 $\int_{-\infty}^{+\infty} g(x) f_X(x)\mathrm{d}x$ 绝对收敛时，$Y = g(X)$ 的数学期望存在，且有

$$E(Y) = E[g(X)] = \int_{-\infty}^{+\infty} g(x) f_X(x)\mathrm{d}x. \tag{4.1.4}$$

证明略.

注意 若求出了随机变量 Y 的概率密度 $f_Y(y)$，则 $E(Y) = \int_{-\infty}^{+\infty} y f_Y(y)\mathrm{d}y$.

例 9 对圆的直径 X（单位：cm）做近似测量，设其测量值（单位：cm）服从区间（19.9，20.1）上的均匀分布，求其面积的均值.

解 记圆面积为 S，则 $S=\frac{\pi}{4}X^2$. 又已知 X 的概率密度为

$$f(x)=\begin{cases}\frac{1}{0.2}, & 19.9<x<20.1,\\ 0, & 其他,\end{cases}$$

则

$$E(S) = E\left(\frac{\pi}{4}X^2\right)= \int_{-\infty}^{+\infty}\frac{\pi}{4}x^2 f(x)\mathrm{d}x = \int_{19.9}^{20.1}\frac{\pi}{4}x^2\,\frac{1}{0.2}\mathrm{d}x = 314.16(\mathrm{cm}^2).$$

一般地，若其测量值 X 服从区间 $[a,b]$ 上的均匀分布，则其面积的数学期望为

$$E(S) = E\left(\frac{\pi}{4}X^2\right)= \int_{-\infty}^{+\infty}\frac{\pi}{4}x^2 f(x)\mathrm{d}x = \int_a^b \frac{\pi}{4}x^2\cdot\frac{1}{b-a}\mathrm{d}x = \frac{\pi}{12}(b^2+ab+a^2).$$

例 10 设随机变量 X 的概率密度为

$$f(x)=\begin{cases}x, & 0\leqslant x<1,\\ 2-x, & 1\leqslant x<2,\\ 0, & 其他.\end{cases}$$

求 $E[\,|X-E(X)|\,]$.

解 $E(X) = \int_{-\infty}^{+\infty} xf(x)\mathrm{d}x = \int_0^1 x^2\mathrm{d}x + \int_1^2 x(2-x)\mathrm{d}x = \frac{1}{3}x^3\Big|_0^1 + \left(x^2-\frac{1}{3}x^3\right)\Big|_1^2 = 1,$

$$E[\,|X-E(X)|\,]= E[\,|X-1|\,]= \int_0^1 |x-1|x\mathrm{d}x + \int_1^2 |x-1|(2-x)\mathrm{d}x$$

$$= \int_0^1 (1-x)x\mathrm{d}x + \int_1^2 (x-1)(2-x)\mathrm{d}x = \frac{1}{3}.$$

例 11 设 $X\sim N(0,1)$，$Y=\mathrm{e}^X$，求 $E(Y)$.

解 X 的概率密度为

$$f_X(x)=\frac{1}{\sqrt{2\pi}}e^{-\frac{x^2}{2}},\quad -\infty<x<+\infty,$$

则

$$E(Y)=\int_{-\infty}^{+\infty}e^x f_X(x)dx=\int_{-\infty}^{+\infty}e^x\frac{1}{\sqrt{2\pi}}e^{-\frac{x^2}{2}}dx=e^{\frac{1}{2}}\int_{-\infty}^{+\infty}\frac{1}{\sqrt{2\pi}}e^{-\frac{(x-1)^2}{2}}dx=e^{\frac{1}{2}}.$$

1.3 二维随机变量的数学期望

定理 3 (1) 若(X,Y)为二维离散型随机变量，其分布律为

$$P\{X=x_i,Y=y_j\}=p_{ij},\quad i,j=1,2,\cdots,$$

边缘分布律为

$$p_{i\cdot}=\sum_{j=1}^{\infty}p_{ij},\quad p_{\cdot j}=\sum_{i=1}^{\infty}p_{ij},\quad i,j=1,2,\cdots,$$

则

$$E(X)=\sum_{i=1}^{\infty}x_i p_{i\cdot}=\sum_{i=1}^{\infty}\left(x_i\sum_{j=1}^{\infty}p_{ij}\right)=\sum_{i=1}^{\infty}\sum_{j=1}^{\infty}x_i p_{ij},\tag{4.1.5}$$

$$E(Y)=\sum_{j=1}^{\infty}y_j p_{\cdot j}=\sum_{j=1}^{\infty}\left(y_j\sum_{i=1}^{\infty}p_{ij}\right)=\sum_{i=1}^{\infty}\sum_{j=1}^{\infty}y_j p_{ij}.\tag{4.1.6}$$

(2) 若(X,Y)为二维连续型随机变量，其概率密度为$f(x,y)$，$f_X(x)$，$f_Y(x)$分别为X，Y的边缘概率密度，则

$$E(X)=\int_{-\infty}^{+\infty}xf_X(x)dx=\int_{-\infty}^{+\infty}\int_{-\infty}^{+\infty}xf(x,y)dxdy,\tag{4.1.7}$$

$$E(Y)=\int_{-\infty}^{+\infty}yf_Y(y)dy=\int_{-\infty}^{+\infty}\int_{-\infty}^{+\infty}yf(x,y)dxdy.\tag{4.1.8}$$

证明略.

定理 4 设$g(x,y)$为连续函数，对于二维随机变量(X,Y)的函数$g(X,Y)$，

(1) 若(X,Y)为二维离散型随机变量，级数$\sum_{i=1}^{\infty}\sum_{j=1}^{\infty}g(x_i,y_j)p_{ij}$绝对收敛，则

$$E[g(X,Y)]=\sum_{i=1}^{\infty}\sum_{j=1}^{\infty}g(x_i,y_j)p_{ij}.\tag{4.1.9}$$

(2) 若(X,Y)为二维连续型随机变量，且积分$\int_{-\infty}^{+\infty}\int_{-\infty}^{+\infty}g(x,y)f(x,y)dxdy$绝对收敛，则

$$E[g(X,Y)]=\int_{-\infty}^{+\infty}\int_{-\infty}^{+\infty}g(x,y)f(x,y)dxdy.\tag{4.1.10}$$

证明略.

例 12 设二维随机变量(X,Y)的分布律为

X \ Y	2	3
0	0.2	0
1	0.3	0.5

求：(1)$E(X+Y)$；(2)$E(XY)$.

解 (1) $E(X+Y)=\sum_{i=1}^{2}\sum_{j=1}^{2}(x_i+y_j)p_{ij}$

$=(0+2)\times 0.2+(0+3)\times 0+(1+2)\times 0.3+(1+3)\times 0.5=3.3.$

(2) $E(XY)=\sum_{i=1}^{2}\sum_{j=1}^{2}(x_iy_j)p_{ij}$

$=(0\times 2)\times 0.2+(0\times 3)\times 0+(1\times 2)\times 0.3+(1\times 3)\times 0.5=2.1.$

例 13 设二维随机变量(X,Y)的概率密度为

$$f(x,y)=\begin{cases}c, & -1\leqslant x\leqslant 1,0\leqslant y\leqslant 2,\\ 0, & \text{其他}.\end{cases}$$

求：(1) 常数c；(2) $E(X+Y)$；(3) $E(XY)$.

解 (1) $\int_{-\infty}^{+\infty}\int_{-\infty}^{+\infty}f(x,y)\mathrm{d}x\mathrm{d}y=\int_{-1}^{1}\int_{0}^{2}c\mathrm{d}x\mathrm{d}y=4c=1$，得$c=\frac{1}{4}$.

(2) $E(X+Y)=\int_{-\infty}^{+\infty}\int_{-\infty}^{+\infty}(x+y)f(x,y)\mathrm{d}x\mathrm{d}y$

$=\int_{-1}^{1}\int_{0}^{2}(x+y)\frac{1}{4}\mathrm{d}x\mathrm{d}y=\frac{1}{4}\int_{-1}^{1}\int_{0}^{2}x\mathrm{d}x\mathrm{d}y+\frac{1}{4}\int_{-1}^{1}\int_{0}^{2}y\mathrm{d}x\mathrm{d}y$

$=\frac{1}{2}\left(\frac{x^2}{2}\right)\Big|_{-1}^{1}+\frac{1}{2}\left(\frac{y^2}{2}\right)\Big|_{0}^{2}=1.$

(3) $E(XY)=\int_{-\infty}^{+\infty}\int_{-\infty}^{+\infty}(xy)f(x,y)\mathrm{d}x\mathrm{d}y$

$=\int_{-1}^{1}\int_{0}^{2}(xy)\frac{1}{4}\mathrm{d}x\mathrm{d}y=\frac{1}{4}\left(\int_{-1}^{1}x\mathrm{d}x\right)\left(\int_{0}^{2}y\mathrm{d}y\right)=0.$

1.4 数学期望的性质

下面介绍数学期望的几个重要性质.理解并熟练掌握这些性质，对随机变量的数学期望的计算是大有益处的，有时甚至可大大降低计算的难度.以下性质对离散型随机变量和连续型随机变量而言，假设所遇到的随机变量的数学期望都是存在的.

性质 1 设c是常数，则$E(c)=c$.

证明 常数c作为随机变量，它只可能取一个值c，即$P\{X=c\}=1$，所以

$$E(c)=c\times 1=c.$$

性质 2 设X为随机变量，c是常数，则$E(cX)=cE(X)$.

证明 当X为连续型随机变量时，其概率密度为$f(x)$，则

$$E(cX)=\int_{-\infty}^{+\infty}cxf(x)\mathrm{d}x=c\int_{-\infty}^{+\infty}xf(x)\mathrm{d}x=cE(X).$$

当X为离散型随机变量时，请读者自己完成证明.

性质 3 设X,Y均为随机变量，则

$$E(X+Y)=E(X)+E(Y).$$

证明 仅证连续型情形.设(X,Y)为二维随机变量，其概率密度为$f(x,y)$，$Z=X+Y$是(X,Y)的函数，有

$$E(Z)=E(X+Y)=\int_{-\infty}^{+\infty}\int_{-\infty}^{+\infty}(x+y)f(x,y)\mathrm{d}x\mathrm{d}y$$

$$= \int_{-\infty}^{+\infty}\int_{-\infty}^{+\infty} xf(x,y)\mathrm{d}x\mathrm{d}y + \int_{-\infty}^{+\infty}\int_{-\infty}^{+\infty} yf(x,y)\mathrm{d}x\mathrm{d}y$$
$$= E(X) + E(Y).$$

一般地，设 $X_1, X_2, \cdots, X_n, n\geqslant 2$ 均为随机变量，结合性质 2 和性质 3 可得

$$E\left(\sum_{k=1}^{n} c_k X_k\right) = c_k \sum_{k=1}^{n} E(X_k),$$

其中 $c_k, k=1,2,\cdots,n$ 是常数.

性质 4 设 X 与 Y 为相互独立的随机变量，则 $E(XY)=E(X)E(Y)$.

证明 仅证连续型情形. 设 (X,Y) 为二维连续型随机变量，其概率密度为 $f(x,y)$，由于 X 与 Y 相互独立，则 $f(x,y)=f_X(x)f_Y(y)$，从而

$$E(XY) = \int_{-\infty}^{+\infty}\int_{-\infty}^{+\infty} xyf(x,y)\mathrm{d}x\mathrm{d}y = \int_{-\infty}^{+\infty}\int_{-\infty}^{+\infty} xyf_X(x)f_Y(y)\mathrm{d}x\mathrm{d}y$$
$$= \left(\int_{-\infty}^{+\infty} xf_X(x)\mathrm{d}x\right)\left(\int_{-\infty}^{+\infty} yf_Y(y)\mathrm{d}y\right) = E(X)E(Y).$$

故得证.

一般地，当 $X_1, X_2, \cdots, X_n, n\geqslant 2$ 相互独立时，有

$$E(X_1X_2\cdots X_n) = E(X_1)E(X_2)\cdots E(X_n).$$

例 14 设随机变量 $X\sim B(n,p)$，利用数学期望的性质求 $E(X)$.

解 在 n 重伯努利试验中，令

$$X_k = \begin{cases} 1, & A\text{ 在第 } k \text{ 次试验中出现}, \\ 0, & \text{其他}, \end{cases} \quad k=1,2,\cdots,n,$$

易知 $X = X_1 + X_2 + \cdots + X_n$.

又因为 $X_k, k=1,2,\cdots,n$ 服从 0-1 分布，所以有 $E(X_k)=p$，故由性质 3 得

$$E(X) = E(X_1) + E(X_2) + \cdots + E(X_n) = np.$$

可以看出，用性质计算数学期望比用定义要简便得多.

习 题 4.1

1. 设随机变量 X 的概率密度为

(1) $f(x)=\begin{cases} 2x, & 0\leqslant x\leqslant 1, \\ 0, & \text{其他}; \end{cases}$　　(2) $f(x)=\dfrac{1}{2}\mathrm{e}^{-|x|}, -\infty<x<+\infty$.

求 $E(X)$.

2. 设随机变量 X 的分布函数为

$$F(x)=\begin{cases} 0, & x<-1, \\ a+b\arcsin x, & -1\leqslant x<1, \\ 1, & x\geqslant 1. \end{cases}$$

试确定常数 a,b，并求 $E(X)$.

3. 设随机变量 X 的概率密度为

$$f(x)=\begin{cases}\dfrac{1}{\sigma^2}e^{-\frac{x^2}{2\sigma^2}}, & x>0,\\ 0, & x\leqslant 0.\end{cases}$$

求 $E(X)$.

4. 设 $X_1,X_2,\cdots,X_n$ 独立同分布，数学期望为 μ，且设 $Y=\dfrac{1}{n}\sum\limits_{k=1}^{n}X_k$，求 $E(Y)$.

5. 设二维随机变量(X,Y)的概率密度为

$$f(x,y)=\begin{cases}e^{-y}, & 0\leqslant x\leqslant 1, y>0,\\ 0, & \text{其他}.\end{cases}$$

求 $E(X+Y)$.

6. 设随机变量 X_1 与 X_2 相互独立，且 X_1,X_2 的概率密度分别为

$$f_1(x)=\begin{cases}2e^{-2x}, & x>0,\\ 0, & x\leqslant 0,\end{cases}\qquad f_2(x)=\begin{cases}3e^{-3x}, & x>0,\\ 0, & x\leqslant 0.\end{cases}$$

求：(1) $E(2X_1+3X_2)$；(2) $E(2X_1-3X_2^2)$；(3) $E(X_1X_2)$.

7. 已知二维随机变量(X,Y)的分布律为

X \ Y	1	2	3
1	0.1	0.2	0.1
2	0.3	0.1	0.2

求 $E(X),E(Y)$.

8. 设随机变量 X 的概率密度为

$$f(x)=\begin{cases}cx^{\alpha}, & 0\leqslant x\leqslant 1,\\ 0, & \text{其他},\end{cases}$$

且 $E(X)=0.75$，求常数 c 和 α.

§2 方　差

2.1 方差的概念

数学期望反映了随机变量取值的平均水平，是一个很重要的数字特征. 但在某些场合，只知道数学期望还是不够的. 如设随机变量 X 服从区间$[-1,1]$上的均匀分布，Y 服从区间$[-1\ 000,1\ 000]$上的均匀分布. 易知 $E(X)=E(Y)$，但随机变量 Y 取值的波动性明显大于 X，而数学期望无法描述 X 与 Y 的这种差异性. 为此，需引入随机变量的另一重要的数字特征，即方差的概念.

定义 3 设 X 为随机变量，若 $E[X-E(X)]^2$ 存在，则称它为随机变量 X 的**方差**，记为 $D(X)$，即

$$D(X)=E[X-E(X)]^2,$$

称$\sqrt{D(X)}$为随机变量X的**标准差**，或**均方差**.

由定义可知，$D(X)$是X的函数$[X-E(X)]^2$的数学期望，它描述了随机变量X与其数学期望$E(X)$的偏离程度. $D(X)$越小，说明X取值越集中；反之，$D(X)$越大，说明X取值越分散，即$D(X)$反映了X取值的波动性大小.

若X为离散型随机变量，其分布律为$P\{X=x_k\}=p_k,k=1,2,\cdots$，则由(4.1.2)式有

$$D(X)=\sum_{k=1}^{\infty}[x_k-E(X)]^2p_k. \tag{4.2.1}$$

若X为连续型随机变量，其概率密度为$f(x)$，则由(4.1.4)式有

$$D(X)=\int_{-\infty}^{+\infty}[x-E(X)]^2f(x)\mathrm{d}x. \tag{4.2.2}$$

事实上，不论X为离散型还是连续型随机变量，通常采用下式计算方差：

$$D(X)=E(X^2)-[E(X)]^2. \tag{4.2.3}$$

可见，X的方差等于X^2的数学期望减去X的数学期望的平方. 以下利用数学期望的性质可给出(4.2.3)式的证明.

$$\begin{aligned}D(X)&=E[X-E(X)]^2=E[X^2-2XE(X)+[E(X)]^2]\\&=E(X^2)-2E(X)E(X)+[E(X)]^2\\&=E(X^2)-[E(X)]^2.\end{aligned}$$

当X为离散型随机变量时，有

$$D(X)=\sum_{k=1}^{\infty}x_k^2p_k-\left(\sum_{k=1}^{\infty}x_kp_k\right)^2. \tag{4.2.4}$$

当X为连续型随机变量时，有

$$D(X)=\int_{-\infty}^{+\infty}x^2f(x)\mathrm{d}x-\left(\int_{-\infty}^{+\infty}xf(x)\mathrm{d}x\right)^2. \tag{4.2.5}$$

例 15 设随机变量X的分布律为

X	-1	0	1
P	0.2	0.3	0.5

求$D(X)$.

解 法一 $E(X)=(-1)\times0.2+0\times0.3+1\times0.5=0.3$；

$$\begin{aligned}D(X)&=(-1-0.3)^2\times0.2+(0-0.3)^2\times0.3+(1-0.3)^2\times0.5\\&=0.61.\end{aligned}$$

法二 $E(X^2)=(-1)^2\times0.2+0^2\times0.3+1^2\times0.5=0.7$；

$D(X)=E(X^2)-[E(X)]^2=0.7-0.3^2=0.61.$

例 16 设随机变量X的概率密度为

$$f(x)=\begin{cases}1, & 0\leqslant x\leqslant1,\\0, & \text{其他}.\end{cases}$$

求$D(X)$.

解 法一 $E(X)=\int_{-\infty}^{+\infty}xf(x)\mathrm{d}x=\int_0^1x\mathrm{d}x=\frac{1}{2}$；

$$D(X)=\int_{-\infty}^{+\infty}[x-E(X)]^2 f(x)\mathrm{d}x=\int_0^1(x-\frac{1}{2})^2\mathrm{d}x=\frac{1}{12}.$$

法二 $E(X^2)=\int_{-\infty}^{+\infty}x^2 f(x)\mathrm{d}x=\int_0^1 x^2\mathrm{d}x=\frac{1}{3}$；

$$D(X)=E(X^2)-[E(X)]^2=\frac{1}{3}-\left(\frac{1}{2}\right)^2=\frac{1}{12}.$$

例 17 若随机变量 X 的数学期望 $E(X)=-2$，方差 $D(X)=4$，求 $E(X^2)$.

解 由 $D(X)=E(X^2)-[E(X)]^2$，得

$$E(X^2)=D(X)+[E(X)]^2=4+(-2)^2=8.$$

例 18 设随机变量 X 的概率密度为

$$f(x)=\begin{cases}1+x, & -1\leqslant x<0,\\ 1-x, & 0\leqslant x\leqslant 1,\\ 0, & \text{其他}.\end{cases}$$

求 $D(X)$.

解 $E(X)=\int_{-\infty}^{+\infty}xf(x)\mathrm{d}x=\int_{-1}^{0}x(1+x)\mathrm{d}x+\int_0^1 x(1-x)\mathrm{d}x$

$$=\left(\frac{x^2}{2}+\frac{x^3}{3}\right)\Bigg|_{-1}^{0}+\left(\frac{x^2}{2}-\frac{x^3}{3}\right)\Bigg|_0^1=0.$$

注意 当 $x\geqslant 0$ 时，$f(x)=1-x$，此时 $-x\leqslant 0$，得

$$f(-x)=1-x=f(x),$$

即 $f(x)$ 是区间 $[-1,1]$ 上的偶函数，从而 $xf(x)$ 是区间 $[-1,1]$ 上的奇函数，则

$$E(X)=\int_{-\infty}^{+\infty}xf(x)\mathrm{d}x=\int_{-1}^{1}xf(x)\mathrm{d}x=0.$$

由

$$E(X^2)=\int_{-\infty}^{+\infty}x^2 f(x)\mathrm{d}x=\int_{-1}^{0}x^2(1+x)\mathrm{d}x+\int_0^1 x^2(1-x)\mathrm{d}x$$

$$=\left(\frac{x^3}{3}+\frac{x^4}{4}\right)\Bigg|_{-1}^{0}+\left(\frac{x^3}{3}-\frac{x^4}{4}\right)\Bigg|_0^1=\frac{1}{6},$$

从而

$$D(X)=E(X^2)-[E(X)]^2=\frac{1}{6}.$$

例 19 设随机变量 X 的概率密度为

$$f(x)=\begin{cases}ax^2+bx+c, & 0<x<1,\\ 0, & \text{其他}.\end{cases}$$

已知 $E(X)=0.5$，$D(X)=0.15$，求常数 a,b,c.

解 由 $\int_{-\infty}^{+\infty}f(x)\mathrm{d}x=1$，知

$$\int_0^1(ax^2+bx+c)\mathrm{d}x=1,$$

即

$$\frac{a}{3}+\frac{b}{2}+c=1.$$

由 $E(X)=0.5$，知

$$\int_{-\infty}^{+\infty} xf(x)\mathrm{d}x=\int_0^1 x(ax^2+bx+c)\mathrm{d}x=0.5,$$

即

$$\frac{a}{4}+\frac{b}{3}+\frac{c}{2}=0.5.$$

由 $D(X)=0.15$，$E(X)=0.5$，知

$$E(X^2)=D(X)+[E(X)]^2=0.4,$$

从而

$$\int_{-\infty}^{+\infty} x^2 f(x)\mathrm{d}x=\int_0^1 x^2(ax^2+bx+c)\mathrm{d}x=0.4,$$

即

$$\frac{a}{5}+\frac{b}{4}+\frac{c}{3}=0.4.$$

解得

$$a=12,\quad b=-12,\quad c=3.$$

2.2 常见随机变量的方差

1. 0-1 分布

设随机变量 X 服从 0-1 分布，其分布律为

$$P\{X=1\}=p,\quad P\{X=0\}=1-p,\quad 0<p<1,$$

则 X 的方差为

$$D(X)=p(1-p).$$

事实上，因为 X 服从 0-1 分布，所以 $E(X)=p$. 又

$$E(X^2)=0^2\times(1-p)+1^2\times p=p,$$

故

$$D(X)=E(X^2)-[E(X)]^2=p-p^2=p(1-p).$$

2. 二项分布

设随机变量 $X\sim B(n,p)$，其分布律为

$$p_k=P\{X=k\}=\mathrm{C}_n^k p^k(1-p)^{n-k},\quad k=0,1,\cdots,n,0<p<1,$$

则 X 的方差为

$$D(X)=np(1-p).$$

事实上，因为

$$E(X)=\sum_{k=0}^n x_k p_k=\sum_{k=0}^n k\mathrm{C}_n^k p^k(1-p)^{n-k}=np,$$

计算 $E(X^2)$ 有

$$\begin{aligned}E(X^2)&=\sum_{k=0}^n x_k^2 p_k=\sum_{k=0}^n k^2\mathrm{C}_n^k p^k(1-p)^{n-k}=\sum_{k=0}^n[k(k-1)+k]\mathrm{C}_n^k p^k(1-p)^{n-k}\\&=\sum_{k=0}^n k(k-1)\mathrm{C}_n^k p^k(1-p)^{n-k}+\sum_{k=0}^n k\mathrm{C}_n^k p^k(1-p)^{n-k}\end{aligned}$$

$$= \sum_{k=0}^{n} k(k-1) \frac{n!}{k!(n-k)!} p^k (1-p)^{n-k} + np$$

$$= n(n-1)p^2 \sum_{k=2}^{n} \frac{(n-2)!}{(k-2)!(n-k)!} p^{k-2} (1-p)^{n-k} + np$$

$$= n(n-1)p^2 \sum_{k=2}^{n} C_{n-2}^{k-2} p^{k-2} (1-p)^{n-k} + np$$

$$\overset{i=k-2}{=} n(n-1)p^2 \sum_{i=0}^{n-2} C_{n-2}^{i} p^{i} (1-p)^{n-2-i} + np$$

$$= n(n-1)p^2 [p+(1-p)]^{n-2} + np = n(n-1)p^2 + np.$$

所以

$$D(X)=E(X^2)-[E(X)]^2=n(n-1)p^2+np-(np)^2=np(1-p).$$

例 20 已知随机变量 $X \sim B(n,p)$，且 $E(X)=1.6$，$D(X)=1.28$，求二项分布的参数 n,p.

解 已知 $E(X)=np=1.6$，$D(X)=np(1-p)=1.28$，可得

$$1-p=\frac{D(X)}{E(X)}=\frac{1.28}{1.6}=0.8, \quad 即 \quad p=0.2,$$

进而，$n=8$.

3. 泊松分布

设随机变量 $X \sim P(\lambda)$ 分布，其分布律为

$$p_k=P\{X=k\}=\frac{\lambda^k}{k!}e^{-\lambda}, \quad k=0,1,\cdots,$$

则 X 的方差为

$$D(X)=\lambda.$$

事实上，因为 $X \sim P(\lambda)$，所以

$$E(X)=\sum_{k=0}^{\infty} k \frac{\lambda^k}{k!}e^{-\lambda}=\lambda,$$

又

$$E(X^2)=\sum_{k=0}^{\infty} k^2 p_k=\sum_{k=0}^{\infty} k^2 \frac{\lambda^k}{k!}e^{-\lambda}=\sum_{k=0}^{\infty} k(k-1)\frac{\lambda^k}{k!}e^{-\lambda}+\sum_{k=0}^{\infty} k \frac{\lambda^k}{k!}e^{-\lambda}$$

$$=\lambda^2 e^{-\lambda} \sum_{k=2}^{\infty} \frac{\lambda^{k-2}}{(k-2)!}+\lambda \overset{i=k-2}{=} \lambda^2 e^{-\lambda} \sum_{i=0}^{\infty} \frac{\lambda^i}{i!}+\lambda$$

$$=\lambda^2 e^{-\lambda} e^{\lambda}+\lambda=\lambda^2+\lambda.$$

故

$$D(X)=E(X^2)-[E(X)]^2=\lambda^2+\lambda-\lambda^2=\lambda.$$

由此可见，泊松分布中的参数 λ，既是服从泊松分布的随机变量的数学期望，又是该随机变量的方差.

例 21 设随机变量 $X \sim P(\lambda)$，且 $P\{X=1\}=P\{X=2\}$，求 $D(X)$.

解 由已知 $P\{X=1\}=\frac{\lambda^1 e^{-\lambda}}{1!}$，$P\{X=2\}=\frac{\lambda^2 e^{-\lambda}}{2!}$，得 $\frac{\lambda^1 e^{-\lambda}}{1}=\frac{\lambda^2 e^{-\lambda}}{2}$，即 $\lambda=2$. 因此，

$$D(X)=\lambda=2.$$

4. 均匀分布

设随机变量 X 服从区间$[a,b]$上的均匀分布，其概率密度为

$$f(x)=\begin{cases}\dfrac{1}{b-a}, & a\leqslant x\leqslant b,\\ 0, & \text{其他},\end{cases}$$

则 X 的方差为

$$D(X)=\frac{(b-a)^2}{12}.$$

事实上，因为 $X\sim U(a,b)$，所以 $E(X)=\dfrac{a+b}{2}$，又

$$E(X^2)=\int_{-\infty}^{+\infty}x^2f(x)\mathrm{d}x=\int_a^b x^2\frac{1}{b-a}\mathrm{d}x=\frac{1}{b-a}\cdot\frac{x^3}{3}\bigg|_a^b=\frac{a^2+ab+b^2}{3},$$

所以

$$D(X)=E(X^2)-[E(X)]^2=\frac{a^2+ab+b^2}{3}-\left(\frac{a+b}{2}\right)^2=\frac{(b-a)^2}{12}.$$

例 22 设随机变量 X 在区间$[a,b]$上服从均匀分布，且 $E(X)=2,D(X)=\dfrac{1}{3}$，求 $P\{X>2.5\}$.

解 由已知 $E(X)=\dfrac{a+b}{2}=2,D(X)=\dfrac{(b-a)^2}{12}=\dfrac{1}{3}$，得

$$a+b=4,\quad b-a=2,$$

解得

$$a=1,\quad b=3,$$

所以 X 的概率密度为

$$f(x)=\begin{cases}\dfrac{1}{2}, & 1\leqslant x\leqslant 3,\\ 0, & \text{其他}.\end{cases}$$

从而，

$$P\{X>2.5\}=\int_{2.5}^{3}\frac{1}{2}\mathrm{d}x=0.25.$$

5. 指数分布

设随机变量 X 服从参数为 λ 的指数分布，其概率密度为

$$f(x)=\begin{cases}\lambda e^{-\lambda x}, & x>0,\\ 0, & x\leqslant 0,\end{cases}$$

则 X 的方差为

$$D(X)=\frac{1}{\lambda^2}.$$

因为 X 服从参数为 λ 的指数分布，所以 $E(X)=\dfrac{1}{\lambda}$，而

$$E(X^2)=\int_{-\infty}^{+\infty}x^2f(x)\mathrm{d}x=\int_0^{+\infty}x^2\lambda e^{-\lambda x}\mathrm{d}x$$

$$=-\int_0^{+\infty} x^2 \mathrm{d}e^{-\lambda x} = -x^2 \mathrm{d}e^{-\lambda x}\Big|_0^{+\infty} + \int_0^{+\infty} 2x e^{-\lambda x}\mathrm{d}x$$
$$= 0 + \frac{2}{\lambda}\int_0^{+\infty} x\lambda e^{-\lambda x}\mathrm{d}x = \frac{2}{\lambda}\cdot\frac{1}{\lambda} = \frac{2}{\lambda^2},$$

所以

$$D(X)=E(X^2)-[E(X)]^2$$
$$=\frac{2}{\lambda^2}-\frac{1}{\lambda^2}=\frac{1}{\lambda^2}.$$

6. 正态分布

设随机变量 $X\sim N(\mu,\sigma^2)$，其概率密度为

$$f(x)=\frac{1}{\sqrt{2\pi}\sigma}e^{-\frac{(x-\mu)^2}{2\sigma^2}},\quad -\infty<x<+\infty,$$

则 X 的方差为

$$D(X)=\sigma^2.$$

事实上，因为 $X\sim N(\mu,\sigma^2)$，所以 $E(X)=\mu$. 根据方差的定义，有

$$D(X)=\int_{-\infty}^{+\infty}[x-E(X)]^2 f(x)\mathrm{d}x$$
$$=\int_{-\infty}^{+\infty}(x-\mu)^2\frac{1}{\sqrt{2\pi}\sigma}e^{-\frac{(x-\mu)^2}{2\sigma^2}}\mathrm{d}x.$$

令 $\frac{x-\mu}{\sigma}=t$，得

$$D(X)=\frac{\sigma^2}{\sqrt{2\pi}}\int_{-\infty}^{+\infty}t^2 e^{-\frac{t^2}{2}}\mathrm{d}t=\frac{\sigma^2}{\sqrt{2\pi}}\left(-te^{-\frac{t^2}{2}}\Big|_{-\infty}^{+\infty}+\int_{-\infty}^{+\infty}e^{-\frac{t^2}{2}}\mathrm{d}t\right)$$
$$=0+\frac{\sigma^2}{\sqrt{2\pi}}\int_{-\infty}^{+\infty}e^{-\frac{t^2}{2}}\mathrm{d}t=\sigma^2.$$

由此可见，正态分布 $N(\mu,\sigma^2)$ 中的参数 σ^2，就是服从正态分布的随机变量的方差. 由上节讨论知，正态分布 $N(\mu,\sigma^2)$ 中的参数 μ 是服从正态分布的随机变量的数学期望. 至此，正态分布 $N(\mu,\sigma^2)$ 中的两个参数都有了明确的含义.

例 23 设随机变量 $X\sim N(0,1)$，求 $D(|X|)$.

解 $E(|X|)=\int_{-\infty}^{+\infty}|x|\frac{1}{\sqrt{2\pi}}e^{-\frac{x^2}{2}}\mathrm{d}x=\frac{2}{\sqrt{2\pi}}\int_0^{+\infty}xe^{-\frac{x^2}{2}}\mathrm{d}x$

$$=-\frac{2}{\sqrt{2\pi}}\int_0^{+\infty}\mathrm{d}e^{-\frac{x^2}{2}}=-\frac{2}{\sqrt{2\pi}}e^{-\frac{x^2}{2}}\Big|_0^{+\infty}=\sqrt{\frac{2}{\pi}},$$

另

$$E(|X|^2)=E(X^2)=D(X)+[E(X)]^2=1,$$

则

$$D(|X|)=E(|X|^2)-[E(|X|)]^2=1-\frac{2}{\pi}.$$

例 24 设二维离散型随机变量 (X,Y) 的分布律为

X \ Y	0	$\frac{1}{3}$	1
−1	0	$\frac{1}{4}$	$\frac{1}{3}$
0	$\frac{1}{6}$	0	0
2	$\frac{1}{4}$	0	0

求 $E(X),E(Y),D(X),D(Y)$.

解 X 的边缘分布律为

X	−1	0	2
P	$\frac{7}{12}$	$\frac{1}{6}$	$\frac{1}{4}$

则有

$$E(X)=(-1)\times\frac{7}{12}+0\times\frac{1}{6}+2\times\frac{1}{4}=-\frac{1}{12},$$

$$E(X^2)=(-1)^2\times\frac{7}{12}+0^2\times\frac{1}{6}+2^2\times\frac{1}{4}=\frac{19}{12},$$

$$D(X)=E(X^2)-[E(X)]^2=\frac{19}{12}-\frac{1}{144}=\frac{227}{144}.$$

Y 的边缘分布律为

Y	0	$\frac{1}{3}$	1
P	$\frac{5}{12}$	$\frac{1}{4}$	$\frac{1}{3}$

则有

$$E(Y)=0\times\frac{5}{12}+\frac{1}{3}\times\frac{1}{4}+1\times\frac{1}{3}=\frac{5}{12},$$

$$E(Y^2)=0^2\times\frac{5}{12}+\left(\frac{1}{3}\right)^2\times\frac{1}{4}+1^2\times\frac{1}{3}=\frac{13}{36},$$

$$D(Y)=E(Y^2)-[E(Y)]^2=\frac{13}{36}-\left(\frac{5}{12}\right)^2=\frac{27}{144}.$$

例 25 设二维随机变量 (X,Y) 的概率密度为

$$f(x,y)=\begin{cases}\frac{1}{2}, & 0<x<1,0<y<2,\\ 0, & \text{其他}.\end{cases}$$

求 $E(X),E(Y),D(X),D(Y)$.

解 X 的概率密度为

$$f_X(x)=\int_{-\infty}^{+\infty}f(x,y)\mathrm{d}y=\begin{cases}1, & 0<x<1,\\ 0, & \text{其他},\end{cases}$$

则有

$$E(X)=\int_{-\infty}^{+\infty}xf_X(x)\mathrm{d}x=\int_0^1 x\mathrm{d}x=\frac{1}{2},$$

$$E(X^2)=\int_{-\infty}^{+\infty}x^2f_X(x)\mathrm{d}x=\int_0^1 x^2\mathrm{d}x=\frac{1}{3},$$

$$D(X)=E(X^2)-[E(X)]^2=\frac{1}{3}-\left(\frac{1}{2}\right)^2=\frac{1}{12}.$$

Y 的概率密度为

$$f_Y(y)=\int_{-\infty}^{+\infty}f(x,y)\mathrm{d}x=\begin{cases}\frac{1}{2}, & 0<y<2,\\ 0, & \text{其他},\end{cases}$$

则有

$$E(Y)=\int_{-\infty}^{+\infty}yf_Y(y)\mathrm{d}y=\int_0^2 y\,\frac{1}{2}\mathrm{d}y=1,$$

$$E(Y^2)=\int_{-\infty}^{+\infty}y^2f_Y(y)\mathrm{d}y=\int_0^2 y^2\,\frac{1}{2}\mathrm{d}y=\frac{4}{3},$$

$$D(Y)=E(Y^2)-[E(Y)]^2=\frac{4}{3}-1^2=\frac{1}{3}.$$

例 26 设二维随机变量(X,Y)服从区域 D 上的均匀分布，其中 D 是由 x 轴、y 轴及直线 $x+y=1$所围成的平面区域，求 $D(X)$.

解 因为 D 的面积等于$\frac{1}{2}$，所以(X,Y)的概率密度为

$$f(x,y)=\begin{cases}2, & (x,y)\in D,\\ 0, & \text{其他}.\end{cases}$$

法一 X 的概率密度为

$$f_X(x)=\int_{-\infty}^{+\infty}f(x,y)\mathrm{d}y=\begin{cases}\int_0^{1-x}2\mathrm{d}y, & 0\leqslant x\leqslant 1,\\ 0, & \text{其他}\end{cases}=\begin{cases}2(1-x), & 0\leqslant x\leqslant 1,\\ 0, & \text{其他},\end{cases}$$

则

$$E(X)=\int_{-\infty}^{+\infty}xf_X(x)\mathrm{d}x=\int_0^1 2x(1-x)\mathrm{d}x=\left(x^2-\frac{2}{3}x^3\right)\Big|_0^1=\frac{1}{3},$$

$$E(X^2)=\int_{-\infty}^{+\infty}x^2f_X(x)\mathrm{d}x=\int_0^1 2x^2(1-x)\mathrm{d}x=\left(\frac{2}{3}x^3-\frac{2}{4}x^4\right)\Big|_0^1=\frac{1}{6},$$

$$D(X)=E(X^2)-[E(X)]^2=\frac{1}{6}-\left(\frac{1}{3}\right)^2=\frac{1}{18}.$$

法二

$$E(X)=\int_{-\infty}^{+\infty}\int_{-\infty}^{+\infty}xf(x,y)\mathrm{d}x\mathrm{d}y=\int_0^1\left(\int_0^{1-x}2x\mathrm{d}y\right)\mathrm{d}x=\int_0^1 2x(1-x)\mathrm{d}x=\frac{1}{3},$$

$$E(X^2)=\int_{-\infty}^{+\infty}\int_{-\infty}^{+\infty}x^2f(x,y)\mathrm{d}x\mathrm{d}y=\int_0^1\left(\int_0^{1-x}2x^2\mathrm{d}y\right)\mathrm{d}x=\int_0^1 2x^2(1-x)\mathrm{d}x=\frac{1}{6},$$

$$D(X)=E(X^2)-[E(X)]^2=\frac{1}{6}-\left(\frac{1}{3}\right)^2=\frac{1}{18}.$$

2.3 方差的性质

假设以下所遇到的随机变量的方差都是存在的.

性质 5 设 X 为随机变量, c 是常数,则

$$D(c)=0, \quad D(X+c)=D(X).$$

证明 $D(c)=E[c-E(c)]^2=E(c-c)^2=E(0)=0.$

$$\begin{aligned}D(X+c)&=E[(X+c)-E(X+c)]^2=E[X+c-E(X)-c]^2\\&=E[X-E(X)]^2=D(X).\end{aligned}$$

性质 6 设 X 为随机变量, c 是常数,则 $D(cX)=c^2D(X)$. 特别地,当 $c=-1$ 时, $D(-X)=D(X)$.

证明
$$\begin{aligned}D(cX)&=E[cX-E(cX)]^2=E[cX-cE(X)]^2\\&=c^2E[X-E(X)]^2=c^2D(X).\end{aligned}$$

性质 7 设 X 与 Y 为相互独立的随机变量,则

$$D(X+Y)=D(X)+D(Y).$$

证明
$$\begin{aligned}D(X+Y)&=E[(X+Y)-E(X+Y)]^2\\&=E[(X-E(X))+(Y-E(Y))]^2\\&=E[(X-E(X))^2+(Y-E(Y))^2+2(X-E(X))(Y-E(Y))]\\&=E[X-E(X)]^2+E[Y-E(Y)]^2+2E[(X-E(X))(Y-E(Y))]\\&=D(X)+D(Y)+2E[(X-E(X))(Y-E(Y))].\end{aligned}$$

因为 X 与 Y 相互独立,故由数学期望的性质得

$$\begin{aligned}E[(X-E(X))(Y-E(Y))]&=E[XY-XE(Y)-YE(X)+E(X)E(Y)]\\&=E(XY)-E(X)E(Y)-E(Y)E(X)+E(X)E(Y)\\&=E(XY)-E(X)E(Y)=0.\end{aligned}$$

因此证得

$$D(X+Y)=D(X)+D(Y).$$

推广,设 $X_1,X_2,\cdots,X_n,n\geqslant 2$ 为相互独立的随机变量,则

$$D(X_1+X_2+\cdots+X_n)=D(X_1)+D(X_2)+\cdots+D(X_n).$$

下面将这一性质应用于二项分布.

例 27 设 $X_1,X_2,\cdots,X_n,n\geqslant 2$ 为相互独立的随机变量,都服从 0-1 分布,有

$$P\{X_i=1\}=p, \quad P\{X_i=0\}=1-p, \quad i=1,\cdots,n,0<p<1.$$

设 $X=X_1+X_2+\cdots+X_n$,证明 $X\sim B(n,p)$,并求 $E(X),D(X)$.

解 X 的可能取值是 $0,1,2,\cdots,n$,则

$$\begin{aligned}P\{X=k\}&=P\{X_1+\cdots+X_n=k\}=P\{k\text{ 个 }X_i\text{ 取 }1,n-k\text{ 个 }X_i\text{ 取 }0\}\\&\xlongequal{\text{独立}}\mathrm{C}_n^kp^k(1-p)^{n-k}.\end{aligned}$$

故 $X\sim B(n,p)$. 由

$$E(X_k)=p, \quad D(X_k)=p(1-p), \quad k=0,1,2,\cdots,n,$$

有

$$E(X)=E(X_1)+E(X_2)+\cdots+E(X_n)=np.$$

又 $X_1,X_2,\cdots,X_n$ 相互独立,则

$$D(X)=D(X_1)+D(X_2)+\cdots+D(X_n)=np(1-p).$$

例 28 设有随机变量 X，$E(X)=\mu$，$D(X)=\sigma^2$，求 $Y=\dfrac{X-\mu}{\sigma}$ 的数学期望和方差.

解 $E(Y)=E\left(\dfrac{X-\mu}{\sigma}\right)=\dfrac{1}{\sigma}E(X-\mu)=\dfrac{1}{\sigma}[E(X)-\mu]=\dfrac{1}{\sigma}(\mu-\mu)=0,$

$D(Y)=D\left(\dfrac{X-\mu}{\sigma}\right)=\dfrac{1}{\sigma^2}D(X-\mu)=\dfrac{1}{\sigma^2}D(X)=\dfrac{1}{\sigma^2}\sigma^2=1.$

例 29 设 $X_1,X_2,\cdots,X_n$ 为相互独立的随机变量，且

$$E(X_i)=\mu,\quad D(X_i)=\sigma^2,\quad i=1,2,\cdots,n.$$

令 $\overline{X}=\dfrac{1}{n}\sum_{i=1}^{n}X_i$，求 $E(\overline{X})$，$D(\overline{X})$.

解 由数学期望与方差的性质有

$$E(\overline{X})=E\left(\frac{1}{n}\sum_{i=1}^{n}X_i\right)=\frac{1}{n}\sum_{i=1}^{n}E(X_i)=\frac{1}{n}\cdot n\mu=\mu,$$

$$D(\overline{X})=D\left(\frac{1}{n}\sum_{i=1}^{n}X_i\right)=\frac{1}{n^2}\sum_{i=1}^{n}D(X_i)=\frac{1}{n^2}\cdot n\sigma^2=\frac{\sigma^2}{n}.$$

可以将本例的结果推广到更一般的情形：若 $X_1,X_2,\cdots,X_n$ 为相互独立的随机变量，且

$$E(X_i)=\mu_i,\quad D(X_i)=\sigma_i^2,\quad i=1,2,\cdots,n;$$

令 $Y=\sum_{i=1}^{n}c_iX_i$，其中 $c_1,c_2,\cdots,c_n$ 均为常数，则

$$E(Y)=\sum_{i=1}^{n}c_iE(X_i)=\sum_{i=1}^{n}c_i\mu_i,$$

$$D(Y)=\sum_{i=1}^{n}c_i^2D(X_i)=\sum_{i=1}^{n}c_i^2\sigma_i^2.$$

例 30 设随机变量 X,Y 表示投掷两颗骰子的数字点数，求 $X+Y$，$X-Y$ 的数学期望和方差.

解 $P\{X=k\}=\dfrac{1}{6}$，$k=1,2,\cdots,6$，则

$$E(X)=\sum_{k=1}^{6}x_kp_k=\sum_{k=1}^{6}k\cdot\frac{1}{6}=(1+2+3+4+5+6)\times\frac{1}{6}=\frac{7}{2},$$

$$E(X^2)=\sum_{k=1}^{6}x_k^2p_k=\sum_{k=1}^{6}k^2\times\frac{1}{6}=(1^2+2^2+3^2+4^2+5^2+6^2)\times\frac{1}{6}=\frac{91}{6},$$

$$D(X)=E(X^2)-[E(X)]^2=\frac{91}{6}-\left(\frac{7}{2}\right)^2=\frac{35}{12}.$$

同理 $E(Y)=\dfrac{7}{2}$，$D(Y)=\dfrac{35}{12}$. 则有

$$E(X+Y)=E(X)+E(Y)=\frac{7}{2}+\frac{7}{2}=7,$$

$$E(X-Y)=E(X)-E(Y)=\frac{7}{2}-\frac{7}{2}=0,$$

$$D(X+Y)=D(X)+D(Y)=\frac{35}{12}+\frac{35}{12}=\frac{35}{6},$$

$$D(X-Y)=D(X)+D(Y)=\frac{35}{12}+\frac{35}{12}=\frac{35}{6}.$$

几种重要的随机变量的分布及其数字特征见表 4-1.

表 4-1

	分布	分布律或概率密度	数学期望	方差
离散型	X 服从参数为 p 的 0-1 分布	$P\{X=1\}=p, P\{X=0\}=1-p$, $0<p<1$	p	$p(1-p)$
	X 服从参数为 n,p 的二项分布 $X\sim B(n,p)$	$P\{X=k\}=C_n^k p^k(1-p)^{n-k}$, $k=0,1,\cdots,n,0<p<1$	np	$np(1-p)$
	X 服从参数为 λ 的泊松分布 $X\sim P(\lambda)$	$P\{X=k\}=\frac{\lambda^k}{k!}e^{-\lambda}$, $k=0,1,\cdots,n,\cdots,\lambda>0$	λ	λ
连续型	X 服从区间 $[a,b]$ 上的均匀分布 $X\sim U(a,b)$	$f(x)=\begin{cases}\frac{1}{b-a}, & a\leqslant x\leqslant b,\\ 0, & \text{其他}\end{cases}$	$\frac{a+b}{2}$	$\frac{(b-a)^2}{12}$
	X 服从参数为 λ 的指数分布 $X\sim E(\lambda)$	$f(x)=\begin{cases}\lambda e^{-\lambda x}, & x>0,\lambda>0\\ 0, & x\leqslant 0\end{cases}$	$\frac{1}{\lambda}$	$\frac{1}{\lambda^2}$
	X 服从参数为 μ,σ^2 的正态分布 $X\sim N(\mu,\sigma^2)$	$f(x)=\frac{1}{\sqrt{2\pi}\sigma}e^{-\frac{(x-\mu)^2}{2\sigma^2}}$, $\sigma>0$	μ	σ^2

习 题 4.2

1. 设随机变量 X 的分布律为

X	-1	0	0.5	1	2
P	0.1	0.5	0.1	0.1	0.2

求：$E(X)$，$E(X^2)$，$D(X)$.

2. 盒中有 5 个球，其中有 3 个白球，2 个黑球，从中任取两个球，求白球数 X 的数学期望和方差.

3. 设随机变量 X 与 Y 相互独立，它们的概率密度分别为

$$f_X(x)=\begin{cases}2e^{-2x}, & x>0,\\ 0, & x\leqslant 0,\end{cases}\qquad f_Y(y)=\begin{cases}4, & 0\leqslant y\leqslant \frac{1}{4},\\ 0, & \text{其他}.\end{cases}$$

求 $D(X+Y)$.

4. 设随机变量 X 的概率密度为

$$f(x)=\frac{1}{2}e^{-|x|},\quad -\infty<x<+\infty.$$

求 $D(X)$.

5. 设随机变量 X 与 Y 相互独立，且 $D(X)=1$，$D(Y)=2$，求 $D(X-Y)$.

6. 若随机变量 X 的概率密度为

$$f(x)=\begin{cases}ax^2+bx, & 0<x<1,\\ 0, & \text{其他},\end{cases}$$

且 $E(X)=0.5$. 求:(1) 常数 a,b;(2) 方差 $D(X)$.

§3　协方差与相关系数

对于二维随机变量(X,Y)而言,X 和 Y 的数学期望与方差仅仅描述了 X 和 Y 自身的某些特征,而对 X 与 Y 间的相互联系并未提供任何信息. 为此,我们需要引入新的数字特征来反映两个随机变量间的联系,这就是协方差与相关系数.

3.1　协方差

注意到,

$$D(X)=E[X-E(X)]^2=E[(X-E(X))(X-E(X))]$$

反映了一个随机变量与它自身均值的平均偏差,将上式等式右端第二个$(X-E(X))$换成$(Y-E(Y))$就得到了如下协方差的定义.

定义 4　设(X,Y)为二维随机变量,且 $E(X),E(Y)$存在,若

$$E[(X-E(X))(Y-E(Y))]$$

存在,则称其为随机变量 X 与 Y 的**协方差**, 记为 $\mathrm{Cov}(X,Y)$,即

$$\mathrm{Cov}(X,Y)=E[(X-E(X))(Y-E(Y))].\tag{4.3.1}$$

当(X,Y)为二维离散型随机变量时,其分布律为

$$p_{ij}=P\{X=x_i,Y=y_j\},\quad i=1,2,\cdots,j=1,2,\cdots,$$

则

$$\mathrm{Cov}(X,Y)=\sum_{i=1}^{\infty}\sum_{j=1}^{\infty}[x_i-E(X)][y_i-E(Y)]p_{ij}.\tag{4.3.2}$$

当(X,Y)为二维连续型随机变量时,其概率密度为 $f(x,y)$,则

$$\mathrm{Cov}(X,Y)=\int_{-\infty}^{+\infty}\int_{-\infty}^{+\infty}[x-E(X)][y-E(Y)]f(x,y)\mathrm{d}x\mathrm{d}y.\tag{4.3.3}$$

计算协方差还有另一个常用公式:

$$\mathrm{Cov}(X,Y)=E(XY)-E(X)E(Y).\tag{4.3.4}$$

事实上,

$$\begin{aligned}\mathrm{Cov}(X,Y)&=E[(X-E(X))(Y-E(Y))]\\&=E[XY-XE(Y)-YE(X)+E(X)E(Y)]\\&=E(XY)-E(X)E(Y)-E(Y)E(X)+E(X)E(Y)\\&=E(XY)-E(X)E(Y).\end{aligned}$$

特别当 $Y=X$ 时,有

$$\mathrm{Cov}(X,X)=E[(X-E(X))(X-E(X))]=D(X).$$

例 31　设二维随机变量(X,Y)的概率密度为

$$f(x,y)=\begin{cases}\dfrac{1}{2}, & 0<x<1,0<y<2,\\ 0, & \text{其他}.\end{cases}$$

求 $\mathrm{Cov}(X,Y)$.

解 由

$$E(X)=\int_0^1\left(\int_0^2 \frac{1}{2}x\mathrm{d}y\right)\mathrm{d}x=\int_0^1 x\mathrm{d}x=\frac{1}{2},$$

$$E(Y)=\int_0^1\left(\int_0^2 \frac{1}{2}y\mathrm{d}y\right)\mathrm{d}x=\int_0^1 1\mathrm{d}x=1,$$

$$E(XY)=\int_0^1\left(\int_0^2 \frac{1}{2}xy\mathrm{d}y\right)\mathrm{d}x=\int_0^1 x\mathrm{d}x=\frac{1}{2},$$

则

$$\mathrm{Cov}(X,Y)=E(XY)-E(X)E(Y)=\frac{1}{2}-\frac{1}{2}\times 1=0.$$

例 32 设二维随机变量(X,Y)服从区域 D 上的均匀分布，其中 D 是由 x 轴、y 轴及 $x+y=1$ 所围成的平面区域. 求 X 与 Y 的协方差 $\mathrm{Cov}(X,Y)$.

解 (X,Y)的概率密度为

$$f(x,y)=\begin{cases}2, & x\in D,\\ 0, & \text{其他}.\end{cases}$$

先计算 $E(X)$，$E(Y)$，$E(XY)$，则有

$$E(X)=\int_{-\infty}^{+\infty}\int_{-\infty}^{+\infty}xf(x,y)\mathrm{d}x\mathrm{d}y=\int_0^1\left(\int_0^{1-x}2x\mathrm{d}y\right)\mathrm{d}x=\int_0^1 2x(1-x)\mathrm{d}x$$

$$=\left(x^2-\frac{2}{3}x^3\right)\Big|_0^1=1-\frac{2}{3}=\frac{1}{3},$$

$$E(Y)=\int_0^1\left(\int_0^{1-x}2y\mathrm{d}y\right)\mathrm{d}x=\int_0^1(1-x)^2\mathrm{d}x=-\frac{1}{3}(1-x)^3\Big|_0^1=\frac{1}{3},$$

$$E(XY)=\int_0^1\left(\int_0^{1-x}2xy\mathrm{d}y\right)\mathrm{d}x=\int_0^1 x(1-x)^2\mathrm{d}x$$

$$=\int_0^1(x-2x^2+x^3)\mathrm{d}x=\left(\frac{1}{2}x^2-\frac{2}{3}x^3+\frac{1}{4}x^4\right)\Big|_0^1$$

$$=\frac{1}{2}-\frac{2}{3}+\frac{1}{4}=\frac{1}{12},$$

于是

$$\mathrm{Cov}(X,Y)=E(XY)-E(X)E(Y)=\frac{1}{12}-\frac{1}{3}\times\frac{1}{3}=-\frac{1}{36}.$$

协方差具有下述一些性质：

性质 8 $\mathrm{Cov}(X,X)=D(X)$.

性质 9 $\mathrm{Cov}(X,C)=0$，C 为常数.

性质 10 $\mathrm{Cov}(X,Y)=\mathrm{Cov}(Y,X)$.

性质 11 $\mathrm{Cov}(aX,bY)=ab\mathrm{Cov}(X,Y)$，$a,b$ 为任意常数.

性质 12 $\mathrm{Cov}(X+Y,Z)=\mathrm{Cov}(X,Z)+\mathrm{Cov}(Y,Z)$.

性质 13 $D(X\pm Y)=D(X)+D(Y)\pm 2\mathrm{Cov}(X,Y)$.

性质 14 若 X 与 Y 相互独立,则 $\mathrm{Cov}(X,Y)=0$.

以下仅给出性质 14 的证明,其余性质可由定义、数学期望和方差的性质得出,留给读者证明.

证明 若 X 与 Y 相互独立,则 $E(XY)=E(X)E(Y)$, 从而有

$$\mathrm{Cov}(X,Y)=E(XY)-E(X)E(Y)=0.$$

注意 反过来,若 $\mathrm{Cov}(X,Y)=0$, 则 X 与 Y 不一定相互独立.

例 33 设二维随机变量(X,Y)在圆域 $D=\{(x,y)\mid x^2+y^2\leqslant 1\}$上服从均匀分布,求协方差 $\mathrm{Cov}(X,Y)$,并判断 X 与 Y 是否相互独立.

解 (X,Y)的概率密度为

$$f(x,y)=\begin{cases}\dfrac{1}{\pi}, & x^2+y^2\leqslant 1,\\ 0, & \text{其他},\end{cases}$$

则有

$$f_X(x)=\int_{-\infty}^{+\infty}f(x,y)\mathrm{d}y=\begin{cases}\displaystyle\int_{-\sqrt{1-x^2}}^{\sqrt{1-x^2}}\frac{1}{\pi}\mathrm{d}y, & |x|\leqslant 1,\\ 0, & \text{其他}\end{cases}=\begin{cases}\dfrac{2}{\pi}\sqrt{1-x^2}, & |x|\leqslant 1,\\ 0, & \text{其他},\end{cases}$$

$$f_Y(y)=\int_{-\infty}^{+\infty}f(x,y)\mathrm{d}x=\begin{cases}\displaystyle\int_{-\sqrt{1-y^2}}^{\sqrt{1-y^2}}\frac{1}{\pi}\mathrm{d}x, & |y|\leqslant 1,\\ 0, & \text{其他}\end{cases}=\begin{cases}\dfrac{2}{\pi}\sqrt{1-y^2}, & |y|\leqslant 1,\\ 0, & \text{其他},\end{cases}$$

$$E(XY)=\int_{-\infty}^{+\infty}\int_{-\infty}^{+\infty}xyf(x,y)\mathrm{d}x\mathrm{d}y=\int_{-1}^{1}\left(\int_{-\sqrt{1-x^2}}^{\sqrt{1-x^2}}\frac{1}{\pi}xy\mathrm{d}y\right)\mathrm{d}x=\int_{-1}^{1}0\mathrm{d}x=0,$$

$$E(X)=\int_{-\infty}^{+\infty}xf_X(x)\mathrm{d}x=\int_{-1}^{1}x\frac{2}{\pi}\sqrt{1-x^2}\mathrm{d}x=0,$$

$$E(Y)=\int_{-\infty}^{+\infty}yf_Y(y)\mathrm{d}y=\int_{-1}^{1}y\frac{2}{\pi}\sqrt{1-y^2}\mathrm{d}y=0,$$

故

$$\mathrm{Cov}(X,Y)=E(XY)-E(X)E(Y)=0.$$

但 $f(x,y)\neq f_X(x)f_Y(y)$,可知 X,Y 不相互独立.

3.2 相关系数

下面给出相关系数的定义.

定义 5 若 $D(X)>0,D(Y)>0$,称$\dfrac{\mathrm{Cov}(X,Y)}{\sqrt{D(X)}\cdot\sqrt{D(Y)}}$为随机变量 X 与 Y 的**相关系数**,简记为 ρ_{XY}, 即

$$\rho_{XY}=\frac{\mathrm{Cov}(X,Y)}{\sqrt{D(X)}\cdot\sqrt{D(Y)}}. \tag{4.3.5}$$

例 34 设随机变量 X 与 Y 的方差分别为 16 和 25,协方差为 6,求相关系数 ρ_{XY}.

解 $\rho_{XY}=\dfrac{\mathrm{Cov}(X,Y)}{\sqrt{D(X)}\cdot\sqrt{D(Y)}}=\dfrac{6}{\sqrt{16}\times\sqrt{25}}=0.3.$

下面给出相关系数的性质.

设 ρ 为随机变量 X 与 Y 的相关系数,则

性质 15 $|\rho|\leqslant 1$.

证明 法一 由于对任意随机变量 X,都有 $D(X)\geqslant 0$,于是对任意实数 t,有

$$\begin{aligned}D(X+tY)&=E[(X+tY)-E(X+tY)]^2\\&=E[(X-E(X))+t(Y-E(Y))]^2\\&=E[(X-E(X))^2+2t(X-E(X))(Y-E(Y))+t^2(Y-E(Y))^2]\\&=E[X-E(X)]^2+2tE[(X-E(X))(Y-E(Y))]+t^2E[Y-E(Y)]^2\\&=D(X)+2t\mathrm{Cov}(X,Y)+t^2D(Y)\geqslant 0.\end{aligned}$$

上式不等式左边是关于 t 的二次多项式,对于任意实数 t,它非负的充分必要条件是

$$\Delta=[2\mathrm{Cov}(X,Y)]^2-4D(X)D(Y)\leqslant 0,$$

即

$$[\mathrm{Cov}(X,Y)]^2\leqslant D(X)D(Y),$$

所以

$$\rho^2=\frac{[\mathrm{Cov}(X,Y)]^2}{D(X)D(Y)}\leqslant 1,$$

即有

$$|\rho|\leqslant 1.$$

法二 首先考虑$\dfrac{X-E(X)}{\sqrt{D(X)}}$的数学期望和方差：

$$E\left[\frac{X-E(X)}{\sqrt{D(X)}}\right]=\frac{1}{\sqrt{D(X)}}E[X-E(X)]=0,$$

$$D\left[\frac{X-E(X)}{\sqrt{D(X)}}\right]=\frac{1}{D(X)}D[X-E(X)]=\frac{1}{D(X)}D(X)=1,$$

$$E\left[\frac{X-E(X)}{\sqrt{D(X)}}\cdot\frac{Y-E(Y)}{\sqrt{D(Y)}}\right]=\frac{E[(X-E(X))(Y-E(Y))]}{\sqrt{D(X)}\sqrt{D(Y)}}=\rho,$$

其次

$$\begin{aligned}&D\left[\frac{X-E(X)}{\sqrt{D(X)}}\pm\frac{Y-E(Y)}{\sqrt{D(Y)}}\right]\\&=D\left[\frac{X-E(X)}{\sqrt{D(X)}}\right]+D\left[\frac{Y-E(Y)}{\sqrt{D(Y)}}\right]\pm 2E\left[\frac{X-E(X)}{\sqrt{D(X)}}\cdot\frac{Y-E(Y)}{\sqrt{D(Y)}}\right]\\&=2\pm 2\rho\geqslant 0,\end{aligned}$$

于是

$$|\rho|\leqslant 1.$$

性质 16 $|\rho|=1$ 的充分必要条件是存在常数 a,b,使 $P\{Y=aX+b\}=1,a\neq 0$.

证明 仅证明充分性,必要性请读者自证.

若 $P\{Y=aX+b\}=1$,则有

$$E(Y)=aE(X)+b,\quad D(Y)=a^2D(X),$$

$$\mathrm{Cov}(X,Y)=\mathrm{Cov}(X,aX+b)=a\mathrm{Cov}(X,X)+\mathrm{Cov}(X,b)=aD(X),$$

于是

$$\rho=\frac{\mathrm{Cov}(X,Y)}{\sqrt{D(X)}\cdot\sqrt{D(Y)}}=\frac{aD(X)}{\sqrt{D(X)}\cdot\sqrt{a^2D(X)}}=\frac{a}{|a|}=\pm 1,$$

即有

$$|\rho|=1.$$

相关系数是两随机变量间线性关系强弱的一种度量. 性质 16 表明，当 $|\rho|=1$ 时，随机变量 X 与 Y 之间以概率 1 存在着线性关系. 当 $\rho=1$ 时为正线性相关，即 $a>0$；当 $\rho=-1$ 时为负线性相关，即 $a<0$；当 $|\rho|<1$ 时，$|\rho|$ 越小，X 与 Y 的线性相关程度就越弱，直至当 $\rho=0$ 时，X 与 Y 之间就不存在线性关系了.

定义 6 设随机变量 X 与 Y 的相关系数 $\rho_{XY}=0$，则称随机变量 X 与 Y **不相关**.

显然，若 $D(X)>0$，$D(Y)>0$，则随机变量 X 与 Y 不相关的充分必要条件是

$$\mathrm{Cov}(X,Y)=0.$$

若随机变量 X 与 Y 相互独立，则 $\mathrm{Cov}(X,Y)=0$，因此 X 与 Y 不相关. 反之，X 与 Y 不相关并不意味着 X 与 Y 相互独立，而只能说明 X 与 Y 之间不存在线性关系，但可能存在着其他形式的依赖关系.

这里还需特别指出的是，二维正态分布 $N(\mu_1,\mu_2,\sigma_1^2,\sigma_2^2,\rho)$ 是一个例外. 若 (X,Y) 服从二维正态分布 $N(\mu_1,\mu_2,\sigma_1^2,\sigma_2^2,\rho)$，则 X 与 Y 的相关系数 $\rho_{XY}=\rho$，故 X 与 Y 不相关的充分必要条件是 $\rho=0$；另一方面，X 与 Y 相互独立的充分必要条件是 $\rho=0$. 从而，对服从二维正态分布的随机变量 (X,Y) 而言，不相关与独立性是一致的，即 X 与 Y 相互独立的充分必要条件是 X 与 Y 不相关.

例 35 设二维离散型随机变量 (X,Y) 的分布律为

Y \ X	-1	1
-1	0.25	0.5
1	0	0.25

求：$E(X)$，$E(Y)$，$D(X)$，$D(Y)$，$\mathrm{Cov}(X,Y)$，ρ_{XY}.

解 X,Y 的边缘分布律分别为

X	-1	1
P	0.25	0.75

Y	-1	1
P	0.75	0.25

则有

$$E(X)=-1\times0.25+1\times0.75=0.5,$$
$$E(X^2)=(-1)^2\times0.25+1^2\times0.75=1,$$
$$D(X)=E(X^2)-[E(X)]^2=1-0.25=0.75,$$
$$E(Y)=(-1)\times0.75+1\times0.25=-0.5,$$
$$E(Y^2)=(-1)^2\times0.75+1\times0.25=1,$$
$$D(Y)=E(Y^2)-[E(Y)]^2=1-0.25=0.75,$$
$$E(XY)=(-1)\times(-1)\times0.25+1\times(-1)\times0.5+(-1)\times1\times0+1\times1\times0.25=0,$$
$$\mathrm{Cov}(X,Y)=E(XY)-E(X)E(Y)=0.25,$$
$$\rho_{XY}=\frac{\mathrm{Cov}(X,Y)}{\sqrt{D(X)}\cdot\sqrt{D(Y)}}=\frac{0.25}{\sqrt{0.75}\times\sqrt{0.75}}=\frac{1}{3}.$$

例 36 设二维随机变量(X,Y)的概率密度为

$$f(x,y)=\begin{cases}8xy, & 0\leqslant y\leqslant x,0\leqslant x\leqslant 1,\\ 0, & \text{其他}.\end{cases}$$

求：(1) $E(X),E(Y)$；(2) $D(X),D(Y)$；(3) $\mathrm{Cov}(X,Y),\rho_{XY}$.

解 这是一个综合题，要熟练掌握解题的全过程，本题中可以先求出(X,Y)的边缘概率密度，再求其数学期望和方差，也可以直接由(X,Y)的概率密度求数学期望和方差.

先画出区域的图形，如图 4-1 所示.

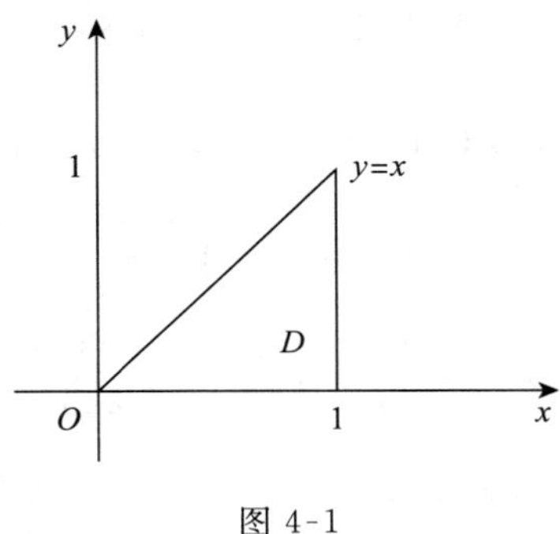

图 4-1

法一

(1) $$f_X(x)=\int_{-\infty}^{+\infty}f(x,y)\mathrm{d}y=\begin{cases}\int_0^x 8xy\mathrm{d}y, & 0\leqslant x\leqslant 1,\\ 0, & \text{其他}\end{cases}=\begin{cases}4x^3, & 0\leqslant x\leqslant 1,\\ 0, & \text{其他},\end{cases}$$

$$f_Y(y)=\int_{-\infty}^{+\infty}f(x,y)\mathrm{d}x=\begin{cases}\int_y^1 8xy\mathrm{d}x, & 0\leqslant y\leqslant 1,\\ 0, & \text{其他}\end{cases}=\begin{cases}4y(1-y^2), & 0\leqslant y\leqslant 1,\\ 0, & \text{其他},\end{cases}$$

则

$$E(X)=\int_{-\infty}^{+\infty}xf_X(x)\mathrm{d}x=\int_0^1 x\cdot 4x^3\mathrm{d}x=\left(\frac{4}{5}x^4\right)\Big|_0^1=\frac{4}{5},$$

$$E(Y)=\int_{-\infty}^{+\infty}yf_Y(y)\mathrm{d}y=\int_0^1 y\cdot 4y(1-y^2)\mathrm{d}y=\left(\frac{4}{3}y^3-\frac{4}{5}y^5\right)\Big|_0^1=\frac{8}{15}.$$

(2) $$E(X^2)=\int_{-\infty}^{+\infty}x^2f_X(x)\mathrm{d}x=\int_0^1 x^2\cdot 4x^3\mathrm{d}x=\left(\frac{4}{6}x^6\right)\Big|_0^1=\frac{2}{3},$$

$$E(Y^2)=\int_{-\infty}^{+\infty}y^2f_Y(y)\mathrm{d}y=\int_0^1 y^2\cdot 4y(1-y^2)\mathrm{d}y=\left(y^4-\frac{2}{3}y^6\right)\Big|_0^1=\frac{1}{3},$$

$$D(X)=E(X^2)-[E(X)]^2=\frac{2}{3}-\left(\frac{4}{5}\right)^2=\frac{2}{75},$$

$$D(Y)=E(Y^2)-[E(Y)]^2=\frac{1}{3}-\left(\frac{8}{15}\right)^2=\frac{11}{225}.$$

(3) $$E(XY)=\int_{-\infty}^{+\infty}\int_{-\infty}^{+\infty}xyf(x,y)\mathrm{d}x\mathrm{d}y=\int_0^1\left(\int_0^x xy\cdot 8xy\mathrm{d}y\right)\mathrm{d}x=\int_0^1\frac{8}{3}x^5\mathrm{d}x=\frac{4}{9},$$

所以

$$\mathrm{Cov}(X,Y)=E(XY)-E(X)E(Y)=\frac{4}{9}-\frac{4}{5}\times\frac{8}{15}=\frac{4}{225},$$

$$\rho_{XY}=\frac{\mathrm{Cov}(X,Y)}{\sqrt{D(X)}\cdot\sqrt{D(Y)}}=\frac{2\sqrt{66}}{33}.$$

法二

(1) $E(X)=\int_{-\infty}^{+\infty}\int_{-\infty}^{+\infty}xf(x,y)\mathrm{d}x\mathrm{d}y=\int_0^1\left(\int_0^x x\cdot 8xy\mathrm{d}y\right)\mathrm{d}x=\int_0^1 4x^4\mathrm{d}x=\frac{4}{5}$,

$E(Y)=\int_{-\infty}^{+\infty}\int_{-\infty}^{+\infty}yf(x,y)\mathrm{d}x\mathrm{d}y=\int_0^1\left(\int_0^x y\cdot 8xy\mathrm{d}y\right)\mathrm{d}x=\int_0^1 \frac{8}{3}x^4\mathrm{d}x=\frac{8}{15}$.

(2) $E(X^2)=\int_{-\infty}^{+\infty}\int_{-\infty}^{+\infty}x^2f(x,y)\mathrm{d}x\mathrm{d}y=\int_0^1\left(\int_0^x x^2\cdot 8xy\mathrm{d}y\right)\mathrm{d}x=\int_0^1 4x^5\mathrm{d}x=\frac{2}{3}$,

$E(Y^2)=\int_{-\infty}^{+\infty}\int_{-\infty}^{+\infty}y^2f(x,y)\mathrm{d}x\mathrm{d}y=\int_0^1\left(\int_0^x y^2\cdot 8xy\mathrm{d}y\right)\mathrm{d}x=\int_0^1 2x^5\mathrm{d}x=\frac{1}{3}$,

$D(X)=E(X^2)-[E(X)]^2=\frac{2}{3}-\left(\frac{4}{5}\right)^2=\frac{2}{75}$,

$D(Y)=E(Y^2)-[E(Y)]^2=\frac{1}{3}-\left(\frac{8}{15}\right)^2=\frac{11}{225}$.

(3) $E(XY)=\int_{-\infty}^{+\infty}\int_{-\infty}^{+\infty}xyf(x,y)\mathrm{d}x\mathrm{d}y=\int_0^1\left(\int_0^x xy\cdot 8xy\mathrm{d}y\right)\mathrm{d}x=\int_0^1 \frac{8}{3}x^5\mathrm{d}x=\frac{4}{9}$,

所以

$$\mathrm{Cov}(X,Y)=E(XY)-E(X)E(Y)=\frac{4}{9}-\frac{4}{5}\times\frac{8}{15}=\frac{4}{225},$$

$$\rho_{XY}=\frac{\mathrm{Cov}(X,Y)}{\sqrt{D(X)}\cdot\sqrt{D(Y)}}=\frac{2\sqrt{66}}{33}.$$

例 37 已知 $D(X)=4$，$D(Y)=1$，$\rho_{XY}=0.6$，求 $D(X+Y)$，$D(3X-2Y)$.

解 $D(X+Y)=D(X)+D(Y)+2\mathrm{Cov}(X,Y)$

$=D(X)+D(Y)+2\rho_{XY}\sqrt{D(X)}\sqrt{D(Y)}$

$=4+1+2\times0.6\times2\times1=7.4$，

$D(3X-2Y)=D(3X)+D(2Y)-2\mathrm{Cov}(3X,2Y)$

$=9D(X)+4D(Y)-12\rho_{XY}\sqrt{D(X)}\sqrt{D(Y)}$

$=36+4-12\times0.6\times2\times1=25.6$.

例 38 已知某箱中装有 100 件产品，一、二、三等各为 80，10，10 件，现从中任取一件产品，记

$$X_i=\begin{cases}1, & \text{该产品属于 } i \text{ 等品},\\ 0, & \text{该产品不属于 } i \text{ 等品},\end{cases}\quad i=1,2.$$

求 $\rho_{X_1X_2}$.

解 由题意

X_1	0	1
P	0.2	0.8

X_2	0	1
P	0.9	0.1

则有

$$E(X_1)=0.8,\quad D(X_1)=0.16;\quad E(X_2)=0.1,\quad D(X_2)=0.09,$$

又

$$P\{X_1X_2=1\}=P\{X_1=1,X_2=1\}=0,$$
$$P\{X_1X_2=0\}=1-P\{X_1X_2=1\}=1,$$

于是

$$E(X_1X_2)=1\times P\{X_1X_2=1\}+0\times P\{X_1X_2=0\}=0,$$
$$\mathrm{Cov}(X_1,X_2)=E(X_1X_2)-E(X_1)E(X_2)=0-0.8\times 0.1=-0.08,$$

从而

$$\rho_{X_1X_2}=\frac{\mathrm{Cov}(X_1,X_2)}{\sqrt{D(X_1)}\cdot\sqrt{D(X_2)}}=\frac{-0.08}{\sqrt{0.16}\times\sqrt{0.09}}=-\frac{2}{3}.$$

3.3 矩、协方差矩阵

1. 矩的定义

随机变量的数学期望和方差可以纳入到一个更一般的概念范畴之中，那就是随机变量的矩.

定义 7 设 X 为随机变量，若 $E(X^k)$存在，k 为正整数，则称它为随机变量 X 的 k **阶原点矩**，记为 ν_k，即

$$\nu_k=E(X^k).$$

若 $E[X-E(X)]^k$ 存在，则称 $E[X-E(X)]^k$ 为 X 的 k **阶中心矩**，记为 μ_k，即

$$\mu_k=E[X-E(X)]^k.$$

若 X 为离散型随机变量，其分布律为

$$P\{X=x_i\}=p_i,\quad i=1,2,\cdots,$$

则

$$\nu_k=\sum_{i=1}^{\infty}x_i^kp_i,\quad \mu_k=\sum_{i=1}^{\infty}[x_i-E(X)]^kp_i.$$

若 X 为连续型随机变量，其概率密度为 $f(x)$，则

$$\nu_k=\int_{-\infty}^{+\infty}x^kf(x)\mathrm{d}x,\quad \mu_k=\int_{-\infty}^{+\infty}[x-E(X)]^kf(x)\mathrm{d}x.$$

显然，一阶原点矩就是数学期望，即 $\nu_1=E(X)$，二阶中心距就是方差，即 $\mu_2=D(X)$.

定义 8 设 X 和 Y 为随机变量，若 $E(X^kY^l)$存在，$k,l=1,2,\cdots$，则称它为 X 和 Y 的 $k+l$ **阶混合原点矩**. 若 $E[(X-E(X))^k(X-E(X))^l]$存在，则称它为 X 和 Y 的 $k+l$ **阶混合中心矩**.

显然，协方差 $\mathrm{Cov}(X,Y)$是 X 和 Y 的二阶混合中心矩.

2. 协方差矩阵的定义

定义 9 设二维随机变量(X_1,X_2)的 4 个二阶中心距存在，记

$$c_{11}=E[X_1-E(X_1)]^2=D(X_1)=\mathrm{Cov}(X_1,X_1),$$
$$c_{12}=E[(X_1-E(X_1))(X_2-E(X_2))]=\mathrm{Cov}(X_1,X_2),$$
$$c_{21}=E[(X_2-E(X_2))(X_1-E(X_1))]=\mathrm{Cov}(X_2,X_1),$$
$$c_{22}=E[X_2-E(X_2)]^2=D(X_2)=\mathrm{Cov}(X_2,X_2).$$

称矩阵

$$\boldsymbol{C}=(c_{ij})_{2\times 2}=\begin{pmatrix} c_{11} & c_{12} \\ c_{21} & c_{22} \end{pmatrix}$$

为二维随机变量(X_1,X_2)的**协方差矩阵**.

定义 10 设n维随机变量$(X_1,X_2,\cdots,X_n)$的二阶中心距

$$c_{ij}=E[(X_i-E(X_i))(X_j-E(X_j))]=\mathrm{Cov}(X_i,X_j),\quad i,j=1,2,\cdots,n$$

存在，称矩阵

$$\boldsymbol{C}=(c_{ij})_{n\times n}=\begin{pmatrix} c_{11} & c_{12} & \cdots & c_{1n} \\ c_{21} & c_{22} & \cdots & c_{2n} \\ \vdots & \vdots & & \vdots \\ c_{n1} & c_{n2} & \cdots & c_{nn} \end{pmatrix}$$

为n维随机变量$(X_1,X_2,\cdots,X_n)$的**协方差矩阵**.

由于

$$\mathrm{Cov}(X_i,X_j)=\mathrm{Cov}(X_j,X_i),\quad 即\quad c_{ij}=c_{ji},\quad i,j=1,2,\cdots,n,$$

因此协方差矩阵$\boldsymbol{C}$是对称矩阵. 又因为

$$\mathrm{Cov}(X_i,X_i)=D(X_i),\quad i=1,2,\cdots,n,$$

所以协方差矩阵主对角线的元素c_{ii}为X_i的方差，$i=1,2,\cdots,n$.

例 39 设(X,Y)的协方差矩阵为$\boldsymbol{C}=\begin{pmatrix} 4 & -2 \\ -2 & 9 \end{pmatrix}$，求$\rho_{XY}$.

解 由$D(X)=4$，$D(Y)=9$，$\mathrm{Cov}(X,Y)=-2$，则

$$\rho_{XY}=\frac{\mathrm{Cov}(X,Y)}{\sqrt{D(X)}\cdot\sqrt{D(Y)}}=\frac{-2}{\sqrt{4}\times\sqrt{9}}=-\frac{1}{3}.$$

习 题 4.3

1. 设随机变量X与Y相互独立，方差分别为4和2，则随机变量$3X-2Y$的方差是(　　).

A. 8　　B. 16　　C. 28　　D. 44

2. 设二维随机变量(X,Y)的概率密度为

$$f(x,y)=\begin{cases} \frac{1}{8}(x+y), & 0\leqslant x\leqslant 2,0\leqslant y\leqslant 2, \\ 0, & 其他. \end{cases}$$

求$\mathrm{Cov}(X,Y)$.

3. 设二维随机变量(X,Y)的概率密度为

$$f(x,y)=\begin{cases} y\mathrm{e}^{-(x+y)}, & x>0,y>0, \\ 0, & 其他. \end{cases}$$

求X与Y的相关系数ρ_{XY}.

4. 设二维随机变量(X,Y)服从二维正态分布，且

$$E(X)=0,\quad E(Y)=0,\quad D(X)=16,\quad D(Y)=25,\quad \mathrm{Cov}(X,Y)=12.$$

求(X,Y)的概率密度$f(x,y)$.

5. 证明：$D(X-Y)=D(X)+D(Y)-2\mathrm{Cov}(X,Y)$.

6. 设(X,Y)的协方差矩阵为$\boldsymbol{C}=\begin{pmatrix} 4 & -3 \\ -3 & 9 \end{pmatrix}$，求 X 与 Y 的相关系数ρ_{XY}.

小　　结

本章主要讨论随机变量的数字特征，概率分布全面地描述了随机变量取值的统计规律性，而数字特征则描述这种统计规律性的某些重要特征.

本章的基本要求是：

1. 理解离散型随机变量及连续型随机变量的数学期望的定义. 掌握离散型随机变量和连续型随机变量的数学期望的计算. 熟记数学期望的性质，记住随机变量函数的数学期望公式，会计算较简单的随机变量函数的数学期望.

2. 理解方差、标准差的定义，熟练掌握方差计算公式：$D(X)=E(X^2)-E^2(X)$，熟记方差的性质，掌握方差的计算.

3. 对二维随机变量(X,Y)，了解随机变量 X,Y 的协方差的定义及其性质，并会计算协方差.

4. 了解随机变量 X,Y 的相关系数的定义及其性质. 知道协方差和相关系数均是随机变量间线性关系密切程度的度量，会求相关系数. 知道随机变量相互独立与不相关的联系与区别. 知道当(X,Y)服从二维正态分布时，X,Y 相互独立与 X,Y 不相关等价.

自 测 题 4

一、选择题

1. 设随机变量 X 服从参数为 0.5 的指数分布，则下列各项中正确的是（　　）.

A. $E(X)=0.5, D(X)=0.25$　　B. $E(X)=2, D(X)=4$

C. $E(X)=0.5, D(X)=4$　　D. $E(X)=2, D(X)=0.25$

2. 设随机变量 X 与 Y 相互独立，且 $X\sim B(16,0.5)$，Y 服从参数为 9 的泊松分布，则方差 $D(X-2Y+1)=$（　　）.

A. -14　　B. 13　　C. 40　　D. 41

3. 已知 $D(X)=25, D(Y)=1, \rho_{XY}=0.4$，则 $D(X-Y)=$（　　）.

A. 6　　B. 22　　C. 30　　D. 46

4. 设二维随机变量$(X,Y)\sim N(1,1,4,9,\frac{1}{2})$，则 $\mathrm{Cov}(X,Y)=$（　　）.

A. $\frac{1}{2}$　　B. 3　　C. 18　　D. 36

5. 已知随机变量 X 与 Y 相互独立，且它们分别服从区间$[-1,3]$和$[2,4]$上的均匀分布，则 $E(XY)=$（　　）.

A. 3　　B. 6　　C. 10　　D. 12

6. 设随机变量 $X\sim B(10,0.2)$，则 $D(3X-1)=$（　　）.

A. 3.8　　B. 4.8　　C. 13.4　　D. 14.4

7. 设 (X,Y) 为二维随机变量，则与 $\mathrm{Cov}(X,Y)=0$ 不等价的是（　　）.

A. X 与 Y 相互独立　　B. $D(X+Y)=D(X)+D(Y)$

C. $D(X-Y)=D(X)+D(Y)$　　D. $E(XY)=E(X)E(Y)$

8. 设 X 为随机变量，且 $D(5X)=50$，则 $D(X)=$（　　）.

A. 2　　B. 10　　C. 45　　D. 50

9. 设随机变量 X 的方差存在，则 $\mathrm{Cov}(X,X)=$（　　）.

A. $E(X)$　　B. $E(X^2)$　　C. $[E(X)]^2$　　D. $D(X)$

10. 已知二维随机变量 (X,Y) 的分布律为

X \ Y	2	3
0	0.2	0
1	0.3	0.5

则 $E(XY)=$（　　）.

A. 0.8　　B. 1.5　　C. 2.1　　D. 2.5

11. 设随机变量 X 服从参数为 $\frac{1}{2}$ 的指数分布，则 $E(2X-1)=$（　　）.

A. 0　　B. 1　　C. 3　　D. 4

12. 设随机变量 X 与 Y 相互独立，且 $D(X)=D(Y)=4$，则 $D(3X-Y)=$（　　）.

A. 8　　B. 16　　C. 32　　D. 40

13. 设随机变量 $X-N(3,2^2)$，则 $E(2X+3)=$（　　）.

A. 3　　B. 6　　C. 9　　D. 15

14. 设随机变量 X 与 Y 相互独立，且 $X\sim N(\mu,\sigma^2)$，Y 服从区间 $[a,b]$ 上的均匀分布，则方差 $D(X-2Y)=$（　　）.

A. $\sigma^2+\frac{1}{3}(b-a)^2$　　B. $\sigma^2-\frac{1}{3}(b-a)^2$

C. $\sigma^2+\frac{1}{6}(b-a)^2$　　D. $\sigma^2-\frac{1}{6}(b-a)^2$

15. 设 X,Y 为随机变量，$E(X)=E(Y)=1$，$\mathrm{Cov}(X,Y)=2$，则 $E(2XY)=$（　　）.

A. -6　　B. -2　　C. 2　　D. 6

16. 设随机变量 X 与 Y 相互独立，且 $D(X)=4$，$D(Y)=3$，则 $D(3X-2Y)=$（　　）.

A. 6　　B. 18　　C. 24　　D. 48

17. 设随机变量 X 与 Y 的相关系数为 0.5，$D(X)=9$，$D(Y)=4$，则 $D(3X-Y)=$（　　）.

A. 5　　B. 23　　C. 67　　D. 85

18. 设随机变量 X 服从参数为 3 的泊松分布，Y 服从参数为 $\frac{1}{5}$ 的指数分布，且 X,Y 相互独立，则 $D(X-2Y+1)=$（　　）.

A. 23　　B. 28　　C. 103　　D. 104

19. 已知 X 与 Y 的协方差 $\mathrm{Cov}(X,Y)=-\frac{1}{2}$，则 $\mathrm{Cov}(-2X,Y)=($　　$)$.

A. $-\frac{1}{2}$　　B. 0　　C. $\frac{1}{2}$　　D. 1

二、填空题

1. 若二维随机变量 $(X,Y)\sim N(\mu_1,\mu_2,\sigma_1^2,\sigma_2^2,\rho)$，且 X 与 Y 相互独立，则 $\rho=$________.

2. 设随机变量 X 的分布律为

X	-1	0	1	2
P	0.1	0.2	0.3	0.4

令 $Y=2X+1$，则 $E(Y)=$________.

3. 设随机变量 X 服从泊松分布，且 $D(X)=1$，则 $P\{X=1\}=$________.

4. 设随机变量 X 与 Y 相互独立，且 $D(X)=D(Y)=1$，则 $D(X-Y)=$________.

5. 设随机变量 X 服从参数为 2 的泊松分布，则 $E(X^2)=$________.

6. 设 X 为随机变量，且 $E(X)=2, D(X)=4$，则 $E(X^2)=$________.

7. 已知随机变量 X 的分布函数为

$$F(x)=\begin{cases}0, & x<0,\\ \frac{x}{4}, & 0\leqslant x<4,\\ 1, & x\geqslant 4,\end{cases}$$

则 $E(X)=$________.

8. 设随机变量 X 与 Y 相互独立，且 $D(X)=2, D(Y)=1$，则 $D(X-2Y+3)=$________.

9. 设随机变量 X 服从参数为 2 的泊松公布，则 $D(X)=$________.

10. 设 X,Y 为随机变量，且 $E(X)=E(Y)=1, D(X)=D(Y)=5, \rho_{XY}=0.8$，则 $E(XY)=$________.

11. 设随机变量 X 服从区间 $[-1,3]$ 上的均匀分布，随机变量 $Y=\begin{cases}0, & X<1,\\ 1, & X\geqslant 1,\end{cases}$ 则 $E(Y)=$________.

12. 设随机变量 X 服从区间 $[-1,1]$ 上的均匀分布，则 $E(2X+1)=$________.

13. 设随机变量 X 服从参数为 0.5 的指数分布，则 $P\{X>E(X)\}=$________.

14. 设 X 为随机变量，$E(X)=0, D(X)=1$，则由切比雪夫不等式估计概率 $P\{|X|\geqslant 2\}<$________.

15. 设随机变量 X 与 Y 的相关系数为 0.4，且 $D(X)=D(Y)=9$，则 $\mathrm{Cov}(X,Y)=$________.

16. 设随机变量 X 服从参数为 λ 的泊松分布，$E(X)=5$，则 $\lambda=$________.

17. 设随机变量 X 的方差 $D(X)$ 存在，则对任意小正数 ε，有 $P\{|X-E(X)|<\varepsilon\}\geqslant$________.

18. 设 X 服从区间 $[1,4]$ 上的均匀分布，则 $E(X)=$________.

19. 设 $X\sim B\left(5,\frac{1}{5}\right)$，则 $D(X)=$________.

20. 设随机变量 X 与 Y 的协方差 $\mathrm{Cov}(X,Y)=-\frac{1}{2}$，则 $\mathrm{Cov}\left(3X,\frac{Y}{2}\right)=$________.

21. 设随机变量 X 服从参数为 3 的泊松分布，则 $D(-2X)=$________.

22. 设离散型随机变量 X 的分布律为

X	1	2	3
P	0.1	0.2	0.7

则 $E(X^2)=$________.

23. 设离散型随机变量 X 与 Y 相互独立，且分别服从参数为 2，3 的指数分布，则 $D(X-Y)=$________.

24. 设随机变量 X 服从区间[1,5]上的均匀分布，则 $\frac{E(X)}{D(X)}=$________.

25. 设随机变量 X 服从参数为 3 的泊松分布，随机变量 $Y\sim N(1,4)$，则 $E(X^2+Y^2)=$________.

26. 设随机变量 X 服从参数为 λ 的泊松分布，$D(X)=25$，则 $\lambda=$________.

27. 设随机变量 X 与 Y 相互独立，且 $X\sim N(2,4)$，$Y\sim U(-1,3)$，则 $E(XY)=$________.

28. 设随机变量 X 与 Y 的协方差 $\mathrm{Cov}(X,Y)=-\frac{1}{2}$，$E(X)=E(Y)=1$，则 $E(XY)=$________.

29. 设二维随机变量 (X,Y) 服从区域 $D:0\leqslant x\leqslant 4,0\leqslant y\leqslant 4$ 上的均匀分布，则 $E(X^2+Y^2)=$________.

三、计算题

1. 设随机变量 X 的概率密度为

$$f(x)=\begin{cases}\frac{3}{2}x^2, & -1\leqslant x\leqslant 1,\\ 0, & \text{其他}.\end{cases}$$

求：(1) $E(X)$，$D(X)$；(2) $P\{|X-E(X)|<2D(X)\}$.

2. 设随机变量 X 的概率密度为

$$f(x)=\begin{cases}x, & 0\leqslant x\leqslant 1,\\ 2-x, & 1\leqslant x\leqslant 2,\\ 0, & \text{其他}.\end{cases}$$

求：(1) $E(X)$，$D(X)$；(2) $E(X^n)$，其中 n 为正整数.

3. 设随机变量 X_1 与 X_2 相互独立，且 $X_1\sim N(\mu,\sigma^2)$，$X_2\sim N(\mu,\sigma^2)$. 令 $X=X_1+X_2$，$Y=X_1-X_2$，求：(1) $D(X)$，$D(Y)$；(2) X 与 Y 的相关系数 ρ_{XY}.

4. 设随机变量 X 的概率密度为

$$f(x)=\begin{cases}2\mathrm{e}^{-2x}, & x>0,\\ 0, & x\leqslant 0.\end{cases}$$

(1) 求 $E(X)$，$D(X)$；(2) 令 $Y=\frac{X-E(X)}{\sqrt{D(X)}}$，求 Y 的概率密度 $f_Y(y)$.

5. 设二维随机变量 (X,Y) 的概率密度为

$$f(x,y)=\begin{cases}2, & 0\leqslant x\leqslant 1, 0\leqslant y\leqslant x,\\ 0, & \text{其他}.\end{cases}$$

求：(1) $E(X+Y)$；(2) $E(XY)$；(3) $P\{X+Y\leqslant 1\}$.

6. 设随机变量 X 的分布律为

X	-1	0	1
P	$\frac{1}{3}$	$\frac{1}{3}$	$\frac{1}{3}$

记 $Y=X^2$，求：(1) $D(X),D(Y)$；(2) ρ_{XY}.

7. 设二维随机变量(X,Y)的分布律为

X \ Y	-1	0	1
0	0.1	0.2	0.3
1	0.2	0.1	0.1

求：(1) $E(X),E(Y)$；(2) $D(X),D(Y)$；(3) $E(XY),\mathrm{Cov}(X,Y)$.

8. 设随机变量 X 与 Y 相互独立，$X\sim N(0,4)$，$Y\sim N(1,4)$，记 $U=X-Y+1$，$V=X+Y$. 求：(1) $E(U),E(V),D(U),D(V)$；(2) U,V 的概率密度 $f_U(u),f_V(v)$；(3) $E(UV)$.

9. 设二维随机变量$(X,Y)\sim N(-2,2,2^2,3^2,\rho)$.

(1) 当 $\rho=0$ 时，求 $E(X+2Y),D(X+2Y)$；

(2) 当 $\rho=\frac{1}{2}$时，求 $\mathrm{Cov}(2X,Y)$.

10. 设二维随机变量(X,Y)的概率密度为

$$f(x,y)=\begin{cases}2x\mathrm{e}^{-(y-5)}, & 0\leqslant x\leqslant 1, y>5,\\ 0, & \text{其他}.\end{cases}$$

求：(1) (X,Y)关于 X,Y 的边缘概率密度 $f_X(x),f_Y(y)$；

(2) X 与 Y 是否独立？为什么？

(3) $E(X)$.

11. 设二维随机变量(X,Y)的分布律为

X \ Y	-1	0	1
0	a	0.1	0.2
1	0.1	b	0.2

且 $P\{Y=0\}=0.4$. 求：(1) 常数 a,b；(2) $E(X),D(X)$；(3) $E(XY)$.

12. 某产品的次品率为 0.1，检验员每天抽检 10 次，每次随机取 3 件产品进行检验，且不存在误检现象. 设产品是否为次品相互独立，若在一次检验中检出次品多于 1 件，则调整设备. 以 X 表示一天调整设备的次数，求 $E(X)$.

13. 设二维随机变量(X,Y)的分布律为

X \ Y	0	1	2
0	0.1	0.1	0.2
1	0.2	0.1	0.3

求:(1) $E(Y)$,$D(X)$;(2) $E(X+Y)$.

14. 设二维随机变量(X,Y)的分布律为

X \ Y	0	1	2	3
1	0	$\frac{3}{8}$	$\frac{3}{8}$	0
3	$\frac{1}{8}$	0	0	$\frac{1}{8}$

求:(1) $E(X)$,$E(Y)$,$E(XY)$;(2) X与Y是否相互独立?并说明理由.

15. 设二维随机变量(X,Y)的分布律为

X \ Y	-1	1
-1	0.25	0.25
1	0.25	0.25

求:(1) $E(X)$,$E(Y)$;(2) $D(X)$,$D(Y)$;(3) $\mathrm{Cov}(X,Y)$,ρ_{XY}.

16. 设随机变量$X\sim N(-2,4)$,Y服从区间$[-2,0]$上的均匀分布.

(1) 当X与Y相互独立时,求$E[(XY)^2]$;

(2) 当X与Y的相关系数$\rho=\frac{1}{2}$时,求$\mathrm{Cov}(2X,Y)$.

第五章　大数定律与中心极限定理

概率论是研究随机现象的统计规律，而随机现象的统计规律总是在对大量随机现象的观察中才能呈现出来. 大量的随机现象的统计规律，常常采用极限定理形式来刻画. 本章介绍的极限定理有两类：大数定律和中心极限定理. 大数定律揭示了随机变量序列的算术平均值具有稳定性；中心极限定理描述了随机变量和的极限分布为正态分布.

§1　切比雪夫(Chebyshev)不等式

下面介绍著名的切比雪夫不等式，它是大数定律的理论基础.

定理 1　(切比雪夫不等式)　设随机变量 X 的数学期望 $E(X)$ 与方差 $D(X)$ 均存在，则对任意 $\varepsilon>0$，成立下式：

$$P\{|X-E(X)|\geqslant\varepsilon\}<\frac{D(X)}{\varepsilon^2}, \tag{5.1.1}$$

其等价形式为

$$P\{|X-E(X)|<\varepsilon\}\geqslant 1-\frac{D(X)}{\varepsilon^2}. \tag{5.1.2}$$

证明　我们仅就连续型随机变量的情形给出证明.

设连续型随机变量 X 的概率密度为 $f(x)$，则对任意 $\varepsilon>0$，有

$$\begin{aligned}P\{|X-E(X)|\geqslant\varepsilon\}&=\int_{|x-E(X)|\geqslant\varepsilon}f(x)\mathrm{d}x\leqslant\int_{|x-E(X)|\geqslant\varepsilon}\frac{|x-E(X)|^2}{\varepsilon^2}f(x)\mathrm{d}x\\&\leqslant\frac{1}{\varepsilon^2}\int_{-\infty}^{+\infty}[x-E(X)]^2f(x)\mathrm{d}x=\frac{D(X)}{\varepsilon^2}.\end{aligned}$$

在概率论的许多不等式中，切比雪夫不等式是最基本和最重要的不等式. 切比雪夫不等式利用数学期望与方差，对事件 $\{|X-E(X)|\geqslant\varepsilon\}$ 的概率进行估计，且无需知道随机变量 X 的分布，这使得它在理论研究及实际应用中都很有价值. 此外，从切比雪夫不等式还可以看出，对任意给定的正数 ε，方差越小时，事件 $\{|X-E(X)|\geqslant\varepsilon\}$ 发生的概率也越小，这表明随机变量 X 落入区间 $(E(X)-\varepsilon,E(X)+\varepsilon)$ 以外这一事件的概率越小，或者说，X 落入区间 $(E(X)-\varepsilon,E(X)+\varepsilon)$ 内这一事件的概率越大，即 X 的取值也就越集中在“中心”$E(X)$ 的附近. 可见，方差的确是刻画随机变量 X 取值集中程度的一个量.

例 1　有一大批种子，其中良种占 $\frac{1}{6}$，现从中任取 6 000 粒. 试用切比雪夫不等式估计 6 000粒中良种所占比例与 $\frac{1}{6}$ 之差的绝对值小于 0.01 的概率.

解　由题意可知，任取出的 6 000 粒种子中，良种数是一随机变量，将其记为 X，易知 $X\sim$

$B(n,p)=B\left(6\ 000,\frac{1}{6}\right)$，从而

$$E(X)=np=6\ 000\times\frac{1}{6}=1\ 000,\quad D(X)=np(1-p)=1\ 000\times\frac{5}{6}=\frac{5\ 000}{6}.$$

由切比雪夫不等式有

$$P\left\{\left|\frac{X}{6\ 000}-\frac{1}{6}\right|<0.01\right\}=P\{|X-1\ 000|<60\}=P\{|X-E(X)|<60\}$$

$$\geqslant 1-\frac{D(X)}{60^2}=1-\frac{1}{60^2}\times\frac{5\ 000}{6}=1-\frac{50}{6^3}=0.769.$$

例 2　设 X 是投掷一枚骰子所出现的点数，若给定 $\varepsilon=2$ 和 $\varepsilon=2.5$，计算概率 $P\{|X-E(X)|\geqslant\varepsilon\}$，并验证切比雪夫不等式成立.

解　X 的分布律为

X	1	2	3	4	5	6
P	$\frac{1}{6}$	$\frac{1}{6}$	$\frac{1}{6}$	$\frac{1}{6}$	$\frac{1}{6}$	$\frac{1}{6}$

所以

$$E(X)=\frac{1+2+3+4+5+6}{6}=\frac{7}{2},$$

$$E(X^2)=\frac{1^2+2^2+3^2+4^2+5^2+6^2}{6}=\frac{91}{6},$$

于是

$$D(X)=E(X^2)-[E(X)]^2=\frac{91}{6}-\left(\frac{7}{2}\right)^2=\frac{35}{12}.$$

下面考查 $|X-E(X)|=\left|X-\frac{7}{2}\right|$ 的分布律，为

X	1	2	3	4	5	6
$\left\|X-\frac{7}{2}\right\|$	$\frac{5}{2}$	$\frac{3}{2}$	$\frac{1}{2}$	$\frac{1}{2}$	$\frac{3}{2}$	$\frac{5}{2}$
P	$\frac{1}{6}$	$\frac{1}{6}$	$\frac{1}{6}$	$\frac{1}{6}$	$\frac{1}{6}$	$\frac{1}{6}$

从而

$$P\{|X-E(X)|\geqslant 2\}=\frac{1}{6}+\frac{1}{6}=\frac{1}{3},\quad P\{|X-E(X)|\geqslant 2.5\}=\frac{1}{6}+\frac{1}{6}=\frac{1}{3}.$$

当 $\varepsilon=2$ 时，

$$\frac{D(X)}{\varepsilon^2}=\frac{35}{48},\quad P\{|X-E(X)|\geqslant\varepsilon\}=\frac{1}{3}<\frac{35}{48}=\frac{D(X)}{\varepsilon^2};$$

当 $\varepsilon=2.5$ 时，

$$\frac{D(X)}{\varepsilon^2}=\frac{1}{6.25}\times\frac{35}{12}=0.467,\quad P\{|X-E(X)|\geqslant\varepsilon\}=\frac{1}{3}<0.467=\frac{D(X)}{\varepsilon^2},$$

故切比雪夫不等式成立.

例 3 设电站供电网有 10 000 盏灯，夜晚每一盏灯开灯的概率都是 0.6，且假定所有点灯开或关是彼此独立的. 试用切比雪夫不等式估计夜晚同时开着的灯数在 5 800 与 6 200 之间的概率.

解 设 X 表示在夜晚同时开着的电灯的数目(单位:盏)，则

$$X\sim B(n,p)=B(10\ 000,0.6),$$

于是有

$$E(X)=np=10\ 000\times 0.6=6\ 000,$$
$$D(X)=np(1-p)=10\ 000\times 0.6\times 0.4=2\ 400,$$
$$P\{5\ 800\leqslant X\leqslant 6\ 200\}=P\{|X-6\ 000|\leqslant 200\}\geqslant 1-\frac{2\ 400}{200^2}=0.94.$$

可见，虽然有 10 000 盏灯，但是只要供应 6 200 盏灯的电力就能够以相当大的概率保证够用.

习　题　5.1

1. 设随机变量 X 的方差为 2.5，试利用切比雪夫不等式估计概率 $P\{|X-E(X)|\geqslant 7.5\}$.

2. 在每次试验中，事件 A 发生的概率为 0.5，利用切比雪夫不等式估计，在 1 000 次独立试验中，事件 A 发生的次数在 400 至 600 之间的概率.

3. 设随机变量 X 服从正态分布 $N(\mu,\sigma^2)$，试估计概率 $P\{|X-\mu|\geqslant 3\sigma\}$.

4. 已知随机变量 X 的数学期望 $E(X)=100$，方差 $D(X)=10$，估计 X 落在(80,120)内的概率.

§2　大数定律

在第一章中我们曾指出，频率具有稳定性. 但到目前为止，我们还未从理论上说明为何频率具有稳定性. 本节的大数定律为“概率是频率的稳定值”提供了理论依据，它以严格的数学形式表达了随机现象最根本的性质之一：平均结果的稳定性. 它是随机现象统计规律的具体表现，也成为数理统计的理论基础. 本节我们将介绍两个大数定律：伯努利大数定律和独立同分布的随机变量序列的切比雪夫大数定律.

2.1　伯努利大数定律

定理 2 设随机事件 A 在一次试验中出现的概率为 p. 独立重复地进行 n 次这样的试验，记 n_A 为事件 A 在 n 次试验中出现的次数，则对任意给定的正数 ε，有

$$\lim_{n\to\infty}P\left\{\left|\frac{n_A}{n}-p\right|<\varepsilon\right\}=1. \tag{5.2.1}$$

证明 注意到，$n_A\sim B(n,p)$，故 $E(n_A)=np$，$D(n_A)=np(1-p)$，于是

$$E\left(\frac{n_A}{n}\right)=\frac{1}{n}E(n_A)=\frac{1}{n}\times np=p,$$

$$D\left(\frac{n_A}{n}\right)=\frac{1}{n^2}D(n_A)=\frac{1}{n^2}\times np(1-p)=\frac{p(1-p)}{n}.$$

由切比雪夫不等式可以得到，对任意给定的正数 ε，有

$$P\left\{\left|\frac{n_A}{n}-p\right|\geqslant\varepsilon\right\}\leqslant\frac{1}{\varepsilon^2}\cdot\frac{p(1-p)}{n}.$$

因为对任意给定的常数 ε，有

$$\lim_{n\to\infty}\frac{1}{\varepsilon^2}\cdot\frac{p(1-p)}{n}=0,$$

由高等数学中的夹逼准则知

$$\lim_{n\to\infty}P\left\{\left|\frac{n_A}{n}-p\right|\geqslant\varepsilon\right\}=0,$$

即

$$\lim_{n\to\infty}P\left\{\left|\frac{n_A}{n}-p\right|<\varepsilon\right\}=1.$$

伯努利大数定律表明，当 n 很大时，“事件 A 在 n 次试验中出现的频率$\frac{n_A}{n}$与概率 p 的绝对偏差小于任意给定的整数 ε”这个事件的概率接近 1. 也就是说，当 n 很大时，对任意给定的正数 ε，频率$\frac{n_A}{n}$落入区间$(p-\varepsilon,p+\varepsilon)$内这一事件，其发生的概率近乎为 1，它说明了频率的稳定值就是概率.

2.2 独立同分布的随机变量序列的切比雪夫大数定律

定理 3 设 $X_1,X_2,\cdots,X_n,\cdots$ 是独立同分布的随机变量序列，并且数学期望和方差均存在，$E(X_k)=\mu$，$D(X_k)=\sigma^2$，$k=1,2,\cdots$，则对任意给定的正数 ε，有

$$\lim_{n\to\infty}P\left\{\left|\frac{1}{n}\sum_{k=1}^{n}X_k-\mu\right|<\varepsilon\right\}=1. \tag{5.2.2}$$

证明 由 $X_1,X_2,\cdots,X_n,\cdots$ 相互独立，得

$$E\left(\frac{1}{n}\sum_{k=1}^{n}X_k\right)=\frac{1}{n}\sum_{k=1}^{n}E(X_k)=\frac{1}{n}\sum_{k=1}^{n}\mu=\frac{1}{n}\cdot n\mu=\mu,$$

$$D\left(\frac{1}{n}\sum_{k=1}^{n}X_k\right)=\frac{1}{n^2}\sum_{k=1}^{n}D(X_k)=\frac{1}{n^2}\sum_{k=1}^{n}\sigma^2=\frac{1}{n^2}\cdot n\sigma^2=\frac{\sigma^2}{n}.$$

由切比雪夫不等式可得，对任意给定的正数 ε，有

$$P\left\{\left|\frac{1}{n}\sum_{k=1}^{n}X_k-E\left(\frac{1}{n}\sum_{k=1}^{n}X_k\right)\right|\geqslant\varepsilon\right\}\leqslant\frac{1}{\varepsilon^2}D\left(\frac{1}{n}\sum_{k=1}^{n}X_k\right),$$

即

$$P\left\{\left|\frac{1}{n}\sum_{k=1}^{n}X_k-\mu\right|\geqslant\varepsilon\right\}\leqslant\frac{1}{\varepsilon^2}\cdot\frac{\sigma^2}{n}.$$

因为对任意给定的常数 ε，有

$$\lim_{n\to\infty}\frac{1}{\varepsilon^2}\cdot\frac{\sigma^2}{n}=0,$$

于是

$$\lim_{n\to\infty}P\left\{\left|\frac{1}{n}\sum_{k=1}^{n}X_k-\mu\right|\geqslant\varepsilon\right\}=0,$$

即

$$\lim_{n\to\infty}P\left\{\left|\frac{1}{n}\sum_{k=1}^{n}X_k-\mu\right|<\varepsilon\right\}=1.$$

定理3表明，当n很大时，独立同分布的随机变量序列的算术平均值$\frac{1}{n}\sum_{k=1}^{n}X_k$，在统计上具有一定的稳定性，它的取值充分靠近在数学期望μ的附近. 在概率论中，大数定律是随机现象的统计稳定性的深刻描述，也是数理统计的重要理论基础.

伯努利大数定律是切比雪夫大数定律的特殊情况. 事实上，由于定理2中的n_A是以n,p为参数的二项分布变量，它可以分解为n个相互独立且均服从以p为参数的0-1分布的和，即$n_A=X_1+X_2+\cdots+X_n$，其中$X_1,X_2,\cdots,X_n$相互独立，且均服从0-1分布. 可见，频率$\frac{n_A}{n}$就是$X_1,X_2,\cdots,X_n$的算术平均值$\frac{1}{n}\sum_{k=1}^{n}X_k$，而此时$E\left(\frac{1}{n}\sum_{k=1}^{n}X_k\right)=\frac{1}{n}\sum_{k=1}^{n}E(X_k)=p$.

§3 中心极限定理

在随机变量的各种分布中，正态分布占有极其重要的地位. 为什么许多随机变量会服从正态分布？中心极限定理从理论上证明了为什么正态分布在概率论中是如此重要. 本节我们将介绍两个中心极限定理：独立同分布序列的中心极限定理和棣莫弗-拉普拉斯中心极限定理.

3.1 独立同分布序列的中心极限定理

定理4 设$X_1,X_2,\cdots,X_n,\cdots$是相互独立同分布的随机变量序列，并且具有相同的数学期望和方差，$E(X_k)=\mu,D(X_k)=\sigma^2>0,k=1,2,\cdots$，记随机变量序列

$$Y_n=\frac{\sum_{k=1}^{n}X_k-n\mu}{\sqrt{n}\sigma}$$

的分布函数为$F_n(x)$，则对任意实数x，有

$$\lim_{n\to\infty}F_n(x)=\lim_{n\to\infty}P\left\{\frac{\sum_{k=1}^{n}X_k-n\mu}{\sqrt{n}\sigma}\leqslant x\right\}=\int_{-\infty}^{x}\frac{1}{\sqrt{2\pi}}\mathrm{e}^{-\frac{t^2}{2}}\mathrm{d}t=\Phi(x),$$

其中$\Phi(x)$为标准正态分布函数.

证明略.

由独立同分布序列的中心极限定理可得以下结论：

(1) 对独立同分布的随机变量序列$X_1,X_2,\cdots,X_n$，只要n足够大，则这些随机变量和$\sum_{k=1}^{n}X_k$的分布近似服从正态分布$N(n\mu,n\sigma^2)$. 当方差$\sigma^2>0$时，随机变量的和经过标准化后，只

要 n 足够大，就有

$$\frac{\sum_{k=1}^{n} X_k - n\mu}{\sqrt{n}\sigma} \overset{\text{近似}}{\sim} N(0,1).$$

（2）我们也可以得到随机变量算术平均值的类似结果：当 $X_1,X_2,\cdots,X_n$ 相互独立同分布，分布的数学期望与方差均存在，且方差 $\sigma^2>0$ 时，只要 n 足够大，就有

$$\frac{1}{n}\sum_{k=1}^{n} X_k \overset{\text{近似}}{\sim} N\left(\mu,\frac{\sigma^2}{n}\right),$$

进一步经过标准化后有

$$\frac{\frac{1}{n}\sum_{k=1}^{n} X_k - \mu}{\frac{\sigma}{\sqrt{n}}} \overset{\text{近似}}{\sim} N(0,1).$$

这是独立同分布中心极限定理的另一种表达形式，它在数理统计中有重要的应用.

例 4　对敌人的防御地段进行 100 次射击，每次射击时命中目标的炮弹数是一个随机变量，其数学期望为 2，标准差为 1.5，求在 100 次射击中有 180 颗到 220 颗炮弹命中目标的概率.

解　设 X_k 为第 k 次射击时命中目标的炮弹数，$k=1,2,\cdots,100$，则 $X=\sum_{k=1}^{100} X_k$ 为 100 次射击中命中目标的炮弹总数，而且 $X_1,X_2,\cdots,X_{100}$ 相互独立且同分布，且

$$E(X_k)=2,\quad \sqrt{D(X_k)}=1.5,\quad k=1,2,\cdots,100.$$

从而

$$E(X)=100E(X_k)=200,\quad \sqrt{D(X)}=\sqrt{100D(X_k)}=15.$$

由定理 4 可知，随机变量 $\frac{X-200}{15}$ 近似服从标准正态分布. 故有

$$\begin{aligned}P\{180\leqslant X\leqslant 220\}&=P\left\{\frac{180-200}{15}\leqslant\frac{X-200}{15}\leqslant\frac{220-200}{15}\right\}\\&=P\left\{-\frac{4}{3}\leqslant Y\leqslant\frac{4}{3}\right\}\approx\Phi\left(\frac{4}{3}\right)-\Phi\left(-\frac{4}{3}\right)\\&=\Phi\left(\frac{4}{3}\right)-\left[1-\Phi\left(\frac{4}{3}\right)\right]=2\Phi\left(\frac{4}{3}\right)-1=0.8165.\end{aligned}$$

例 5　某种电器元件的寿命（单位：h）服从均值为 100h 的指数分布，现随机抽出 16 个，设它们的寿命是相互独立的，求这 16 个元件的寿命的总和大于 1 920h 的概率.

解　设第 k 个电器元件的寿命为 X_k，$k=1,2,\cdots,16$，由

$$E(X_k)=\frac{1}{\lambda}=100$$

知

$$\sqrt{D(X_k)}=\sqrt{\frac{1}{\lambda^2}}=100.$$

$X=\sum_{k=1}^{16} X_k$ 是这 16 个元件的寿命的总和，则

$$E(X)=16E(X_k)=1\ 600,\quad \sqrt{D(X)}=\sqrt{16D(X_k)}=400.$$

故随机变量$\frac{X-1\ 600}{400}$近似服从标准正态分布，则所求概率为

$$P\{X>1\ 920\}=P\left\{\frac{X-1\ 600}{400}>\frac{1\ 920-1\ 600}{400}\right\}\approx 1-\Phi(0.8)=0.211\ 9.$$

例 6 某一加法器同时收到 20 个噪声电压 $V_k, k=1,2,\cdots,20$，设它们是互相独立的随机变量，且都在区间[0,10]上服从均匀分布，令 $V=\sum\limits_{k=1}^{n}V_k$，求 $P\{V>105\}$ 的近似值.

解 由已知 $E(V_k)=\frac{a+b}{2}=\frac{0+10}{2}=5$，$\sqrt{D(V_k)}=\sqrt{\frac{(b-a)^2}{12}}=\sqrt{\frac{10^2}{12}}=\frac{5}{\sqrt{3}}$，从而

$$E(V)=20E(V_k)=100,\quad \sqrt{D(V)}=\sqrt{20D(V_k)}=10\sqrt{\frac{5}{3}}.$$

故随机变量$\frac{V-100}{10\sqrt{\frac{5}{3}}}$近似服从标准正态分布，则所求概率为

$$P\{V>105\}=P\left\{\frac{V-100}{10\sqrt{\frac{5}{3}}}>\frac{105-100}{10\sqrt{\frac{5}{3}}}\right\}=P\left\{\frac{V-100}{10\sqrt{\frac{5}{3}}}>0.387\right\}$$
$$\approx 1-\Phi(0.387)=0.348.$$

3.2 棣莫弗-拉普拉斯中心极限定理

设随机变量 $Y_n, n=1,2,\cdots$服从以 n,p 为参数的二项分布，且 $0<p<1$，则它可以写成 n 个相互独立且均服从以 p 为参数的 0-1 分布的随机变量序列的和 $Y_n=X_1+X_2+\cdots+X_n$，从而利用定理 4 的结论可得如下定理.

定理 5(棣莫弗-拉普拉斯中心极限定理) 设随机变量 $Y_n, n=1,2,\cdots$服从以 n,p 为参数的二项分布，且 $0<p<1$，则对任意实数 x，有

$$\lim_{n\to\infty}P\left\{\frac{Y_n-np}{\sqrt{np(1-p)}}\leqslant x\right\}=\int_{-\infty}^{x}\frac{1}{\sqrt{2\pi}}e^{-\frac{t^2}{2}}dt=\Phi(x).$$

证明 设 $Y_n=X_1+X_2+\cdots+X_n$，其中 $X_k, k=1,2,\cdots,n$ 为 n 个相互独立且均服从以 p 为参数的 0-1 分布的随机变量序列，且

$$\mu=E(X_k)=p,\quad \sigma^2=D(X_k)=p(1-p),\quad k=1,2,\cdots,n.$$

从而

$$E(Y_n)=nE(X_k)=np,\quad \sqrt{D(Y_n)}=\sqrt{nD(X_k)}=\sqrt{np(1-p)}.$$

由独立同分布序列的中心极限定理知

$$\lim_{n\to\infty}P\left\{\frac{Y_n-np}{\sqrt{np(1-p)}}\leqslant x\right\}=\lim_{n\to\infty}P\left\{\frac{\sum\limits_{k=1}^{n}X_k-n\mu}{\sqrt{n}\sigma}\leqslant x\right\}=\int_{-\infty}^{x}\frac{1}{\sqrt{2\pi}}e^{-\frac{t^2}{2}}dt=\Phi(x).$$

由棣莫弗-拉普拉斯中心极限定理可得以下结论：

(1) 若 $Y_n\sim B(n,p)$，则

$$Y_n \overset{\text{近似}}{\sim} N(np, np(1-p)),$$

即二项分布的极限分布是正态分布.而正态分布的概率计算,可通过查表轻松地完成,故二项分布的计算,除了用泊松分布近似计算外,还可用正态分布近似计算.一般在实际应用中,当 n 较大时,可使用如下近似公式:

$$P\{a<Y_n\leqslant b\}\approx\Phi\left(\frac{b-np}{\sqrt{np(1-p)}}\right)-\Phi\left(\frac{a-np}{\sqrt{np(1-p)}}\right),$$

其中 $Y_n\sim B(n,p)$.

(2) 若 $Y_n\sim B(n,p)$,则

$$\frac{Y_n}{n} \overset{\text{近似}}{\sim} N\left(p, \frac{p(1-p)}{n}\right).$$

在 n 重伯努利实验中,若事件 A 发生的概率为 p,$\frac{Y_n}{n}$ 为 n 次独立重复实验中事件 A 发生的频率,则当 n 充分大时,频率 $\frac{Y_n}{n}$ 近似服从正态分布 $N\left(p, \frac{p(1-p)}{n}\right)$.

例 7 用中心极限定理求解本章§1 例 3 的概率.

解 设同时开着的灯数为 X,则

$$X\sim B(n,p)=B(10\ 000, 0.6),$$
$$E(X)=np=10\ 000\times0.6=6\ 000,$$
$$D(X)=np(1-p)=10\ 000\times0.6\times0.4=2\ 400,$$

$$\begin{aligned}P\{5\ 800\leqslant X\leqslant 6\ 200\}&=P\{|X-6\ 000|\leqslant 200\}=P\left\{\frac{|X-6\ 000|}{\sqrt{2\ 400}}\leqslant\frac{200}{\sqrt{2\ 400}}\right\}\\&=P\left\{\frac{|X-6\ 000|}{\sqrt{2\ 400}}\leqslant 4.083\right\}\approx 2\Phi(4.083)-1\\&=0.999\ 955.\end{aligned}$$

例 8 设某单位内部有 1 000 台电话分机,每台分机有 5%的时间使用外线电话,假定各个分机是否使用外线是相互独立的,该单位总机至少需要安装多少条外线,才能以 95%以上的概率保证每台分机需要使用外线时不被占用?

解 把观察每一台分机是否使用外线作为一次试验,则各次试验相互独立,设 X 为 1 000 台分机中同时使用外线的分机数,则 $X\sim B(1\ 000, 0.05)$,X 的数学期望和方差分别为

$$\mu=E(X)=np=1\ 000\times0.05=50,$$
$$\sigma=\sqrt{D(X)}=\sqrt{npq}=\sqrt{1\ 000\times0.05\times0.95}=6.892.$$

根据题意,设 N 为满足条件的最小正整数

$$\begin{aligned}P\{0\leqslant X\leqslant N\}&=P\left\{\frac{0-50}{6.892}\leqslant\frac{X-50}{6.892}\leqslant\frac{N-50}{6.892}\right\}\approx\Phi\left(\frac{N-50}{6.892}\right)-\Phi\left(\frac{0-50}{6.892}\right)\\&=\Phi\left(\frac{N-50}{6.892}\right)-\Phi(-7.255).\end{aligned}$$

由于 $\Phi(-7.255)\approx 0$,故有

$$P\{0\leqslant X\leqslant N\}\approx\Phi\left(\frac{N-50}{6.892}\right)\geqslant 0.95.$$

查标准正态分布表得 $\Phi(1.65)=0.9505$,故有

$$\frac{N-50}{6.892} \geqslant 1.65,$$

由此

$$N \geqslant 61.372.$$

即该单位总机至少需要 62 条外线，才能以 95%以上的概率保证每台分机在使用外线时不被占用.

例 9 某一复杂的系统由 100 个相互独立起作用的部件组成，在整个运行期间每个部件损坏的概率为 0.1. 系统要正常工作，至少有 85 个部件正常工作，试求整个系统正常工作的概率.

解 记 X 为运行期间损坏的部件数，由题意知，所求概率为 $P\{X \leqslant 15\}$.

易知，$X \sim B(100, 0.1)$，由棣莫弗-拉普拉斯中心极限定理，随机变量

$$\frac{X-100\times 0.1}{\sqrt{100\times 0.1\times 0.9}} = \frac{X-10}{3} \overset{\text{近似}}{\sim} N(0,1),$$

所以得

$$P\{X \leqslant 15\} = P\left\{\frac{X-10}{3} \leqslant \frac{15-10}{3}\right\} = P\left\{\frac{X-10}{3} \leqslant \frac{5}{3}\right\}$$

$$\approx \Phi\left(\frac{5}{3}\right) = 0.9522.$$

故整个系统起作用的概率为 0.952 2.

例 10 某电视机厂每月生产一万台电视机. 该厂的显像管车间的正品率为 0.8. 现若要以 0.997 的概率保证出厂的电视机都装上正品的显像管，试问该车间每月至少生产多少支显像管？

解 设显像管车间每月生产 n 支显像管. 记 X 为 n 支显像管中的正品数. 题意所求的为，由 $P\{X \geqslant 10\,000\} \geqslant 0.997$ 求最小的 n.

易知，$X \sim B(n, 0.8)$，由棣莫弗-拉普拉斯中心极限定理，随机变量

$$\frac{X-n\times 0.8}{\sqrt{n\times 0.8\times 0.2}} = \frac{X-0.8n}{0.4\sqrt{n}} \overset{\text{近似}}{\sim} N(0,1).$$

于是

$$P\{X \geqslant 10\,000\} = P\left\{\frac{X-0.8n}{0.4\sqrt{n}} \geqslant \frac{10\,000-0.8n}{0.4\sqrt{n}}\right\} \approx 1-\Phi\left(\frac{10\,000-0.8n}{0.4\sqrt{n}}\right) \geqslant 0.997,$$

即

$$\Phi\left(\frac{0.8n-10\,000}{0.4\sqrt{n}}\right) \geqslant 0.997,$$

查表知，$\dfrac{0.8n-10000}{0.4\sqrt{n}} \geqslant 2.75$，解得 $n \geqslant 12\,654.58$，取 $n = 12\,655$.

所以显像管车间每月至少生产 12 655 支显像管.

习　题　5.3

1. 100 台车床彼此独立地工作着，每台车床的实际工作时间占全部工作时间的 80%，求任一时刻有 70 至 86 台车床在工作的概率.

2. 某计算机系统有 120 个终端，每个终端在 1 小时内平均有 3min 使用打印机，假定各终端使用打印机与否是相互独立的，求至少有 10 个终端同时使用打印机的概率.（$\Phi(1.68)=0.9535$）

3. 设某产品的废品率为 0.005，从这批产品中任取 1000 件，求其中废品率不大于 0.007 的概率.

4. 在掷硬币的试验中，至少掷多少次，才能使正面出现的频率落在(0.4，0.6)区间的概率不小于 0.9？

5. 设一个系统由 100 个相互独立起作用的部件组成，每个部件损坏的概率为 0.1，必须有 85 个以上的部件正常工作，才能保证系统正常运行，求整个系统正常工作的概率.

6. 有一批建筑房屋用的木柱，其中 80%的长度不小于 3m，现从这批木材中随机抽取 100 根，问其中至少有 30 根短于 3m 的概率是多少？

7. 某车间有同型号机床 200 台，它们独立地工作着，每台开动的概率均为 0.6，开动时耗电均为 1kW，问电厂至少要供给该车间多少电力，才能以 99.9%的概率保证用电需要？

小　　结

本章主要讨论大数定律与中心极限定理. 这是对随机现象的统计规律性在理论上的较深入的论述，也是数理统计的理论基础之一. 大数定律描述大量独立重复试验中呈现出来的统计平均规律性；而中心极限定理则描述大量独立作用的随机因素当每一微小且均匀的随机因素对总和的影响不大时，其综合效应往往呈现正态分布.

本章的基本要求是：

1. 知道切比雪夫不等式；

2. 了解伯努利大数定律和切比雪夫大数定律及其在概率论中的重要意义；

3. 了解独立同分布序列的中心极限定理，知道棣莫弗-拉普拉斯中心极限定理，并会计算简单应用问题.

自 测 题 5

一、选择题

1. 设 $X_1,X_2,\cdots,X_n,\cdots$是独立同分布的随机变量序列，且

X_k	0	1
P	$1-p$	p

，$i=1,2,\cdots,0<p<1$.

令 $Y_n=\sum_{k=1}^{n}X_k, n=1,2,\cdots,\Phi(x)$ 为标准正态分布函数，则 $\lim_{n\to\infty}P\left\{\frac{Y_n-np}{\sqrt{np(1-p)}}\leqslant 1\right\}=$(　　).

A. 0　　B. $\Phi(1)$　　C. $1-\Phi(1)$　　D. 1

2. 设 $\Phi(x)$ 为标准正态分布函数，随机变量序列满足

$$X_k=\begin{cases}0, & \text{事件 } A \text{ 不发生},\\ 1, & \text{事件 } A \text{ 发生},\end{cases}\quad k=1,2,\cdots,100,$$

且 $P(A)=0.8, X_1,X_2,\cdots,X_{100}$ 相互独立. 令 $Y=\sum_{k=1}^{100}X_k$，则由中心极限定理知 Y 的分布 $F(y)$ 近似于(　　).

A. $\Phi(y)$　　B. $\Phi\left(\frac{y-80}{4}\right)$　　C. $\Phi(16y+80)$　　D. $\Phi(4y+80)$

3. 设随机变量 $X_1,X_2,\cdots,X_n,\cdots$ 相互独立，且 $X_k, k=1,2,\cdots$ 都服从参数为 $\frac{1}{2}$ 的指数分布，则当 n 充分大时，随机变量 $Y_n=\frac{1}{n}\sum_{k=1}^{n}X_k$ 的概率分布近似服从(　　).

A. $N(2,4)$　　B. $N\left(2,\frac{4}{n}\right)$　　C. $N\left(\frac{1}{2},\frac{1}{4n}\right)$　　D. $N(2n,4n)$

4. 设 X 为随机变量，$E(X)=0.1, D(X)=0.01$，则由切比雪夫不等式可得(　　).

A. $P\{|X-0.1|\geqslant 1\}\leqslant 0.01$　　B. $P\{|X-0.1|\geqslant 1\}\geqslant 0.99$

C. $P\{|X-0.1|<1\}\leqslant 0.99$　　D. $P\{|X-0.1|<1\}\leqslant 0.01$

5. 设随机变量 X 的方差等于 1，由切比雪夫不等式可估计 $P\{|X-E(X)|\geqslant 2\}\leqslant$ (　　).

A. 0　　B. 0.25　　C. 0.5　　D. 0.75

二、填空题

1. 设随机变量序列 $X_1,X_2,\cdots,X_n,\cdots$ 相互独立且同分布，它们的数学期望为 μ，方差为 σ^2，令 $Y_n=\frac{1}{n}\sum_{k=1}^{n}X_k$，则对任意正数 ε，有 $\lim_{n\to\infty}P\{|Y_n-\mu|\leqslant\varepsilon\}=$ ________.

2. 设 $X_1,X_2,\cdots,X_n,\cdots$ 是独立同分布的随机变量序列，且具有相同的数学期望和方差，即 $E(X_k)=\mu, D(X_k)=\sigma^2>0, k=1,2,\cdots$，则对于任意实数 x，

$$\lim_{n\to\infty}P\left\{\frac{\sum_{k=1}^{n}X_k-n\mu}{\sqrt{n}\sigma}\leqslant x\right\}= \text{\_\_\_\_\_\_\_\_}.$$

3. 设 $E(X)=-1, D(X)=4$，则由切比雪夫不等式估计概率 $P\{-4<X<2\}\geqslant$ ________.

4. 设随机变量 $X\sim U[0,1]$，由切比雪夫不等式可得 $P\left\{\left|X-\frac{1}{2}\right|\geqslant\frac{1}{\sqrt{3}}\right\}\leqslant$ ________.

5. 设随机变量 $X\sim B(100,0.2)$，应用中心极限定理可得 $P\{X\geqslant 30\}\approx$ ________. ($\Phi(2.5)=0.9938$).

6. 设随机变量 $X \sim B(100, 0.2)$，$\Phi(x)$ 为标准正态分布函数，$\Phi(2.5) = 0.9938$，应用中心极限定理，可得 $P\{20 \leqslant X \leqslant 30\} \approx$ ________.

7. 在伯努利试验中，若事件 A 发生的概率为 p，$0 < p < 1$，今独立重复观察 n 次，记

$$X_k = \begin{cases} 1, & \text{第 } k \text{ 次试验 } A \text{ 发生}, \\ 0, & \text{第 } k \text{ 次试验 } A \text{ 不发生}, \end{cases} \quad k = 1, 2, \cdots, n,$$

$\Phi(x)$ 为标准正态分布函数，则 $\lim\limits_{n \to \infty} P\left\{ \dfrac{\sum\limits_{k=1}^{n} X_k - np}{\sqrt{np(1-p)}} \leqslant 2 \right\} =$ ________.

8. 设 $X_1, X_2, \cdots, X_n, \cdots$ 独立同分布，且 $E(X_k) = \mu$，$D(X_k) = \sigma^2$，$k = 1, 2, \cdots$，则对任意 $\varepsilon > 0$，都有 $\lim\limits_{n \to \infty} P\left\{ \left| \dfrac{1}{n} \sum\limits_{k=1}^{n} X_k - \mu \right| > \varepsilon \right\} =$ ________.

第六章　统计量及其抽样分布

§1　引　言

前五章的研究属于概率论的范畴，在那里，随机变量及其概率分布全面描述了随机现象的统计规律性. 在概率论的许多问题中，概率分布通常被假定为已知的，而一切计算推理均基于这个已知的分布进行. 但在实际问题中，情况往往并非如此，试看下面的例子.

例 1　某公司要采购一批产品，每件产品要么是正品，要么是次品. 若设这批产品的次品率为 p(一般是未知的)，则从该批产品中随机抽取一件，用 X 表示抽到的次品数，不难看出 X 服从 0-1 分布 $B(1,p)$. 但分布中的参数 p 是不知道的. 显然，p 的大小决定了该批产品的质量，它直接影响采购行为的经济效益，故人们对 p 提出一些问题，例如：

p 的大小如何?

p 大概落在什么范围内?

能否认为 p 满足设定要求(如 $p\leqslant 5\%$)?

从上例中不难看出，在概率论中研究的随机变量，它们的概率分布往往是已知的. 但在实际问题中，我们考察的随机现象虽然可以用某个随机变量 X 去描述，但 X 的概率分布往往是未知的. 这就需要我们用数理统计的方法来解决此类实际问题. 由此可见，数据统计学在理论和应用上的重要性. 下面我们再举一个实例.

例 2　彩电的彩色深度是彩电质量好坏的一个重要指标. 20 世纪 70 年代在美国销售的 SONY 牌彩电有两个产地：美国和日本. 两地的工厂是按同一设计方案和相同的生产线生产同一型号 SONY 彩电，连使用说明书和检验合格的标准也是一样的. 其中关于彩色深度 X 的标准是：目标值为 m，公差为 5，即当 X 在$[m-5,m+5]$内该彩电的彩色深度合格，否则不合格. 在 20 世纪 70 年代后期，美国消费者购买日产 SONY 彩电的热情高于购买美产 SONY 彩电，原因何在? 这就要考察这两个总体有什么差别. 1979 年 4 月 17 日日本《朝日新闻》刊登调查报告指出，日产 SONY 彩电的彩色深度服从正态分布 $N(m,(5/3)^2)$，而美产 SONY 彩电的彩色深度服从$(m-5,m+5)$上的均匀分布，见图 6-1. 这两个不同的分布代表了两个不同的总体，其均值相同(都为 m)，但方差不同. 若彩色深度与 m 的距离在 5/3 以内为Ⅰ级品，在 5/3 到 10/3 之间为Ⅱ级品，在 10/3 到 5 之间为Ⅲ级品，其他为Ⅳ级品. 于是日产 SONY 彩电的Ⅰ级品为美产 SONY 的两倍出头(见表 6-1). 这就是美国消费者愿意购买日产 SONY 的主要原因.

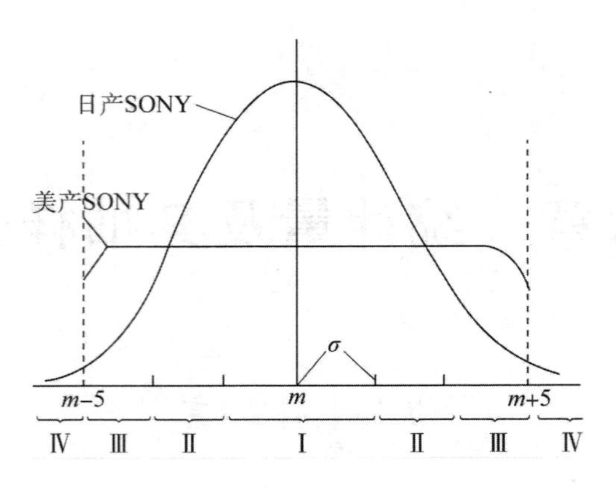

图 6-1 SONY 彩电彩色深度分布图

表 6-1 各等级彩电的比例(%)

等级	Ⅰ	Ⅱ	Ⅲ	Ⅳ
美产	33.3	33.3	33.3	0
日产	68.3	27.1	4.3	0.3

§2 总体与样本

2.1 总体与个体

在一个统计问题中,我们把研究对象的全体称为**总体**,构成总体的每个成员称为**个体**.对多数实际问题,总体中的个体是一些实在的人或物.比如,我们要研究某大学的学生身高情况,则该大学的全体学生构成问题的总体,而每一个学生即是一个个体.事实上,每个学生有许多特征:性别、年龄、身高、体重、民族、籍贯等.而在该问题中,我们关心的只是该校学生的身高如何,对其他的特征暂不予考虑.这样,每个学生(个体)所具有的数量指标值——身高就是个体,而将所有身高全体看成总体.这样一来,若抛开实际背景,总体就是一堆数,这堆数中有大有小,有的出现的机会多,有的出现的机会少,因此用一个概率分布去描述和归纳总体是恰当的.从这个意义上看,总体就是一个分布,而其数量指标就是服从这个分布的随机变量.以后说"从总体中抽样"与"从某分布中抽样"是同一个意思.

例 3 考虑某厂的产品质量,将其产品只分为合格品与不合格品,并以"0"记合格品,以"1"记不合格品,则

总体={该厂生产的全部合格品与不合格品}={由 0 或 1 组成的一堆数}.

若以 p 表示这堆数中 1 的比例(不合格品率),则该总体可由一个 0-1 分布表示:

X	0	1
P	$1-p$	p

不同的 p 反映了总体间的差异. 例如，两个生产同类产品的工厂，其产品总体分布分别为

X	0	1
P	0.983	0.017

X	0	1
P	0.915	0.085

我们可以看到，第一个工厂的产品质量优于第二个工厂. 实际中，分布中的不合格品率是未知的，如何对之进行估计是统计学要研究的问题.

2.2 样本

为了了解总体的分布，我们从总体中随机地抽取 n 个个体，记其指标值为 X_1，X_2，…，X_n，则 X_1，X_2，…，X_n 称为来自该总体的一个**样本**，n 称为**样本容量**，或简称**样本量**，样本中的个体称为**样品**.

我们首先指出，样本具有所谓的二重性：一方面，由于样本是从总体中随机抽取的，抽取前无法预知它们的数值，因此，样本是随机变量，用大写字母 X_1，X_2，…，X_n 表示；另一方面，样本在抽取以后经观测就有确定的观测值，因此，样本又是一组数值. 此时用小写字母 x_1，x_2，…，x_n 表示.

例 4 啤酒厂生产的瓶装啤酒规定净含量为 640g，由于随机性，事实上不可能使得所有的啤酒净含量均为 640g. 现从某厂生产的啤酒中随机抽取 10 瓶测定其净含量（单位：g），得到如下结果：

$$641, 635, 640, 637, 642, 638, 645, 643, 639, 640.$$

这是一个容量为 10 的样本的观测值，对应的总体为该厂生产的瓶装啤酒的净含量.

从总体中抽取样本时，为使样本具有代表性，抽样必须是随机抽样. 通常可以用随机数表来实现随机抽样，还要求抽样必须是独立的，即每次抽样的结果互不影响. 在概率论中，在有限总体（只有有限个个体的总体）中进行有放回抽样，是独立的随机抽样；然而，若为不放回抽样，则是不独立的抽样. 但当总体容量 N 很大，但样本容量 n 较小 $\left(\frac{n}{N}\leqslant 10\%\right)$ 时，不放回抽样可以近似地看成放回抽样，即可近似看成独立随机抽样. 下面，我们假定抽样方式总满足独立随机抽样的条件.

从总体中抽取样本可以有不同的抽法，为了能由样本对总体做出较可靠的推断，就希望样本能很好地代表总体. 这就需要对抽样方法提出一些要求，最常用的“简单随机抽样”有如下两个要求：

(1) 样本具有**随机性**，即要求总体中每一个个体都有同等机会被选入样本，这便意味着每一样品 X_i 与总体 X 有相同的分布.

(2) 样本要有**独立性**，即要求样本中每一样品的取值不影响其他样品的取值，这意味着 X_1，X_2，…，X_n 相互独立.

用简单随机抽样方法得到的样本称为**简单随机样本**，也简称为**样本**. 除非特别指明，本书中的样本皆为简单随机样本. 于是，样本 X_1，X_2，…，X_n 可以看成是相互独立的具有同一分布的随机变量，其共同分布即为总体分布.

设总体 X 具有分布函数 $F(x)$，X_1，X_2，…，X_n 为取自该总体的容量为 n 的样本，则样本的**联合分布函数**为

$$F(x_1,x_2,\cdots,x_n)=\prod_{i=1}^{n}F(x_i).$$

对无限总体，随机性与独立性容易实现，困难在于排除有意或无意的人为干扰. 对有限总体，只要总体所含个体数很大，特别是与样本量相比很大，则独立性也可基本得到满足.

若总体具有概率密度函数 $f(x)$，则样本的联合概率密度函数为

$$f(x_1,x_2,\cdots,x_n)=\prod_{i=1}^{n}f(x_i);$$

若总体 X 为离散型随机变量，则样本的联合分布律为

$$p(x_1,x_2,\cdots,x_n)=\prod_{i=1}^{n}P\{X=x_i\}.$$

显然，通常说的样本分布是指多维随机变量$(X_1,X_2,\cdots,X_n)$的联合分布.

例 5 为估计一物件的重量 μ，用一架天平重复测量 n 次，得样本 $X_1,X_2,\cdots,X_n$. 由于是独立重复测量，$X_1,X_2,\cdots,X_n$ 是简单随机样本. 总体的分布即 X_1 的分布($X_1,X_2,\cdots,X_n$ 分布相同). 由于称量误差是均值(期望)为零的正态变量，所以 X_1 可认为服从正态分布 $N(\mu,\sigma^2)$ (X_1 等于物件重量 μ 加上称量误差)，即 X_1 的概率密度为

$$f(x)=\frac{1}{\sqrt{2\pi}\sigma}\mathrm{e}^{-\frac{(x-\mu)^2}{2\sigma^2}}.$$

这样，样本分布的概率密度为

$$\prod_{i=1}^{n}f(x_i)=\frac{1}{(\sqrt{2\pi}\sigma)^n}\exp\left\{\frac{1}{2\sigma^2}\sum_{i=1}^{n}(x_i-\mu)^2\right\}.$$

例 6 设某种电灯泡的寿命 X 服从指数分布 $E(\lambda)$，其概率密度为

$$f_X(x)=\begin{cases}\lambda\mathrm{e}^{-\lambda x}, & x>0,\\ 0, & x\leqslant 0.\end{cases}$$

则来自这一总体的简单随机样本 $X_1,X_2,\cdots,X_n$ 的样本分布的概率密度为

$$f_X(x_1)f_X(x_2)\cdots f_X(x_n)=\begin{cases}\lambda^n\mathrm{e}^{-\lambda\sum\limits_{i=1}^{n}x_i}, & x_i>0, i=1,2,\cdots,n,\\ 0, & \text{其他}.\end{cases}$$

例 7 考虑电话交换台一小时内的呼唤次数 X. 求来自这一总体的简单随机样本 X_1，$X_2,\cdots,X_n$ 的样本分布.

解 由概率论知识，X 服从泊松分布 $P(\lambda)$，其概率密度为

$$p_X(x)=P\{X=x\}=\frac{\lambda^x}{x!}\mathrm{e}^{-\lambda},\quad \lambda>0,$$

其中 x 是非负整数 $0,1,2,\cdots,k,\cdots$ 中的一个. 从而，简单随机样本 $X_1,X_2,\cdots,X_n$ 的样本分布为

$$p_X(x_1)p_X(x_2)\cdots p_X(x_n)=\frac{\lambda^{\sum\limits_{i=1}^{n}x_i}}{x_1!x_2!\cdots x_n!}\mathrm{e}^{-n\lambda}.$$

2.3[*] 样本数据的整理与显示

设 $x_1, x_2, \cdots, x_n$ 是来自总体 X 的样本观测值. 对样本数据的整理是统计研究的基础. 整理数据最常用的方法之一是给出其频数分布表或频率分布表，我们用一个例子来介绍.

例 8 为研究某厂工人生产某种产品的能力，随机调查了 20 位工人某天生产该种产品的数量，数据如下：

160，196，164，148，170，175，178，166，181，162，

161，168，166，162，172，156，170，157，162，154.

我们按下面的步骤对这 20 个数据(样本)进行整理：

(1) 对样本进行分组. 首先确定组数 k. 作为一般性的原则，组数通常取 $5 \leqslant k \leqslant 20$，对容量较小的样本，通常将其分为 5 组或 6 组；容量为 100 左右的样本可分为 7～10 组；容量为 200 左右的样本可分为 9～13 组；容量为 300 以上的样本可分成 12～20 组. 这样做的目的是使用足够的组来表示数据的变异. 本例中只有 20 个数据，我们将之分成 5 组，即取 $k=5$.

(2) 确定每组组距. 每组区间长度可以相同也可以不同，实践中常选用长度相同的区间以便于进行比较，此时各组区间的长度称为**组距**，其近似公式为

$$\text{组距 } d = \frac{\text{样本最大观测值} - \text{样本最小观测值}}{\text{组数}}.$$

本例中，数据最大观测值为 196，最小观测值为 148，故组距近似为

$$d = \frac{196-148}{5} = 9.6.$$

为方便起见，取组距为 10.

(3) 确定每组组限. 各组区间端点为 $a_0, a_0+d=a_1, a_0+2d=a_2, \cdots, a_0+kd=a_k$，形成如下的分组区间

$$(a_0, a_1], \quad (a_1, a_2], \quad \cdots, \quad (a_{k-1}, a_k],$$

其中 a_0 略小于最小观测值，a_k 略大于最大观测值. 本例中可取 $a_0=147, a_5=197$，于是本例的分组区间为

$$(147,157], \quad (157,167], \quad (167,177], \quad (177,187], \quad (187,197].$$

通常可用每组的组中值来代表该组的变量取值，即

$$\text{组中值} = \frac{\text{组上限} + \text{组下限}}{2}.$$

(4) 统计样本数据落入每个区间的个数——频数，并列出其频数频率分布表. 本例的频数频率分布表见表 6-2. 从表中可以读出很多信息，如，40%的工人生产产量在 157 到 167 之间；生产产量小于 167 个的有 12 人，占 60%；产量高于 177 个的有 3 人，占 15%.

---

* 非自考内容.

表 6-2　例 8 的频数频率分布表

组序	分组区间	组中值	频数	频率	累计频率/%
1	(147,157]	152	4	0.20	20
2	(157,167]	162	8	0.40	60
3	(167,177]	172	5	0.25	85
4	(177,187]	182	2	0.10	95
5	(187,197]	192	1	0.05	100
合计			20	1	

我们将表 6-2 称为这组样本数据的**频数频率分布表**.

样本数据的频数分布除了用上述表格形式进行整理之外，也可以用图形表示，这在很多场合较表格形式更为直观. 这里我们只简单介绍一下直方图法，它是频数分布最常用的图形表示方法. 做法如下：在组距相等场合常用宽度相等的长条矩形表示，矩形的高低表示频数的大小. 在图中，横坐标表示所关心变量的取值区间，纵坐标表示频数，这样就得到频数直方图，图 6-2 画出了例 8 的频数直方图. 若把纵轴改成频率就得到频率直方图.

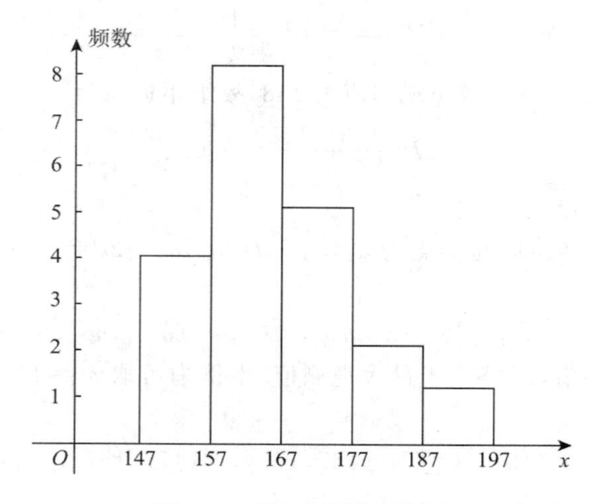

图 6-2　例 8 的频数直方图

为使诸长条矩形面积和为 1，可将纵轴取为频率/组距，如此得到的直方图称为单位频率直方图，或简称频率直方图. 凡此三种直方图的差别仅在于纵轴刻度的选择，直方图本身并无变化.

§3　统计量及其分布

3.1　统计量与抽样分布

样本来自总体，样本的观测值中含有总体各方面的信息，但这些信息较为分散，有时显得杂乱无章. 为将这些分散在样本中的有关总体的信息集中起来以反映总体的各种特征，需要对样本进行加工.数表和图是一类加工形式,它使人们从中获得对总体的初步认识.当人们需要从样本获得对总体各种参数的认识时,最常用的加工方法是构造样本的函数,不同的函数反映总体的不同特征.

定义 1 设 $X_1,X_2,\cdots,X_n$ 为取自某总体的样本,若样本函数 $T=T(X_1,X_2,\cdots,X_n)$ 中不含有任何未知参数,则称 T 为**统计量**.统计量的分布称为**抽样分布**.

按照这一定义,若 $X_1,X_2,\cdots,X_n$ 为样本,则 $\sum\limits_{i=1}^{n}X_i$, $\sum\limits_{i=1}^{n}X_i^2$ 都是统计量.而当 μ,σ^2 未知时, $\sum\limits_{i=1}^{n}(X_i-\mu)^2$, $\dfrac{X_1}{\sigma}$ 等均不是统计量.

3.2 经验分布函数

设 $X_1,X_2,\cdots,X_n$ 是取自总体分布函数为 $F(x)$ 的样本,若将其样本观测值 $x_1,x_2,\cdots,x_n$ 由小到大进行排列为 $x_{(1)},x_{(2)},\cdots,x_{(n)}$,则 $x_{(1)},x_{(2)},\cdots,x_{(n)}$ 称为有序样本,用有序样本定义如下函数:

$$F_n(x)=\begin{cases}0, & x<x_{(1)},\\ \dfrac{k}{n}, & x_{(k)}\leqslant x<x_{(k+1)},k=1,2,\cdots,n-1,\\ 1, & x>x_{(n)},\end{cases}$$

则 $F_n(x)$ 是一非减右连续函数,且满足

$$F_n(-\infty)=0,\quad F_n(+\infty)=1.$$

由此可见, $F_n(x)$ 是一个分布函数,并称 $F_n(x)$ 为**经验分布函数**.

例 9 某食品厂生产听装饮料.现从生产线上随机抽取 5 听饮料,称得其净重(单位:g)为

$$351,\quad 347,\quad 355,\quad 344,\quad 351.$$

这是一个容量为 5 的样本,经排序可得有序样本:

$$x_{(1)}=344,\quad x_{(2)}=347,\quad x_{(3)}=351,\quad x_{(4)}=351,\quad x_{(5)}=355.$$

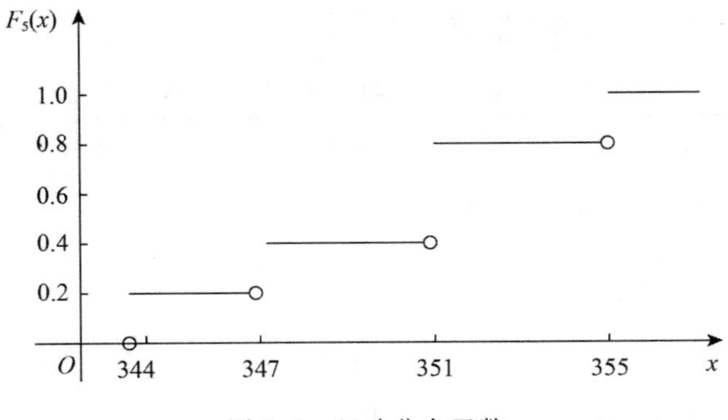

图 6-3 经验分布函数

其经验分布函数为(见图 6-3)

$$F_5(x)=\begin{cases}0, & x<344,\\ 0.2, & 344\leqslant x<347,\\ 0.4, & 347\leqslant x<351,\\ 0.8, & 351\leqslant x<355,\\ 1, & x\geqslant 355.\end{cases}$$

对每一固定的 x,$F_n(x)$是样本中事件"$x_i\leqslant x$"发生的频率,当 n 固定时,$F_n(x)$是样本的函数,它是一个随机变量,由伯努利大数定律:只要 n 相当大,$F_n(x)$依概率收敛于 $F(x)$. 这表明,当 n 相当大时,经验分布函数是总体分布函数 $F(x)$的一个良好的近似. 经典的统计学中一切统计推断都以样本为依据,其理由就在于此.

3.3 样本均值及其抽样分布

定义 2 设 $X_1,X_2,\cdots,X_n$ 为取自某总体的样本,其算术平均值称为**样本均值**,一般用 $\overline{X}$ 表示,即

$$\overline{X}=\frac{X_1+\cdots+X_n}{n}=\frac{1}{n}\sum_{i=1}^{n}X_i. \tag{6.3.1}$$

在分组样本场合,样本均值的近似公式为

$$\overline{X}=\frac{X_1f_1+\cdots+X_kf_k}{n},\quad n=\sum_{i=1}^{k}f_i, \tag{6.3.2}$$

其中 k 为组数,X_i 为第 i 组的组中值,f_i 为第 i 组的频数.

例 10 某单位收集到 20 名青年人某月的娱乐支出费用数据:

79, 84, 84, 88, 92, 93, 94, 97, 98, 99,

100, 101, 101, 102, 102, 108, 110, 113, 118, 125.

则该月这 20 名青年的平均娱乐支出为

$$\bar{x}=\frac{1}{20}(79+84+\cdots+125)=99.4.$$

将这 20 个数据分组可得到如下频数频率分布,见表 6-3.

表 6-3 例 10 的频数频率分布表

组序	分组区间	组中值	频数	频率/%
1	(77,87]	82	3	15
2	(87,97]	92	5	25
3	(97,107]	102	7	35
4	(107,117]	112	3	15
5	(117,127]	122	2	10
合计			20	100

对表 6-3 的分组样本,使用公式(6.3.2)进行计算可得

$$\bar{x}=\frac{1}{20}(82\times3+92\times5+\cdots+122\times2)=100.$$

我们看到两种计算结果不同.事实上,由于(6.3.2)式未用到真实的样本观测数据,因而给出的是近似结果.

关于样本均值,有如下两个性质:

(1) 若把样本中的数据与样本均值之差称为**偏差**,则样本所有偏差之和为0,即

$$\sum_{i=1}^{n}(X_i-\overline{X})=0.$$

证明 $\sum_{i=1}^{n}(X_i-\overline{X})=\sum_{i=1}^{n}X_i-n\overline{X}=\sum_{i=1}^{n}X_i-n\cdot\frac{\sum_{i=1}^{n}X_i}{n}=0.$

从均值的计算公式看,它使用了所有的数据,而且每一个数据在计算公式中处于平等的地位.所有数据与样本中心的误差被互相抵消,从而样本的所有偏差之和必为零.

(2) 数据观察值与均值的偏差平方和最小,即在形如$\sum_{i=1}^{n}(X_i-c)^2$的函数中,$\sum_{i=1}^{n}(X_i-\overline{X})^2$最小,其中$c$为任意给定的常数.

证明 对任意给定的常数c,

$$\begin{aligned}\sum_{i=1}^{n}(X_i-c)^2&=\sum_{i=1}^{n}(X_i-\overline{X}+\overline{X}-c)^2\\&=\sum_{i=1}^{n}(X_i-\overline{X})^2+n(\overline{X}-c)^2+2\sum_{i=1}^{n}(X_i-\overline{X})(\overline{X}-c)\\&=\sum_{i=1}^{n}(X_i-\overline{X})^2+n(\overline{X}-c)^2\geqslant\sum_{i=1}^{n}(X_i-\overline{X})^2.\end{aligned}$$

对于样本均值$\overline{X}$的抽样分布,我们有下面的定理.

定理1 设$X_1,X_2,\cdots,X_n$是来自某个总体X的样本,$\overline{X}$为样本均值.

(1) 若总体分布为$N(\mu,\sigma^2)$,则$\overline{X}$的**精确分布**为$N\left(\mu,\frac{\sigma^2}{n}\right)$;

(2) 若总体X分布未知(或不是正态分布),且$E(X)=\mu,D(X)=\sigma^2$,则当样本容量n较大时,$\overline{X}=\frac{1}{n}\sum_{i=1}^{n}X_i$的**渐近分布**为$N\left(\mu,\frac{\sigma^2}{n}\right)$,这里的渐近分布是指$n$较大时的近似分布.

证明 (1) 由于$\overline{X}$为独立正态随机变量的线性组合,故$\overline{X}$仍服从正态分布.另外,

$$E(\overline{X})=\frac{1}{n}\sum_{i=1}^{n}E(X_i)=\mu,$$

$$D(\overline{X})=\frac{1}{n^2}\sum_{i=1}^{n}D(X_i)=\frac{\sigma^2}{n},$$

故

$$\overline{X}\sim N\left(\mu,\frac{\sigma^2}{n}\right).$$

(2) 易知$\overline{X}=\sum_{i=1}^{n}\frac{X_i}{n}$为独立同分布的随机变量之和,且

$$E(\overline{X})=\mu,\quad D(\overline{X})=\frac{\sigma^2}{n}.$$

由中心极限定理,

$$\lim_{n\to\infty} P\left\{\frac{\overline{X}-\mu}{\sigma/\sqrt{n}} \leqslant x\right\} = \Phi(x),$$

其中 $\Phi(x)$ 为标准正态分布函数. 这表明，当 n 较大时，$\overline{X}$ 的渐近分布为 $N\left(\mu,\frac{\sigma^2}{n}\right)$.

3.4 样本方差与样本标准差

定义 3 设 $X_1, X_2, \cdots, X_n$ 为取自某总体的样本，则它关于样本均值 $\overline{X}$ 的平均偏差平方和

$$S^2 = \frac{1}{n-1}\sum_{i=1}^{n}(X_i-\overline{X})^2$$

称为**样本方差**，其算术根 $S=\sqrt{S^2}$ 称为**样本标准差**. 相对样本方差而言，样本标准差通常更有实际意义，因为它与样本均值具有相同的度量单位.

在上面定义中，n 为样本容量，$\sum_{i=1}^{n}(X_i-\overline{X})^2$ 称为**偏差平方和**，它有 3 个不同的表达式：

$$\sum_{i=1}^{n}(X_i-\overline{X})^2 = \sum_{i=1}^{n}X_i^2 - \frac{1}{n}\left(\sum_{i=1}^{n}X_i\right)^2 = \sum_{i=1}^{n}X_i^2 - n\overline{X}^2.$$

事实上，

$$\begin{aligned}\sum_{i=1}^{n}(X_i-\overline{X})^2 &= \sum_{i=1}^{n}(X_i^2-2\overline{X}X_i+\overline{X}^2) = \sum_{i=1}^{n}X_i^2 - 2\overline{X}\sum_{i=1}^{n}X_i + n\overline{X}^2 \\ &= \sum_{i=1}^{n}X_i^2 - 2\overline{X}n\left(\frac{1}{n}\sum_{i=1}^{n}X_i\right) + n\overline{X}^2 = \sum_{i=1}^{n}X_i^2 - n\overline{X}^2.\end{aligned}$$

偏差平方和的这 3 个表达式都可用来计算样本方差.

例 11 在例 10 中，我们已经算得 $\overline{x}=99.4$，其样本方差与样本标准差分别为

$$s^2=\frac{1}{20-1}[(79-99.4)^2+(84-99.4)^2+\cdots+(125-99.4)^2]=133.936\,8,$$

$$s=\sqrt{133.9368}=11.573\,1.$$

下面的定理给出样本均值的数学期望和方差以及样本方差的数学期望，它不依赖于总体的分布形式. 这些结果在后面的讨论中是有用的.

定理 2 设总体 X 具有二阶矩，即

$$E(X)=\mu, \quad D(X)=\sigma^2<+\infty.$$

$X_1, X_2, \cdots, X_n$ 为来自该总体的样本，$\overline{X}$ 和 S^2 分别是样本均值和样本方差，则

$$E(\overline{X})=\mu, \quad D(\overline{X})=\frac{\sigma^2}{n}, \tag{6.3.3}$$

$$E(S^2)=\sigma^2. \tag{6.3.4}$$

此定理表明，样本均值的数学期望与总体的数学期望相同，而样本均值的方差是总体方差的 $\frac{1}{n}$.

证明 由于

$$E(\overline{X}) = \frac{1}{n}E\left(\sum_{i=1}^{n}X_i\right) = \frac{n\mu}{n} = \mu,$$

$$D(\overline{X}) = \frac{1}{n^2}D\left(\sum_{i=1}^{n}X_i\right) = \frac{n\sigma^2}{n^2} = \frac{\sigma^2}{n},$$

故(6.3.3)式成立.下证(6.3.4)式,注意到

$$\sum_{i=1}^{n}(X_i-\overline{X})^2=\sum_{i=1}^{n}X_i^2-n\overline{X}^2,$$

而

$$E(X_i^2)=[E(X_i)]^2+D(X_i)=\mu^2+\sigma^2,$$

$$E(\overline{X}^2)=[E(\overline{X})]^2+D(\overline{X})=\mu^2+\frac{\sigma^2}{n},$$

于是

$$E\left[\sum_{i=1}^{n}(X_i-\overline{X})^2\right]=n(\mu^2+\sigma^2)-n\left(\mu^2+\frac{\sigma^2}{n}\right)=(n-1)\sigma^2,$$

两边各除以 $n-1$,即得(6.3.4)式.

值得读者注意的是:本定理的结论与总体服从什么分布无关.

3.5 样本矩及其函数

样本均值和样本方差的更一般的推广是样本矩,这是一类常见的统计量.

定义 4 设 $X_1,X_2,\cdots,X_n$ 是样本,则统计量

$$a_k=\frac{1}{n}\sum_{i=1}^{n}X_i^k \tag{6.3.5}$$

称为**样本 k 阶原点矩**,特别地,样本一阶原点矩就是样本均值.统计量

$$b_k=\frac{1}{n}\sum_{i=1}^{n}(X_i-\overline{X})^k \tag{6.3.6}$$

称为**样本 k 阶中心矩**.常见的是 $k=2$ 的场合,此时称为**二阶样本中心矩**,本书中我们将其记为 S_n^2,以区别样本方差 S^2.

3.6 极大顺序统计量和极小顺序统计量

定义 5 设总体 X 具有分布函数 $F(x)$和分布密度 $f(x)$,$X_1,X_2,\cdots,X_n$ 为其样本,我们分别称

$$X_{(1)}\hat{=}\min\{X_1,X_2,\cdots,X_n\},\quad X_{(n)}\hat{=}\max\{X_1,X_2,\cdots,X_n\}$$

为**极小顺序统计量和极大顺序统计量**.

定理 3 若 $X_{(1)},X_{(n)}$ 分别为极小、极大顺序统计量,则 $X_{(1)}$ 具有分布密度

$$f_1(x)=n(1-F(x))^{n-1}f(x),$$

$X_{(n)}$ 具有分布密度

$$f_n(x)=nF^{n-1}(x)f(x).$$

证明 先求出 $X_{(1)}$ 及 $X_{(n)}$ 的分布函数 $F_1(x)$及 $F_n(x)$.

$$\begin{aligned}F_1(x)&=P\{X_{(1)}\leqslant x\}=1-P\{X_{(1)}>x\}=1-P\{X_1>x,X_2>x,\cdots,X_n>x\}\\&=1-\prod_{i=1}^{n}P\{X_i>x\}=1-(1-F(x))^n,\end{aligned}$$

$$\begin{aligned}F_n(x)&=P\{X_{(n)}\leqslant x\}=P(X_1\leqslant x,X_2\leqslant x,\cdots,X_n\leqslant x)\\&=\prod_{i=1}^{n}P\{X_i\leqslant x\}=(F(x))^n.\end{aligned}$$

分别对 $F_1(x),F_n(x)$ 求导即得 $f_1(x)$ 及 $f_n(x)$.

3.7 正态总体的抽样分布

有很多统计推断是基于正态总体的假设的,以标准正态变量为基石而构造的三个著名统计量(其抽样分布分别为χ^2分布,t 分布和 F 分布)在实践中有着广泛的应用.这是因为这三个统计量不仅有明确背景,而且其抽样分布的密度函数有“明确的表达式”,它们被称为统计中的“三大抽样分布”.

若设 $X_1,X_2,\cdots,X_n$ 和 $Y_1,Y_2,\cdots,Y_m$ 是来自标准正态分布的两个相互独立的样本,则此三个统计量的构造及其抽样分布如表 6-4 所示.

表 6-4 三个著名统计量的构造及其抽样分布

统计量的构造	抽样分布密度函数	数学期望	方差
$\chi^2=X_1^2+X_2^2+\cdots+X_n^2$	$f(y)=\dfrac{1}{\Gamma\left(\frac{n}{2}\right)}y^{\frac{n}{2}-1}e^{-\frac{y}{2}}\ (y>0)$	n	$2n$
$F=\dfrac{(Y_1^2+\cdots+Y_m^2)/m}{(X_1^2+\cdots+X_n^2)/n}$	$f(y)=\dfrac{\Gamma\left(\frac{m+n}{2}\right)\left(\frac{m}{n}\right)^{m/2}}{\Gamma\left(\frac{m}{2}\right)\Gamma\left(\frac{n}{2}\right)}y^{\frac{m}{2}-1}\cdot\left(1+\frac{m}{n}y\right)^{-\frac{m+n}{2}}\ (y>0)$	$\dfrac{n}{n-2}$ $(n>2)$	$\dfrac{2n^2(m+n-2)}{m(n-2)^2(n-4)}$ $(n>4)$
$T=\dfrac{Y_1}{\sqrt{(X_1^2+\cdots+X_n^2)/n}}$	$f(y)=\dfrac{\Gamma\left(\frac{n+1}{2}\right)}{\sqrt{n\pi}\Gamma\left(\frac{n}{2}\right)}\left(1+\frac{y^2}{2}\right)^{-\frac{n+1}{2}}$ $(-\infty<y<+\infty)$	0 $(n>1)$	$\dfrac{n}{n-2}$ $(n>2)$

注:表中三个抽样分布的概率密度不作自考要求.

表中及本节介绍的三大抽样分布,其概率密度表达式中涉及一个重要函数 $\Gamma(\alpha)$,称为**伽玛函数**,即

$$\Gamma(\alpha)=\int_0^{+\infty}x^{\alpha-1}e^{-x}dx,\quad \alpha>0.$$

1. χ^2分布(卡方分布)

定义 6 设 $X_1,X_2,\cdots,X_n$ 独立同分布于标准正态分布 $N(0,1)$,则$\chi^2=X_1^2+\cdots+X_n^2$ 的分布称为**自由度为 n 的χ^2分布**,记为$\chi^2\sim\chi^2(n)$.

可以证明,$\chi^2(n)$分布的密度函数为

$$f_{\chi^2}(y)=\begin{cases}\dfrac{(\frac{1}{2})^{\frac{n}{2}}}{\Gamma(\frac{n}{2})}y^{\frac{n}{2}-1}e^{-\frac{y}{2}}, & y>0,\\ 0, & 其他.\end{cases}$$

该密度函数的图像是一个只取非负值的偏态分布,见图 6-4,其数学期望等于自由度 n,方差等

于 2 倍自由度 $2n$，即 $E(\chi^2)=n, D(\chi^2)=2n$.

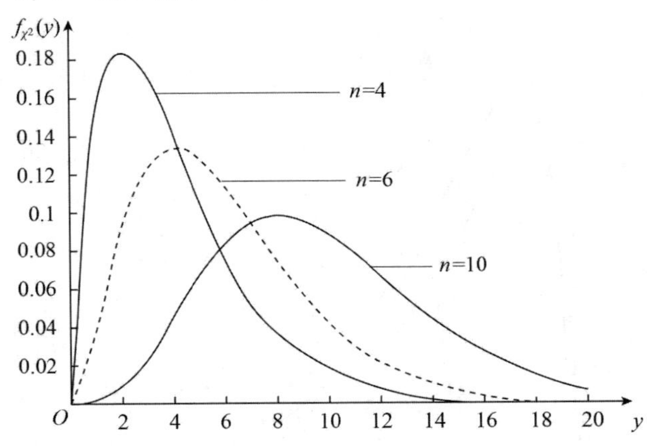

图 6-4 $\chi^2(n)$分布的密度函数曲线

当随机变量$\chi^2 \sim \chi^2(n)$时，对给定的 α，$0<\alpha<1$，称满足

$$P\{\chi^2>\chi^2_\alpha(n)\}=\alpha$$

的$\chi^2_\alpha(n)$是**自由度为 n 的卡方分布的 α 分位数**. 分位数$\chi^2_\alpha(n)$可以从附表 4 中查到. 例如，$n=10$，$\alpha=0.05$，那么从附表 4 中查得

$$\chi^2_{0.05}(10)=18.307.$$

2. F 分布

定义 7 设 $X_1 \sim \chi^2(m)$，$X_2 \sim \chi^2(n)$，X_1 与 X_2 独立，则称 $F=\dfrac{X_1/m}{X_2/n}$的分布是自由度为 m 与 n 的 F 分布，记为 $F \sim F(m,n)$，其中 m 称为**分子自由度**，n 称为**分母自由度**.

可以证明随机变量 F 具有密度函数

$$f_F(y)=\begin{cases}\dfrac{\Gamma\left(\dfrac{m+n}{2}\right)\left(\dfrac{m}{n}\right)^{\frac{m}{2}}}{\Gamma\left(\dfrac{m}{2}\right)\Gamma\left(\dfrac{n}{2}\right)}y^{\frac{m}{2}-1}\left(1+\dfrac{m}{n}y\right)^{-\frac{m+n}{2}}, & y>0,\\ 0, & y\leqslant 0.\end{cases} \tag{6.3.7}$$

这就是自由度为 m 与 n 的 F 分布的密度函数. 该密度函数的图像是一个只取非负值的偏态分布(见图 6-5).

当随机变量 $F \sim F(m,n)$时，对给定的 α，$0<\alpha<1$，称满足

$$P\{F>F_\alpha(m,n)\}=\alpha$$

的数 $F_\alpha(m,n)$**是自由度为 m 与 n 的 F 分布的 α 分位数**.

由 F 分布的构造知，若 $F \sim F(m,n)$，则有 $1/F \sim F(n,m)$，故对给定的 α，$0<\alpha<1$，有

$$\alpha=P\left\{\frac{1}{F}<F_\alpha(n,m)\right\}=P\left\{F\geqslant\frac{1}{F_\alpha(n,m)}\right\}.$$

从而

$$P\left\{F\leqslant\frac{1}{F_\alpha(n,m)}\right\}=1-\alpha,$$

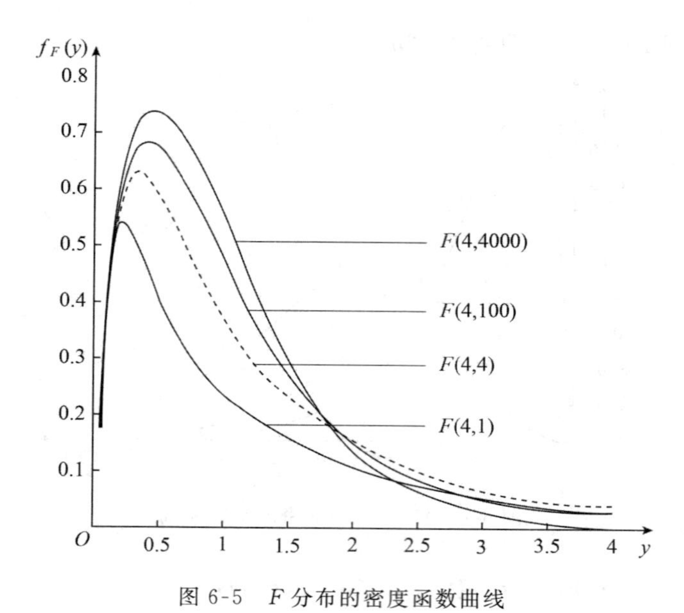

图 6-5 F 分布的密度函数曲线

这说明

$$F_\alpha(n,m)=\frac{1}{F_{1-\alpha}(m,n)}. \tag{6.3.8}$$

对小的 α,分位数 $F_\alpha(m,n)$ 可以从附表 5 中查到,而分位数 $F_{1-\alpha}(m,n)$ 则可通过(6.3.8)式得到.

例 12 若取 $m=10,n=5,\alpha=0.05$,那么从附表 5($m=n_1,n=n_2$)查得

$$F_{0.05}(10,5)=4.74.$$

利用(6.3.8)式可得到

$$F_{0.95}(10,5)=\frac{1}{F_{0.05}(5,10)}=\frac{1}{3.33}=0.3.$$

3. t 分布

定义 8 设随机变量 X_1 与 X_2 独立且 $X_1\sim N(0,1)$,$X_2\sim\chi^2(n)$,则称 $T=\dfrac{X_1}{\sqrt{X_2/n}}$ 的分布为**自由度为 n 的 t 分布**,记为 $t\sim t(n)$.

可以证明,若 $t\sim t(n)$,则其密度函数为

$$\begin{aligned}f_T(y)&=\frac{\Gamma\left(\frac{1+n}{2}\right)\left(\frac{1}{n}\right)^{\frac{1}{2}}}{\Gamma\left(\frac{1}{2}\right)\Gamma\left(\frac{n}{2}\right)}(y^2)^{\frac{1}{2}-1}\left(1+\frac{1}{n}y^2\right)^{-\frac{1+n}{2}}y\\&=\frac{\Gamma\left(\frac{n+1}{2}\right)}{\sqrt{n\pi}\,\Gamma\left(\frac{n}{2}\right)}\left(1+\frac{y^2}{n}\right)^{-\frac{n+1}{2}},\quad -\infty<y<+\infty.\end{aligned}$$

这就是自由度为 n 的 t 分布的密度函数,其中 $\Gamma(\cdot)$ 为伽玛函数.

t 分布的密度函数的图像是一个关于纵轴对称的分布(图 6-6),与标准正态分布的密度函

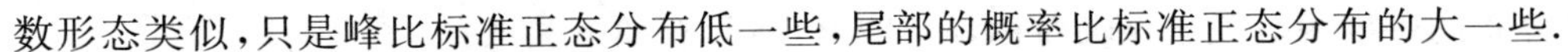

数形态类似，只是峰比标准正态分布低一些，尾部的概率比标准正态分布的大一些.

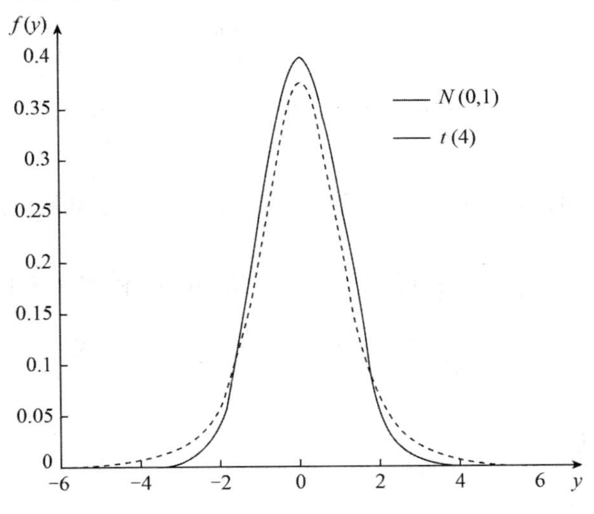

图 6-6　t 分布与 $N(0,1)$ 的密度函数曲线

我们不加证明地给出关于 t 分布的一些重要事实：

(1) 自由度为 1 的 t 分布就是标准柯西分布，它的均值不存在；

(2) $n>1$ 时，t 分布的数学期望存在且为 0；

(3) $n>2$ 时，t 分布的方差存在，且为 $n/(n-2)$；

(4) 当自由度较大(如 $n\geqslant 30$)时，t 分布可以用 $N(0,1)$ 分布近似.

t 分布是统计学中的一类重要分布，它与标准正态分布的微小差别是由英国统计学家戈塞特(Gosset)发现的. 戈塞特年轻时在牛津大学学习数学和化学，1899 年开始在一家酿酒厂担任酿酒化学技师，从事试验和数据分析工作. 由于戈塞特接触的样本容量都较小，只有四五个，通过大量试验数据的积累，戈塞特发现 $T=\sqrt{n-1}(\overline{X}-\mu)/S$ 的分布与传统认为的 $N(0,1)$ 分布并不同，特别是尾部概率相差较大，表 6-5 列出了标准正态分布 $N(0,1)$ 和自由度为 4 的 t 分布的一些尾部概率.

表 6-5　$N(0,1)$ 和 $t(4)$ 的尾部概率 $P\{|X|\geqslant c\}$

	$c=2$	$c=2.5$	$c=3$	$c=3.5$
$X\sim N(0,1)$	0.045 5	0.012 4	0.002 7	0.000 465
$X\sim t(4)$	0.116 1	0.066 8	0.039 9	0.024 9

由此，戈塞特怀疑是否有另一个分布族存在. 通过深入研究，戈塞特于 1908 年以“Student”的笔名发表了此项研究结果，故后人也称 t 分布为学生氏分布. t 分布的发现在统计学史上具有划时代的意义，它打破了正态分布一统天下的局面，开创了小样本统计推断的新纪元.

当随机变量 $T\sim t(n)$ 时，称满足 $P\{T>t_\alpha(n)\}=\alpha$ 的 $t_\alpha(n)$ 是自由度为 n 的 t 分布的 α 分位数，分位数 $t_\alpha(n)$ 可以从附表 3 中查到. 例如，当 $n=10,\alpha=0.05$ 时，从附表 3 可查得

$$t_{0.05}(10)=1.8125.$$

由于 t 分布的密度函数关于纵轴对称，故其分位数间有如下关系：

$$t_{1-\alpha}(n)=-t_\alpha(n).$$

例如，

$$t_{0.95}(10)=-t_{0.05}(10)=-1.8125.$$

4. 一些重要结论

来自一般正态总体的样本均值 $\overline{X}$ 和样本方差 S^2 的抽样分布是应用最广的抽样分布，下面我们加以介绍.

定理 4　设 $X_1,X_2,\cdots,X_n$ 是来自正态总体 $N(\mu,\sigma^2)$ 的样本，其样本均值和样本方差分别为

$$\overline{X}=\frac{1}{n}\sum_{i=1}^{n}X_i,\quad S^2=\frac{1}{n-1}\sum_{i=1}^{n}(X_i-\overline{X})^2,$$

则有

(1) $\overline{X}$ 与 S^2 相互独立；

(2) $\dfrac{(n-1)S^2}{\sigma^2}\sim\chi^2(n-1)$.

证明略.

推论 1　$T=\dfrac{\sqrt{n}(\overline{X}-\mu)}{S}\sim t(n-1)$.　(6.3.9)

证明　由定理 1 可以推出

$$\frac{\overline{X}-\mu}{\sigma/\sqrt{n}}\sim N(0,1),\tag{6.3.10}$$

从而有

$$T=\frac{\sqrt{n}(\overline{X}-\mu)}{S}=\frac{\dfrac{\overline{X}-\mu}{\sigma/\sqrt{n}}}{\sqrt{\dfrac{(n-1)\cdot S^2/\sigma^2}{n-1}}}.\tag{6.3.11}$$

由于分子是标准正态变量，分母的根号里是自由度为 $n-1$ 的 χ^2 变量除以它的自由度，且分子与分母相互独立，由 t 分布定义可知 $T\sim t(n-1)$，推论证完.

推论 2　设 $X_1,X_2,\cdots,X_m$ 是来自 $N(\mu_1,\sigma_1^2)$ 的样本，$Y_1,Y_2,\cdots,Y_n$ 是来自 $N(\mu_2,\sigma_2^2)$ 的样本，且此两样本相互独立，记

$$S_X^2=\frac{1}{m-1}\sum_{i=1}^{m}(X_i-\overline{X})^2,\quad S_Y^2=\frac{1}{n-1}\sum_{i=1}^{n}(Y_i-\overline{Y})^2,$$

其中

$$\overline{X}=\frac{1}{m}\sum_{i=1}^{m}X_i,\quad \overline{Y}=\frac{1}{n}\sum_{i=1}^{n}Y_i,$$

则有

$$F=\frac{S_X^2/\sigma_1^2}{S_Y^2/\sigma_2^2}\sim F(m-1,n-1).\tag{6.3.12}$$

特别地，若 $\sigma_1^2=\sigma_2^2$，则 $F=\dfrac{S_X^2}{S_Y^2}\sim F(m-1,n-1)$.

证明　由两样本独立可知，S_X^2 与 S_Y^2 相互独立，且

$$\frac{(m-1)S_X^2}{\sigma_1^2}\sim\chi^2(m-1),\quad \frac{(n-1)S_Y^2}{\sigma_2^2}\sim\chi^2(n-1).$$

由 F 分布定义可知 $F\sim F(m-1,n-1)$.

推论 3 在推论 2 的记号下，设 $\sigma_1^2=\sigma_2^2=\sigma^2$，并记

$$S_w^2=\frac{(m-1)S_X^2+(n-1)S_Y^2}{m+n-2}=\frac{\sum_{i=1}^{m}(X_i-\overline{X})^2+\sum_{i=1}^{n}(Y_i-\overline{Y})^2}{m+n-2},$$

则

$$\frac{(\overline{X}-\overline{Y})-(\mu_1-\mu_2)}{S_w\sqrt{\frac{1}{m}+\frac{1}{n}}}\sim t(m+n-2). \tag{6.3.13}$$

证明 由 $\overline{X}\sim N(\mu_1,\sigma^2/m)$，$\overline{Y}\sim N(\mu_2,\sigma^2/n)$，$\overline{X}$ 与 $\overline{Y}$ 独立，故有

$$\overline{X}-\overline{Y}\sim N\left(\mu_1-\mu_2,\left(\frac{1}{m}+\frac{1}{n}\right)\sigma^2\right),$$

所以

$$\frac{(\overline{X}-\overline{Y})-(\mu_1-\mu_2)}{\sigma\sqrt{\frac{1}{m}+\frac{1}{n}}}\sim N(0,1). \tag{6.3.14}$$

由定理 4 知，

$$\frac{(m-1)S_X^2}{\sigma^2}\sim\chi^2(m-1),\quad \frac{(n-1)S_Y^2}{\sigma^2}\sim\chi^2(n-1),$$

且它们相互独立，则由可加性知

$$\frac{(m+n-2)S_w^2}{\sigma^2}=\frac{(m-1)S_X^2+(n-1)S_Y^2}{\sigma^2}\sim\chi^2(m+n-2). \tag{6.3.15}$$

由于 $\overline{X}-\overline{Y}$ 与 S_w^2 相互独立，根据 t 分布的定义即可得到(6.3.13)式.

习 题 6.3

1. 在一本书中随机地检查了 10 页，发现各页上的错误数为

$$4,\ 5,\ 6,\ 0,\ 3,\ 1,\ 4,\ 2,\ 1,\ 4.$$

试计算其样本均值 $\bar{x}$，样本方差 s^2 和样本标准差 s.

2. 证明：容量为 2 的样本 X_1,X_2 的样本方差为

$$S^2=\frac{1}{2}(X_1-X_2)^2.$$

3. 设 $X_1,X_2,\cdots,X_n$ 是来自 $U(-1,1)$ 的样本，试求 $E(\overline{X})$ 和 $D(\overline{X})$.

4. 设总体的二阶矩存在，$X_1,X_2,\cdots,X_n$ 为其样本. 证明：$X_i-\overline{X}$ 与 $X_j-\overline{X}$，$i\neq j$ 的相关系数为 $-(n-1)^{-1}$.

5. 设 $X_1,X_2,\cdots,X_{25}$ 是从均匀分布 $U(0,5)$ 抽取的样本. 试求样本均值 $\overline{X}$ 的渐近分布.

6. 设 $X_1,X_2,\cdots,X_8$ 是从正态总体 $N(10,3^2)$ 中抽取的样本，试求样本均值 $\overline{X}$ 的标准差.

7. 设总体 $X\sim N(52,6.3^2)$，从总体抽得容量为 36 的样本，求 $P\{50.8\leqslant\overline{X}\leqslant 53.8\}$.

8. 设总体 $X \sim N(40, 5^2)$，

(1) 抽取容量为 36 的样本，求 $P\{38 \leqslant \overline{X} \leqslant 43\}$；

(2) 抽取容量为 64 的样本，求 $P\{|\overline{X} - 40| < 1\}$；

(3) 取样本容量 n 多大时，才能使 $P\{|\overline{X} - 40| < 1\} = 0.95$？

9. 设总体 $X \sim N(\mu, \sigma^2)$. 已知样本容量 $n = 16$，样本均值 $\bar{x} = 12.5$，样本方差 $s^2 = 5.3333$.

(1) 若已经 $\sigma = 2$，求 $P\{|\bar{x} - \mu| < 0.5\}$；

(2) 若未知 σ，求 $P\{|\bar{x} - \mu| < 0.5\}$.

10. 设总体 $X \sim N(\mu, \sigma^2)$，抽取容量为 20 的样本 $X_1, X_2, \cdots, X_{20}$. 求：

(1) $P\left\{1.9 \leqslant \dfrac{1}{\sigma^2}\sum_{i=1}^{20}(X_i - \mu)^2 \leqslant 37.6\right\}$；

(2) $P\left\{11.7 \leqslant \dfrac{1}{\sigma^2}\sum_{i=1}^{20}(X_i - \mu)^2 \leqslant 38.6\right\}$.

11. 设总体 $X \sim N(\mu, \sigma^2)$，已知样本容量 $n = 24$，样本方差 $s^2 = 12.5227$. 求总体标准差 σ 大于 3 的概率.

12. 设总体 $X \sim N(\mu_1, \sigma^2)$，$Y \sim N(\mu_2, \sigma^2)$，$X_1, X_2, \cdots, X_{n_1}$ 为来自总体 X 的样本，$Y_1, Y_2, \cdots, Y_{n_2}$ 是来自总体 Y 的样本. 设两个样本独立，μ_1, μ_2 已知. 令

$$\hat{\sigma}_1^2 = \frac{1}{n_1}\sum_{i=1}^{n_1}(X_i - \mu_1)^2, \quad \hat{\sigma}_2^2 = \frac{1}{n^2}\sum_{i=1}^{n_2}(Y_i - \mu_2)^2.$$

求 $F = \dfrac{\hat{\sigma}_1^2}{\hat{\sigma}_2^2}$ 的抽样分布.

小　结

本章是数理统计后面几章的基础. 由于数理统计的所有问题要从总体、样本以及统计量的抽样分布讨论开始，这些自然就成为了本章的重点.

本章的基本要求如下：

1. 了解总体、样本的概念，理解样本 $X_1, X_2, \cdots, X_n$ 的代表性和独立性，从而在具体场合能准确写出其相应的表达式. 例如，若总体 X 具有分布函数 $F(x)$，概率密度 $f(x)$，均值 μ，方差 σ^2，则样本的联合概率密度为 $f(x_1, x_2, \cdots, x_n) = \prod_{i=1}^{n} f(x_i)$，且

$$E(\overline{X}) = \mu, \quad D(\overline{X}) = \sigma^2, \quad E(S^2) = \sigma^2, \quad \cdots.$$

2. 熟练掌握正态总体的抽样分布，特别是可化为 $N(0,1)$，$\chi^2(n)$，$t(n)$ 及 $F(m,n)$ 诸分布的常见统计量的生成结构. 例如，若 $X_1, X_2, \cdots, X_n$ 为来自 $N(\mu, \sigma^2)$ 的样本，则

$$\frac{\overline{X} - \mu}{\sigma / \sqrt{n}} \sim N(0,1), \quad \frac{1}{\sigma^2}\sum_{i=1}^{n}(X_i - \overline{X})^2 \sim \chi^2(n-1), \quad \frac{\overline{X} - \mu}{S / \sqrt{n}} \sim t(n-1), \quad \cdots.$$

3. 清楚样本的数字特征（如样本方差，样本均值，样本的二阶原点矩和中心矩等）以及与总体相应数字特征的关系.

4. 了解 χ^2 分布、t 分布及 F 分布的定义和简单性质，并会查 α 分位数表.

自测题 6

一、选择题

1. 设总体 $X\sim N(\mu,\sigma^2)$，其中 μ,σ^2 已知，$X_1,X_2,\cdots,X_n(n\geqslant 3)$ 为来自总体 X 的样本，$\overline{X}$ 为样本均值，S^2 为样本方差，则下列统计量中服从 t 分布的是（　　）.

A. $\dfrac{\overline{X}}{\sqrt{\dfrac{(n-1)S^2}{\sigma^2}}}$　　B. $\dfrac{\overline{X}-\mu}{\sqrt{\dfrac{(n-1)S^2}{\sigma^2}}}$　　C. $\dfrac{\dfrac{\overline{X}-\mu}{\sigma/\sqrt{n}}}{\sqrt{\dfrac{(n-1)S^2}{\sigma^2}}}$　　D. $\dfrac{\dfrac{\overline{X}-\mu}{\sigma/\sqrt{n}}}{\sqrt{\dfrac{S^2}{\sigma^2}}}$

2. 设总体 $X\sim B(n,p)$，$X_1,X_2,\cdots,X_m$ 为来自 X 的样本，$m>1$，$\overline{X}$ 为样本均值，则未知参数 p 的无偏估计 $\hat{p}=$（　　）.

A. $\dfrac{\overline{X}}{n}$　　B. $\dfrac{\overline{X}}{n-1}$　　C. $\overline{X}$　　D. $n\overline{X}$

3. $\sum\limits_{i=1}^{n}(X_i-\overline{X})=$（　　）.

A. $(n-1)\overline{X}$　　B. 0　　C. $\overline{X}$　　D. $n\overline{X}$

二、填空题

1. 设总体 $X\sim N(0,0.25)$，$X_1,X_2,\cdots,X_7$ 为来自总体的样本，要使 $\alpha\sum\limits_{i=1}^{7}X_i^2\sim\chi^2(7)$，则应取常数 $\alpha=$________.

2. 设总体 X 服从 0-1 分布：$P\{X=1\}=p$，$P\{X=0\}=1-p$，$0<p<1$，$X_1,X_2,\cdots,X_n$ 为其样本，则样本均值 $\overline{X}$ 的数学期望 $E(\overline{X})=$________.

3. 设样本的频数分布为

X	0	1	2	3	4
频率	1	3	2	1	2

则样本方差 $s^2=$________.

4. 设总体 $X\sim N(\mu,\sigma^2)$，$X_1,X_2,\cdots,X_n$ 为来自总体 X 的样本，$\overline{X}$ 为样本均值，则 $D(\overline{X})=$________.

5. 设总体 $X\sim N(\mu,\sigma^2)$，X_1,X_2,X_3,X_4 为来自总体 X 的样本，$\overline{X}=\dfrac{1}{4}\sum\limits_{i=1}^{4}X_i$，则 $\dfrac{1}{\sigma^2}\sum\limits_{i=1}^{4}(X_i-\overline{X})^2$ 服从自由度为________的 χ^2 分布.

6. 设样本 $X_1,X_2,\cdots,X_n$ 取自正态总体 $N(\mu,\sigma^2)$，$\sigma>0$，则 $\dfrac{\overline{X}-\mu}{\sigma/\sqrt{n}}\sim$________.

7. 设 $X\sim N(0,1)$，$Y\sim\chi^2(10)$，且二者相互独立，则 $\dfrac{X}{\sqrt{Y/10}}\sim$________.

第七章　参数估计

本章我们将讨论统计推断.所谓统计推断就是由样本来推断总体.从研究的问题和内容来看,统计推断可以分为参数估计和假设检验两种主要类型,本章介绍参数估计.那么,什么是参数呢?

这里所指的参数是指如下三类未知参数:

(1) 分布中所含的未知参数 θ.如,0-1 分布 $B(1,p)$中的概率 p;正态分布 $N(\mu,\sigma^2)$中的 μ 和 σ^2.

(2) 分布中所含的未知参数 θ 的函数.如,服从正态分布 $N(\mu,\sigma^2)$的变量 X 不超过某给定值 a 的概率 $P\{X\leqslant a\}=\Phi\left(\frac{a-\mu}{\sigma}\right)$是未知参数 μ,σ 的函数;单位产品的缺陷数 X 通常服从泊松分布 $P(\lambda)$,则单位产品合格(无缺陷)的概率 $P(X=0)=\mathrm{e}^{-\lambda}$是未知参数 λ 的函数.

(3) 分布的各种特征数也都是未知参数,如数学期望 $E(X)$,方差 $D(X)$,分布中位数等.

一般场合,常用 θ 表示参数,参数 θ 的所有可能取值组成的集合称为**参数空间**,常用 Θ 表示.参数估计问题就是根据样本对上述各种未知参数作出估计.

参数估计的形式有两种:点估计与区间估计.这里我们先讲述点估计,最后讲述区间估计.

设 $X_1,X_2,\cdots,X_n$ 是来自总体的样本,我们用一个统计量 $\hat{\theta}=\hat{\theta}(X_1,X_2,\cdots,X_n)$的取值作为 θ 的估计值,$\hat{\theta}$ 称为 θ 的**点估计(量)**,简称**估计量**.在这里如何构造统计量 $\hat{\theta}$ 并没有明确的规定,只要它满足一定的合理性即可.这就涉及两个问题:其一是如何给出估计,即估计的方法问题;其二是如何对不同的估计进行评价,即估计的好坏判断标准.

§1　点估计的几种方法

直接用来估计未知参数 θ 的统计量 $\hat{\theta}=\hat{\theta}(X_1,X_2,\cdots,X_n)$称为参数 θ 的**点估计量**,简称为**点估计**.人们可以运用各种方法构造出很多 θ 的估计.本节介绍两种最常用的点估计方法,它们是:矩法和极大似然法.

1.1　替换原理和矩法估计

1900 年英国统计学家 K. Pearson 提出了一个替换原则,后来人们称此方法为矩法.

1. 矩法估计

替换原理常指如下两句话:

- 用样本矩替换总体矩,这里的矩可以是原点矩也可以是中心矩;
- 用样本矩的函数去替换相应的总体矩的函数.

根据这个替换原理,在总体分布形式未知场合也可对各种参数作出估计,例如:

用样本均值 $\overline{X}$ 估计总体的数学期望 $E(X)$，即 $E(X)=\overline{X}$；

用样本二阶中心矩 S_n^2 估计总体方差 $D(X)$，即 $D(X)=S_n^2$；

用事件 A 出现的频率估计事件 A 发生的概率.

这些都是在矩法估计中常见的，其中的

$$S_n^2=\frac{1}{n}\sum_{i=1}^{n}(X_i-\overline{X})^2.$$

例 1 对某型号的 20 辆汽车记录其每 5L 汽油的行驶里程(单位：km)，观测数据如下：

29.8，27.6，28.3，27.9，30.1，28.7，29.9，28.0，27.9，28.7，

28.4，27.2，29.5，28.5，28.0，30.0，29.1，29.8，29.6，26.9.

这是一个容量为 20 的样本观测值，对应总体是该型号汽车每 5L 汽油的行驶里程，其分布形式尚不清楚，可用矩法估计其数学期望、方差等. 本例中经计算有

$$\bar{x}=28.695,\quad s_n^2=0.9185.$$

由此给出总体的数学期望、方差的估计分别为 28.695km，0.918 5(km)^2.

矩法估计的统计思想(替换原理)十分简单明确，它的实质是用经验分布函数去替换总体分布. 众人都能接受，使用场合甚广.

2. 概率函数 $p(x;\theta)$ 已知时未知参数的矩法估计

设总体具有已知的概率密度函数 $p(x;\theta_1,\cdots,\theta_k)$，$(\theta_1,\cdots,\theta_k)\in\Theta$ 是未知参数或参数向量，$X_1,\cdots,X_n$ 是样本，假定总体的 k 阶原点矩 μ_k 存在，则对所有的 j，μ_j 都存在，$0<j<k$. 若假设 $\theta_1,\cdots,\theta_k$ 能够表示成 $\mu_1,\cdots,\mu_k$ 的函数 $\theta_j=\theta_j(\mu_1,\cdots,\mu_k)$，则可给出诸 θ_j 的矩法估计：

$$\hat{\theta}_j=\theta_j(a_1,\cdots,a_k),\quad j=1,\cdots,k, \tag{7.1.1}$$

其中 $a_1,\cdots,a_k$ 是前 k 个样本原点矩

$$a_j=\frac{1}{n}\sum_{i=1}^{n}x_i^j,\quad j=1,\cdots,k.$$

进一步，如果我们要估计 $\theta_1,\cdots,\theta_k$ 的函数 $\eta=g(\theta_1,\cdots,\theta_k)$，则可直接得到 η 的矩法估计

$$\hat{\eta}=g(\hat{\theta}_1,\cdots,\hat{\theta}_k). \tag{7.1.2}$$

当 $k=1$ 时，我们通常可以由样本均值出发对未知参数进行估计；如果 $k=2$，我们可以由一阶、二阶原点矩(或二阶中心矩)出发估计未知参数.

例 2 设总体 X 服从指数分布，其概率密度为

$$p(x;\lambda)=\lambda e^{-\lambda x},\quad x>0.$$

$X_1,\cdots,X_n$ 是样本，此处 $k=1$，由于 $E(X)=\frac{1}{\lambda}$，亦即 $\lambda=\frac{1}{E(X)}$，则 λ 的矩法估计为

$$\hat{\lambda}=\frac{1}{\overline{X}}.$$

另外，由于 $D(X)=\frac{1}{\lambda^2}$，其反函数为 $\lambda=\frac{1}{\sqrt{D(X)}}$，因此，从替换原理来看，$\lambda$ 的矩法估计也可取为

$$\hat{\lambda}_1=\frac{1}{S_n}.$$

这说明矩估计可能是不唯一的，这是矩法估计的一个缺点，此时通常应该尽量采用低阶矩给出未知参数的估计.

例 3 设 $X_1,X_2,\cdots,X_n$ 是来自服从区间 $(0,\theta)$ 上的均匀分布 $U(0,\theta)$ 的样本，$\theta>0$ 为未知参数. 求 θ 的矩估计 $\hat{\theta}$.

解 易知总体 X 的数学期望为

$$E(X)=\int_{-\infty}^{+\infty}xf(x)\mathrm{d}x=\int_{0}^{\theta}x\cdot\frac{1}{\theta}\mathrm{d}x=\frac{\theta}{2}.$$

由矩法，应有 $\frac{\theta}{2}=\overline{X}$，由此解得 θ 的矩估计为

$$\hat{\theta}=2\overline{X}.$$

比如，若样本值为

$$0.1,\ 0.7,\ 0.2,\ 1,\ 1.9,\ 1.3,\ 1.8,$$

则 θ 的估计值为

$$\hat{\theta}=2\times\frac{1}{7}(0.1+0.7+0.2+1+1.9+1.3+1.8)=2.$$

1.2 极大似然估计

极大似然估计法是求估计用得最多的方法，它最早是高斯在 1821 年提出的，但一般将之归功于费希尔(R. A. Fisher)，因为费希尔在 1922 年再次提出了这种想法，并证明了它的一些性质，而使得极大似然法得到了广泛的应用.

为了叙述极大似然原理的直观想法，先看两个例子.

例 4 设有外形完全相同的两个箱子，甲箱中有 99 个白球和 1 个黑球，乙箱中有 99 个黑球和 1 个白球. 现随机地抽取一箱，并从中随机抽取一个球，结果取得白球，问这球是从哪一个箱子中取出的?

解 不管是哪一个箱子，从箱子中任取一球都有两个可能的结果：A 表示取出白球，B 表示取出黑球. 如果我们取出的是甲箱，则 A 发生的概率为 0.99，而如果取出的是乙箱，则 A 发生的概率为 0.01. 现在一次试验中结果 A 发生了，人们的第一印象就是："此白球(A)最像从甲箱取出的"，或者说，应该认为试验条件对事件 A 出现有利，从而可以推断这球是从甲箱中取出的. 这个推断很符合人们的经验事实，这里"最像"就是"极大似然"之意.

本例中假设的数据很极端. 一般地，我们可以这样设想：在两个箱子中各有 100 个球，甲箱中白球的比例是 p_1，乙箱中白球的比例是 p_2，已知 $p_1>p_2$，现随机地抽取一个箱子并从中抽取一球，假定取到的是白球，如果我们要在两个箱子中进行选择，由于甲箱中白球的比例高于乙箱，根据极大似然原理，我们应该推断该球来自甲箱.

例 5 设产品分为合格品与不合格品两类，我们用一个随机变量 X 来表示某个产品是否合格，$X=0$ 表示合格品，$X=1$ 表示不合格品，则 X 服从 0-1 分布 $B(1,p)$，其中 p 是未知的不合格品率. 现抽取 n 个产品看其是否合格，得到样本值 $x_1,\cdots,x_n$，这批观测值发生的概率为

$$P\{X_1=x_1,\cdots,X_n=x_n;p\}=\prod_{i=1}^{n}p^{x_i}(1-p)^{1-x_i}=p^{\sum\limits_{i=1}^{n}x_i}(1-p)^{n-\sum\limits_{i=1}^{n}x_i}.\quad(7.1.3)$$

由于 p 是未知的，根据极大似然原理，我们应选择 p 使得(7.1.3)式表示的概率尽可能大. 将(7.1.3)看成未知参数 p 的函数，用 $L(p)$ 表示，称为似然函数，亦即

$$L(p)=p^{\sum\limits_{i=1}^{n}x_i}(1-p)^{n-\sum\limits_{i=1}^{n}x_i}.\quad(7.1.4)$$

要求(7.1.4)式的最大值点不是难事，将(7.1.4)式的两端取对数并关于 p 求导，并令其为0，即得如下方程：

$$\frac{\partial \ln L(p)}{\partial p}=\frac{\sum_{i=1}^{n} x_i}{p}-\frac{n-\sum_{i=1}^{n} x_i}{1-p}=0. \tag{7.1.5}$$

解之即得 p 的极大似然估计为

$$\hat{p}=\hat{p}(x_1,\cdots,x_n)=\frac{\sum_{i=1}^{n} x_i}{n}=\bar{x}.$$

由例5我们可以看到求极大似然估计的基本思路.对离散型总体，设有样本观测值 $x_1,\cdots,x_n$，我们写出该观测值出现的概率，它一般依赖于某个或某些参数，用 θ 表示，将该概率看成 θ 的函数，用 $L(\theta)$ 表示，即

$$L(\theta)=P\{X_1=x_1,\cdots,X_n=x_n;\theta\}.$$

求极大似然估计就是找 θ 的估计值 $\hat{\theta}=\hat{\theta}(x_1,\cdots,x_n)$，使得上式的 $L(\theta)$ 达到最大.

对连续型总体，样本观测值 $x_1,\cdots,x_n$ 出现的概率总是为0，但我们可用联合概率密度函数来表示随机变量在观测值附近出现的可能性大小，也将之称为似然函数.由此，我们给出如下定义.

定义1 设总体的概率函数为 $p(x;\boldsymbol{\theta})$，$\boldsymbol{\theta}\in\Theta$，其中 $\boldsymbol{\theta}$ 是一个未知参数或几个未知参数组成的参数向量，Θ 是参数 $\boldsymbol{\theta}$ 可能取值的参数空间，$X_1,\cdots,X_n$ 是来自该总体的样本，$x_1,\cdots,x_n$ 是样本值，将样本的联合概率函数看成 $\boldsymbol{\theta}$ 的函数，用 $L(\boldsymbol{\theta};X_1,\cdots,X_n)$ 表示，简记为 $L(\boldsymbol{\theta})$，有

$$L(\boldsymbol{\theta})=L(\boldsymbol{\theta};X_1,\cdots,X_n)=p(x_1;\boldsymbol{\theta})p(x_2;\boldsymbol{\theta})\cdots p(x_n;\boldsymbol{\theta}), \tag{7.1.6}$$

则称 $L(\boldsymbol{\theta})$ 为样本的似然函数.如果某统计量 $\hat{\boldsymbol{\theta}}=\hat{\boldsymbol{\theta}}(X_1,\cdots,X_n)$ 满足

$$L(\hat{\boldsymbol{\theta}})=\max_{\boldsymbol{\theta}\in\Theta} L(\boldsymbol{\theta}), \tag{7.1.7}$$

则称 $\hat{\boldsymbol{\theta}}$ 是 $\boldsymbol{\theta}$ 的**极大似然估计**，简记为MLE(maximum likelihood estimate).

由于 $\ln x$ 是 x 的单调增函数，因此，使对数似然函数 $\ln L(\theta)$ 达到极大与使 $L(\theta)$ 达到极大是等价的.人们通常更习惯于由 $\ln L(\theta)$ 出发寻找 θ 的极大似然估计.当 $L(\theta)$ 是可微函数时，求导是求极大似然估计最常用的方法，此时对对数似然函数求导更简单些.

例6 设一个试验有三种可能结果，其发生概率分别为

$$p_1=\theta^2,\quad p_2=2\theta(1-\theta),\quad p_3=(1-\theta)^2. \tag{7.1.8}$$

现做了 n 次试验，观测到三种结果发生的次数分别为 n_1,n_2,n_3，其中 $n_1+n_2+n_3=n$，则似然函数为

$$L(\theta)=(\theta^2)^{n_1}[2\theta(1-\theta)]^{n_2}[(1-\theta)^2]^{n_3}=2^{n_2}\theta^{2n_1+n_2}(1-\theta)^{2n_3+n_2},$$

其对数似然函数为

$$\ln L(\theta)=(2n_1+n_2)\ln\theta+(2n_3+n_2)\ln(1-\theta)+n_2\ln 2.$$

将之关于 θ 求导，并令其为0，即得到似然方程

$$\frac{2n_1+n_2}{\theta}-\frac{2n_3+n_2}{1-\theta}=0.$$

解之，得

$$\hat{\theta}=\frac{2n_1+n_2}{2(n_1+n_2+n_3)}=\frac{2n_1+n_2}{2n}.$$

由于

$$\frac{\partial^2 \ln L(\theta)}{\partial \theta^2}=-\frac{2n_1+n_2}{\theta^2}-\frac{2n_3+n_2}{(1-\theta)^2}<0,$$

故 $\hat{\theta}$ 是极大值点,即 $\hat{\theta}$ 为 θ 的极大似然估计.

例 7 对正态总体 $N(\mu,\sigma^2)$,$\boldsymbol{\theta}=(\mu,\sigma^2)$ 是二维参数,设有样本 $X_1,\cdots,X_n$,则似然函数及其对数分别为

$$L(\mu,\sigma^2)=\prod_{i=1}^{n}\left(\frac{1}{\sqrt{2\pi}\sigma}\exp\left\{-\frac{(x_i-\mu)^2}{2\sigma^2}\right\}\right)=(2\pi\sigma^2)^{-\frac{n}{2}}\exp\left\{-\frac{1}{2\sigma^2}\sum_{i=1}^{n}(x_i-\mu)^2\right\},$$

$$\ln L(\mu,\sigma^2)=-\frac{1}{2\sigma^2}\sum_{i=1}^{n}(x_i-\mu)^2-\frac{n}{2}\ln\sigma^2-\frac{n}{2}\ln(2\pi).$$

将 $\ln L(\mu,\sigma^2)$ 分别关于两个分量求偏导,并令其为 0,即得到似然方程组

$$\frac{\partial \ln L(\mu,\sigma^2)}{\partial \mu}=\frac{1}{\sigma^2}\sum_{i=1}^{n}(x_i-\mu)=0, \tag{7.1.9}$$

$$\frac{\partial \ln L(\mu,\sigma^2)}{\partial \sigma^2}=\frac{1}{2\sigma^4}\sum_{i=1}^{n}(x_i-\mu)^2-\frac{n}{2\sigma^2}=0. \tag{7.1.10}$$

解此方程组,由(7.1.9)式可得 μ 的极大似然估计为

$$\hat{\mu}=\frac{1}{n}\sum_{i=1}^{n}X_i=\overline{X}.$$

将之代入(7.1.10)式,给出 σ^2 的极大似然估计为

$$\hat{\sigma}^2=\frac{1}{n}\sum_{i=1}^{n}(X_i-\overline{X})^2=S_n^2.$$

例 8 (1) 设总体 X 服从泊松分布 $p(\lambda)$,求 λ 的极大似然估计;(2) 设总体 X 服从指数分布 $E(\lambda)$,求 λ 的极大似然估计.

解 (1) 设 $X_1,\cdots,X_2$ 为总体的样本,由题设,似然函数为

$$L(\lambda)=\prod_{i=1}^{n}p(x_i;\lambda)=\prod_{i=1}^{n}\frac{\lambda^{x_i}}{x_i!}\mathrm{e}^{-\lambda}=\frac{\lambda\sum_{i=1}^{n}x_i}{x_1!x_2!\cdots x_n!}\mathrm{e}^{-n\lambda},$$

$$\ln L(\lambda)=\left(\sum_{i=1}^{n}x_i\right)\ln\lambda-n\lambda-\ln(x_1!x_2!\cdots x_n!),$$

$$\frac{\mathrm{d}\ln L(\lambda)}{\mathrm{d}\lambda}=\frac{\sum_{i=1}^{n}x_i}{\lambda}-n=0.$$

解得 λ 的极大似然估计为

$$\hat{\lambda}=\frac{1}{n}\sum_{i=1}^{n}X_i=\overline{X}.$$

易知 λ 的矩估计亦为 $\overline{X}$.

(2) 由于总体 $X\sim E(\lambda)$,当样本值 $x_1,x_2,\cdots,x_n$ 都大于 0,似然函数为

$$L(\lambda)=\lambda^n\mathrm{e}^{-\lambda}\sum_{i=1}^{n}x_i,$$

$$\ln L(\lambda) = n\ln\lambda - \lambda\sum_{i=1}^{n}x_i,$$

$$\frac{\mathrm{d}\ln L(\lambda)}{\mathrm{d}\lambda} = \frac{n}{\lambda} - \sum_{i=1}^{n}x_i = 0.$$

解得 $\hat{\lambda} = \dfrac{n}{\sum\limits_{i=1}^{n}X_i} = \dfrac{1}{\overline{X}}$. 由例 2 可知，$\lambda$ 的矩估计也为 $\dfrac{1}{\overline{X}}$.

例 9 设 $X_1, X_2, \cdots, X_n$ 是总体 X 的样本，已知总体的概率密度为

$$f(x)=\begin{cases}\theta x^{-(\theta+1)}, & x>1,\\ 0, & \text{其他},\end{cases}$$

其中参数 $\theta>1$. 试分别求出 θ 的矩估计 $\hat{\theta}_1$ 和极大似然估计 $\hat{\theta}_2$.

解 总体的数学期望为

$$E(X) = \int_1^{+\infty} x\theta x^{-(\theta+1)}\,\mathrm{d}x = \frac{\theta}{\theta-1}.$$

由矩估计法，令 $\overline{X}=\dfrac{\theta}{\theta-1}$，解之得 θ 的矩估计

$$\hat{\theta}_1=\frac{\overline{X}}{\overline{X}-1}.$$

为求 θ 的极大似然估计，易求得似然函数为

$$L(\theta) = \prod_{i=1}^{n}(\theta x_i^{-(\theta+1)}) = \theta^n\left(\prod_{i=1}^{n}x_i\right)^{-(\theta+1)},$$

$$\ln L(\theta) = n\ln\theta - (\theta+1)\sum_{i=1}^{n}\ln x_i,$$

$$\frac{\mathrm{d}\ln L(\theta)}{\mathrm{d}\theta} = \frac{n}{\theta} - \sum_{i=1}^{n}\ln x_i = 0.$$

由此方程解得 θ 的极大似然估计为

$$\hat{\theta}_2 = \frac{n}{\sum\limits_{i=1}^{n}\ln X_i}.$$

虽然对函数求导是求极大似然估计最常用的方法，但并不是在所有场合求导都是有效的，下面的例子说明了这个问题.

例 10 设 $X_1, \cdots, X_n$ 是来自服从均匀分布 $U(0,\theta)$ 总体 X 的样本，试求 θ 的极大似然估计.

解 由总体 $X\sim U(0,\theta)$ 知其概率密度

$$f(x)=\begin{cases}\dfrac{1}{\theta}, & \text{当 } 0\leqslant x\leqslant\theta, \theta>0,\\ 0, & \text{其他},\end{cases}$$

且样本值满足 $0\leqslant x_1, x_2, \cdots, x_n\leqslant\theta$. 似然函数为

$$L(\theta)=\begin{cases}\dfrac{1}{\theta^n}, & \text{当 } x_i\in[0,\theta] \text{ 时}, i=1,2,\cdots,n,\\ 0, & \text{其他}.\end{cases}$$

易知按照前面的方法建立的似然方程是无解的，此时只能直接用极大似然估计的定义解之. 因

为对所有 x_i 有 $0\leqslant x_i\leqslant\theta, i=1,2,\cdots,n$，则必有

$$0\leqslant\max\{X_1,X_2,\cdots,X_n\}\leqslant\theta.$$

若令 $\hat{\theta}=\max\{X_1,X_2,\cdots,X_n\}=X_{(n)}$，则必有 $\hat{\theta}\leqslant\theta$. 从而有

$$L(\hat{\theta})=\frac{1}{\hat{\theta}^n}\geqslant\frac{1}{\theta^n}=L(\theta),$$

即 θ 的极大似然估计为

$$\hat{\theta}=X_{(n)}.$$

类似地，当总体 $X\sim U(a,b)$ 时，参数 a,b 的极大似然估计为

$$\hat{a}=X_{(1)},\quad \hat{b}=X_{(n)}.$$

最后，我们指出极大似然估计的一个简单且有用的性质：如果 $\hat{\theta}$ 是 θ 的极大似然估计，则对任一 θ 的函数 $g(\theta)$，其极大似然估计为 $g(\hat{\theta})$. 该性质称为极大似然估计的**不变性**，它使得求一些复杂结构的参数的极大似然估计变得容易了.

例 11 设 $X_1,X_2,\cdots,X_n$ 是来自正态总体 $N(\mu,\sigma^2)$ 的样本. 求标准差 σ 和概率 $P\{X\leqslant 3\}$ 的极大似然估计.

解 由例 7 知 μ 和 σ^2 的极大似然估计分别为

$$\hat{\mu}=\overline{X},\quad \hat{\sigma}^2=\frac{1}{n}\sum_{i=1}^{n}(X_i-\overline{X})^2,$$

则由极大似然估计的不变性知，σ 的极大似然估计为

$$\hat{\sigma}=\left[\frac{1}{n}\sum_{i=1}^{n}(X_i-\overline{X})^2\right]^{\frac{1}{2}},$$

而概率 $P\{X\leqslant 3\}$（作为未知参数）的极大似然估计为

$$P\{X\leqslant 3\}=\Phi\left(\frac{3-\mu}{\sigma}\right)=\Phi\left(\frac{3-\overline{X}}{S_n}\right)=\Phi\left(\frac{3-\overline{X}}{\sqrt{\frac{1}{n}\sum_{i=1}^{n}(X_i-\overline{X})^2}}\right).$$

习 题 7.1

1. 设总体 X 服从指数分布 $E(\lambda)$，$\lambda>0$，其概率密度为

$$f(x;\lambda)=\begin{cases}\lambda e^{-\lambda x}, & x\geqslant 0,\lambda>0,\\ 0, & x<0.\end{cases}$$

试求 λ 的极大似然估计. 若某电子元件的使用寿命服从该指数分布，现随机抽取 18 个电子元件，测得寿命数据（单位：h）如下：

16， 19， 50， 68， 100， 130， 140， 270， 280，

340， 410， 450， 520， 620， 190， 210， 800，1 100.

求 λ 的估计值.

2. 设总体 X 的概率密度为

$$f(x)=\begin{cases}\theta x^{\theta-1}, & 0<x<1,\theta>0,\\ 0, & \text{其他}.\end{cases}$$

求：(1) θ 的矩估计 $\hat{\theta}_1$；(2) θ 的极大似然估计 $\hat{\theta}_2$.

3. 设总体 X 服从参数为 $\lambda>0$ 的泊松分布，试求 λ 的矩估计 $\hat{\lambda}_1$ 和极大似然估计 $\hat{\lambda}_2$.

§2 点估计的评价标准

我们已经看到，点估计有各种不同的求法，为了在不同的点估计间进行比较选择，就必须对各种点估计的好坏给出评价标准.

数理统计中给出了众多的估计量评价标准，对同一估计量使用不同的评价标准可能会得到完全不同的结论，因此，在评价某一个估计好坏时首先要说明是在哪一个标准下，否则所论好坏毫无意义.

但在诸多标准中，有一个基本标准是所有的估计都应该满足的，它是衡量一个估计是否可行的必要条件，这就是估计的相合性，我们就从相合性开始介绍.

2.1 相合性

我们知道，点估计是一个统计量，因此它是一个随机变量，在样本量一定的条件下，我们不可能要求它完全等同于参数的真实取值. 但如果我们有足够的观测值，根据格里纹科定理，随着样本量的不断增大，经验分布函数逼近真实分布函数，因此完全可以要求估计量随着样本量的不断增大而逼近参数真值，这就是相合性，严格定义如下.

定义 2 设 $\theta\in\Theta$ 为未知参数，$\hat{\theta}_n=\hat{\theta}_n(X_1,\cdots,X_n)$ 是 θ 的一个估计量，n 是样本容量，若对任何一个 $\varepsilon>0$，有

$$\lim_{n\to\infty}P\{|\hat{\theta}_n-\theta|>\varepsilon\}=0, \tag{7.2.1}$$

则称 $\hat{\theta}_n$ 为参数 θ 的**相合估计**.

相合性被认为是对估计的一个最基本要求. 如果一个估计量，在样本量不断增大时，它都不能把被估参数估计到任意指定的精度，那么这个估计是很值得怀疑的. 通常，不满足相合性要求的估计一般不予考虑. 证明估计的相合性一般可应用大数定律或直接由定义来证.

例 12 设 $X_1,X_2,\cdots,X_n$ 是来自正态总体 $N(\mu,\sigma^2)$ 的样本，则由大数定律及相合性定义知：

$\overline{X}$ 是 μ 的相合估计；

$S_n^2=\dfrac{1}{n}\sum\limits_{i=1}^{n}(X_i-\overline{X})^2$ 是 σ^2 的相合估计；

S^2 也是 σ^2 的相合估计.

由此可见参数的相合估计不止一个.

为了避开在判断估计的相合性时验证(7.2.1)式的困难，我们不加证明地给出下面的很有用的定理.

定理 1 设 $\hat{\theta}_n=\hat{\theta}_n(X_1,\cdots,X_n)$ 是 θ 的一个估计量，若

$$\lim_{n\to+\infty}E(\hat{\theta}_n)=\theta,\qquad \lim_{n\to+\infty}D(\hat{\theta}_n)=0, \tag{7.2.2}$$

则 $\hat{\theta}_n$ 是 θ 的相合估计，

例 13 设 $X_1,\cdots,X_n$ 是来自均匀分布 $U(0,\theta)$ 总体的样本，证明 θ 的极大似然估计是相合估计.

证明 在例 10 中，我们已经给出 θ 的极大似然估计是 $X_{(n)}$. 由第六章 §3 中的定理 3，我

们知道 $\hat{\theta}=X_{(n)}$ 的概率密度为

$$f(y)=\frac{ny^{n-1}}{\theta^n},\quad 0<y<\theta.$$

故有

$$E(\hat{\theta})=\int_0^\theta \frac{ny^n}{\theta^n}\mathrm{d}y=\frac{n}{n+1}\theta\to\theta,\quad n\to\infty,$$

$$E(\hat{\theta}^2)=\int_0^\theta \frac{ny^{n+1}}{\theta^n}\mathrm{d}y=\frac{n}{n+2}\theta^2,$$

$$D(\hat{\theta})=\frac{n}{n+2}\theta^2-\left(\frac{n}{n+1}\theta\right)^2=\frac{n}{(n+1)^2(n+2)}\theta^2\to 0,\quad n\to\infty.$$

由定理 1 可知,$X_{(n)}$ 是 θ 的相合估计.

2.2 无偏性

相合性是大样本下估计量的评价标准.对小样本而言,需要一些其他的评价标准,无偏性便是一个常用的评价标准.

定义 3 设 $\hat{\theta}=\hat{\theta}(X_1,\cdots,X_n)$ 是 θ 的一个估计,θ 的参数空间为 Θ,若对任意的 $\theta\in\Theta$,有

$$E(\hat{\theta})=\theta, \tag{7.2.3}$$

则称 $\hat{\theta}$ 是 θ 的**无偏估计**,否则称为**有偏估计**.

无偏性的要求可以改写为 $E(\hat{\theta}-\theta)=0$,这表示无偏估计没有系统偏差.当我们使用 $\hat{\theta}$ 估计 θ 时,由于样本的随机性,$\hat{\theta}$ 与 θ 总是有偏差的,这种偏差时而(对某些样本观测值)为正,时而(对另一些样本观测值)为负,时而大,时而小,无偏性表示,把这些偏差平均起来其值为 0,这就是无偏估计的含义.而若估计不具有无偏性,则无论使用多少次,其平均值也会与参数真值有一定的距离,这个距离就是系统误差.

例 14 对任一总体而言,样本均值是总体数学期望的无偏估计,当总体 k 阶矩存在时,样本 k 阶原点矩 A_k 是总体 k 阶原点矩 μ_k 的无偏估计.但对 k 阶中心矩则不一样,例如,二阶样本中心矩 S_n^2 就不是总体方差 σ^2 的无偏估计,事实上,

$$E(S_n^2)=\frac{n-1}{n}\sigma^2.$$

对此,有如下两点说明:

(1) 当样本量趋于无穷时,有 $E(S_n^2)\to\sigma^2$,我们称 S_n^2 为 σ^2 的渐近无偏估计,这表明当样本量较大时,S_n^2 可近似看成 σ^2 的无偏估计.

(2) 若对 S_n^2 作如下修正:

$$S^2=\frac{1}{n-1}\sum_{i=1}^n(X_i-\overline{X})^2, \tag{7.2.4}$$

则 S^2 是总体方差的无偏估计.这种简单的修正方法在一些场合常被采用.S^2 比 S_n^2 更常用,这是因为在 $n\geqslant 2$ 时,$S_n^2<S^2$,因此用 S_n^2 估计 σ^2 有偏小的倾向,特别在小样本场合要使用 S^2 估计 σ^2.

无偏性不具有不变性.即若 $\hat{\theta}$ 是 θ 的无偏估计,一般而言,$g(\hat{\theta})$ 不是 $g(\theta)$ 的无偏估计,除非 $g(\theta)$ 是 θ 的线性函数.例如,S^2 是 σ^2 的无偏估计,但 S 不是 σ 的无偏估计.

2.3 有效性

参数的无偏估计可以有很多,那么如何在无偏估计中进行选择?直观的想法是希望该估

计围绕参数真值的波动越小越好，波动的大小可以用方差来衡量，因此人们常用无偏估计的方差的大小作为度量无偏估计优劣的标准，这就是有效性.

定义 4 设 $\hat{\theta}_1,\hat{\theta}_2$ 是 θ 的两个无偏估计，如果对任意的 $\theta\in\Theta$ 有

$$D(\hat{\theta}_1)\leqslant D(\hat{\theta}_2),$$

且至少有一个 $\theta\in\Theta$ 使得上述不等号严格成立，则称 $\hat{\theta}_1$ 比 $\hat{\theta}_2$ **有效**.

例 15 设 $X_1,\cdots,X_n$ 是取自某总体的样本，记总体的数学期望为 μ，总体方差为 σ^2，则 $\hat{\mu}_1=X_1$，$\hat{\mu}_2=\overline{X}$ 都是 μ 的无偏估计，但

$$D(\hat{\mu}_1)=\sigma^2,\quad D(\hat{\mu}_2)=\frac{\sigma^2}{n}.$$

显然，只要 $n>1$，$\hat{\mu}_2$ 比 $\hat{\mu}_1$ 有效. 这表明，用全部数据的平均估计总体的数学期望要比只使用部分数据更有效.

例 16* 在例 13，我们指出服从均匀分布 $U(0,\theta)$ 的总体中 θ 的极大似然估计是 $X_{(n)}$，由于 $E(X_{(n)})=\frac{n}{n+1}\theta$，所以 $X_{(n)}$ 不是 θ 的无偏估计，仅是 θ 的渐近无偏估计，将其修正后可以得到 θ 的一个无偏估计：$\hat{\theta}_1=\frac{n+1}{n}X_{(n)}$，且

$$D(\hat{\theta}_1)=\left(\frac{n+1}{n}\right)^2 D(X_n)=\left(\frac{n+1^2}{n}\right)\frac{n}{(n+1)^2(n+2)}\theta^2=\frac{\theta^2}{n(n+2)}.$$

另一方面，由矩法可得 θ 的另一个无偏估计 $\hat{\theta}_2=2\overline{X}$，且

$$D(\hat{\theta}_2)=4D(\overline{X})=\frac{4}{n}D(X)=\frac{4}{n}\cdot\frac{\theta^2}{12}=\frac{\theta^2}{3n}.$$

可见，当 $n>1$ 时，$\hat{\theta}_1$ 比 $\hat{\theta}_2$ 有效.

例 17 设总体 X 服从区间$[1,\theta]$上的均匀分布，其中 θ 未知，且 $\theta>1$，$X_1,X_2,\cdots,X_n$ 为来自总体 X 的样本，$\overline{X}$ 为样本均值. 求：(1) θ 的矩估计 $\hat{\theta}$；(2) 讨论 $\hat{\theta}$ 的无偏性.

解 (1) 由题设，

$$E(X)=\frac{1+\theta}{2}.$$

令 $\frac{1+\hat{\theta}}{2}=\overline{X}$，解之得 $\hat{\theta}=2\overline{X}-1$.

(2) $E(\hat{\theta})=E(2\overline{X}-1)=2\times\frac{1+\theta}{2}-1=\theta$，即 $\hat{\theta}$ 具有无偏性.

习 题 7.2

1. 证明：样本均值 $\overline{X}$ 是总体数学期望 μ 的相合估计.

2. 证明：样本的 k 阶矩 $A_k=\frac{1}{n}\sum_{i=1}^{n}X_i^k$ 是总体 k 阶矩 $E(X^k)$ 的相合估计量.

3. 设总体 $X\sim N(\mu,1)$，$-\infty<\mu<+\infty$，X_1,X_2,X_3 为其样本. 试证下述三个估计量：

(1) $\hat{\mu}_1=\frac{1}{5}X_1+\frac{3}{10}X_2+\frac{1}{2}X_3$；

(2) $\hat{\mu}_2=\frac{1}{3}X_1+\frac{1}{4}X_2+\frac{5}{12}X_3$；

(3) $\hat{\mu}_3=\frac{1}{3}X_1+\frac{1}{6}X_2+\frac{1}{2}X_3$

都是 μ 的无偏估计，并求出每一估计量的方差，问哪一个方差最小？

4. 设总体 $X\sim U(\theta,2\theta)$，其中 $\theta>0$ 是未知参数，又 $X_1,X_2,\cdots,X_n$ 为取自该总体的样本，$\overline{X}$ 为样本均值.

(1) 证明：$\hat{\theta}=\frac{2}{3}\overline{X}$ 是参数 θ 的无偏估计和相合估计；

(2) 求 θ 的极大似然估计.

§3 参数的区间估计

参数的点估计给出了一个具体的数值作为 θ 的估计值，但其精度如何？显然点估计本身不能回答，需要由其分布来反映. 实际中，度量一个点估计精度的最直观的方法是给出未知参数的一个区间，这便产生了区间估计的概念.

3.1 置信区间概念

我们学习了参数的点估计，即由样本值求出未知参数 θ 的一个估计值：

$$\theta\approx\hat{\theta}=\hat{\theta}(X_1,X_2,\cdots,X_n),$$

而区间估计则要由样本给出未知参数 θ 的一个估计范围. 我们先给出一个例子.

例 18 设某种绝缘子抗扭强度 X 服从正态分布 $N(\mu,\sigma^2)$，其中 μ 未知，σ^2 已知($\sigma=45\text{kg}\cdot\text{m}$). 试对总体的数学期望 μ 作区间估计.

对于区间估计，要选择一个合适的统计量. 若在该总体中取容量为 n 的样本 $X_1,X_2,\cdots,X_n$，样本均值为 $\overline{X}$，μ 的点估计即 $\overline{X}$，然而我们要给出 μ 的区间估计，以体现出估计的误差. 我们知道 $\overline{X}\sim N\left(\mu,\frac{\sigma^2}{n}\right)$. 在区间估计问题中，要选取一个合适的估计函数. 这时，可取

$$U=\frac{(\overline{X}-\mu)}{\sigma}\sqrt{n},$$

它是 $\overline{X}$ 的标准化随机变量，且具备下面两个特点：

(1) U 中包含所要估计的未知参数 μ(其中 σ 已知)；

(2) U 的分布为 $N(0,1)$，它与未知参数 μ 无关.

因为 $U\sim N(0,1)$，因而有

$$P\{|U|>u_{\frac{\alpha}{2}}\}=\alpha,\quad 0<\alpha<1,$$

或者

$$P\{|U|\leqslant u_{\frac{\alpha}{2}}\}=1-\alpha.$$

当 $\alpha=0.05$ 时，$1-\alpha=0.95$，$u_{\frac{\alpha}{2}}=1.96$. 将不等式 $|U|\leqslant u_{\frac{\alpha}{2}}$ 转化为 $-u_{\frac{\alpha}{2}}\leqslant U\leqslant u_{\frac{\alpha}{2}}$，亦即

$$\overline{X}-u_{\frac{\sigma}{2}}\frac{\sigma}{\sqrt{n}}\leqslant\mu\leqslant\overline{X}+u_{\frac{\alpha}{2}}\frac{\sigma}{\sqrt{n}}.$$

因此有

$$P\left\{\overline{X}-u_{\frac{\alpha}{2}}\frac{\sigma}{\sqrt{n}}\leqslant\mu\leqslant\overline{X}+u_{\frac{\alpha}{2}}\frac{\sigma}{\sqrt{n}}\right\}=1-\alpha.$$

当 $\alpha=0.05$ 时，

$$P\left\{\overline{X}-1.96\frac{\sigma}{\sqrt{n}}\leqslant\mu\leqslant\overline{X}+1.96\frac{\sigma}{\sqrt{n}}\right\}=0.95.$$

说明未知参数 μ 包含在区间 $\left[\overline{X}-1.96\frac{\sigma}{\sqrt{n}},\overline{X}+1.96\frac{\sigma}{\sqrt{n}}\right]$ 中的概率是 95%. 这里，不仅给出了 μ 的区间估计，还给出了这一区间估计的置信度（或置信概率）. 事实上，当置信度为 $1-\alpha$ 时，区间估计为 $\left[\overline{X}-u_{\frac{\alpha}{2}}\frac{\sigma}{\sqrt{n}},\overline{X}+u_{\frac{\alpha}{2}}\frac{\sigma}{\sqrt{n}}\right]$，当 α 变小，即 $1-\alpha$ 变大时，$u_{\frac{\alpha}{2}}$ 增大，从而区间的长度增大，说明若置信度 $1-\alpha$ 增大，区间要变宽. 因为区间估计总是伴随置信度，所以这一区间称为**置信区间**.

图 7-1 给出 μ 的置信区间的图形.

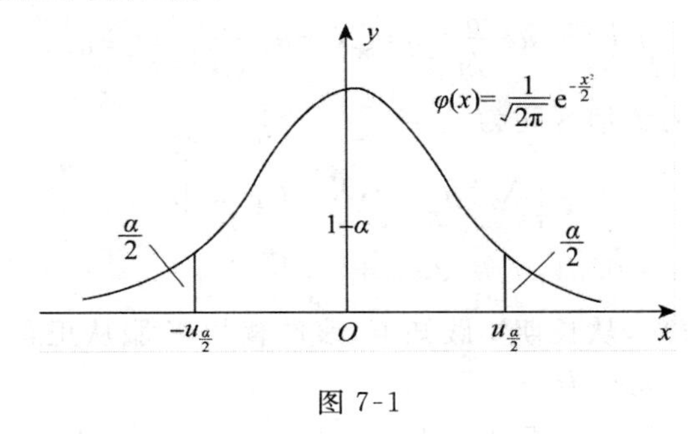

图 7-1

此例中，当 $n=32$ 时，设 $\bar{x}=160(\text{kg}\cdot\text{m})$，则

$$\bar{x}-1.96\frac{\sigma}{\sqrt{n}}=160-1.96\frac{45}{\sqrt{32}}\approx144.4,$$

$$\bar{x}+1.96\frac{\sigma}{\sqrt{n}}=160+1.96\frac{45}{\sqrt{32}}\approx175.6,$$

表明有 95% 的把握 μ 包含在区间 [144.4,175.6] 中. 说明当 $n=32,\bar{x}=160(\text{kg}\cdot\text{m})$ 时，μ 在区间 [144.4,175.6] 的置信度为 95%. 这里，置信度可理解为可靠度.

下面，引出置信区间概念.

定义 5 设 θ 为总体的未知参数. $\hat{\theta}_1=\hat{\theta}_1(X_1,X_2,\cdots,X_n)$，$\hat{\theta}_2=\hat{\theta}_2(X_1,X_2,\cdots,X_n)$ 是由样本 $X_1,X_2,\cdots,X_n$ 定出的两个统计量，若对于给定的概率 $1-\alpha$，$0<\alpha<1$，有

$$P\{\hat{\theta}_1\leqslant\theta\leqslant\hat{\theta}_2\}=1-\alpha,$$

则随机区间 $[\hat{\theta}_1,\hat{\theta}_2]$ 称为参数 θ 的置信度为 $1-\alpha$ 的**置信区间**，$\hat{\theta}_1$ 称为**置信下限**，$\hat{\theta}_2$ 称为**置信上限**.

置信区间的意义可作如下解释：θ 包含在随机区间 $[\hat{\theta}_1,\hat{\theta}_2]$ 中的概率为 $100(1-\alpha)\%$；或者说，随机区间 $[\hat{\theta}_1,\hat{\theta}_2]$ 以 $100(1-\alpha)\%$ 的概率包含 θ. 粗略地说，当 $\alpha=0.05$ 时，在 100 次抽样中，大致有 95 次 θ 包含在 $[\hat{\theta}_1,\hat{\theta}_2]$ 中，而其余 5 次可能不在该区间中.

α 常取的数值为 0.05，0.01，此时置信度 $1-\alpha$ 分别为 0.95，0.99.

置信区间的长度可视为区间估计的精度. 下面分析置信度与精度的关系.

(1) 当置信度 $1-\alpha$ 增大,又样本容量 n 固定时,置信区间长度增大,即区间估计精度降低;当置信度 $1-\alpha$ 减小,又样本容量 n 固定,置信区间长度减小,即区间估计精度提高.

(2) 设置信度 $1-\alpha$ 固定. 当样本容量 n 增大时,置信区间长度减小(如例 18,置信区间长度为 $2u_{\frac{\alpha}{2}}\frac{\sigma}{\sqrt{n}}$),即区间估计精度提高.

3.2 单个正态总体参数的置信区间

正态总体 $N(\mu,\sigma^2)$是最常见的分布,本小节中我们讨论它的两个参数的置信区间.

1. σ 已知时 μ 的置信区间

设总体 X 服从正态分布 $N(\mu,\sigma^2)$,其中 σ^2 已知,而 μ 未知,求 μ 的置信度为 $1-\alpha$ 的置信区间.

这一问题实际上已在例 18 的讨论中解决,得到

$$P\left\{\overline{X}-u_{\frac{\alpha}{2}}\frac{\sigma}{\sqrt{n}}\leqslant\mu\leqslant\overline{X}+u_{\frac{\alpha}{2}}\frac{\sigma}{\sqrt{n}}\right\}=1-\alpha.$$

所以,μ 的置信度为 $1-\alpha$ 的置信区间为

$$\left[\overline{X}-u_{\frac{\alpha}{2}}\frac{\sigma}{\sqrt{n}},\overline{X}+u_{\frac{\alpha}{2}}\frac{\sigma}{\sqrt{n}}\right].$$

当 $\alpha=0.05$,$u_{\frac{\alpha}{2}}=1.96$;当 $\alpha=0.01$,$u_{\frac{\alpha}{2}}=2.576$.

例 19 某车间生产滚珠,从长期实践知道,滚珠直径 X 服从正态分布. 从某天产品里随机抽取 6 个,测得直径(单位:mm)为

$$14.6,\ 15.1,\ 14.9,\ 14.8,\ 15.2,\ 15.1.$$

若总体方差 $\sigma^2=0.06(\text{mm}^2)$,求总体均值 μ 的置信区间(取 $\alpha=0.05$,$\alpha=0.01$).

解 由题设知 $\bar{x}=14.95(\text{mm})$.

$\alpha=0.05$ 时,置信度为 95%的置信区间为

$$\left[\bar{x}-1.96\frac{\sigma}{\sqrt{n}},\bar{x}+1.96\frac{\sigma}{\sqrt{n}}\right]=\left[14.95-1.96\frac{\sqrt{0.06}}{\sqrt{6}},14.95+1.96\frac{\sqrt{0.06}}{\sqrt{6}}\right]$$
$$\approx[14.75,15.15].$$

$\alpha=0.01$ 时,置信度为 99%的置信区间为

$$\left[\bar{x}-2.576\frac{\sigma}{\sqrt{n}},\bar{x}+2.576\frac{\sigma}{\sqrt{n}}\right]\approx[14.69,15.21].$$

从此例知,在样本容量 n 固定时,当置信度 $1-\alpha$ 较大时,置信区间长度较大;当置信度 $1-\alpha$较小时,置信区间长度较小.

例 20 用天平称量某物体的质量 9 次,得平均值为 $\bar{x}=15.4(\text{g})$,已知天平称量结果为正态分布,其标准差为 0.1g. 试求该物体质量的置信度为 0.95 的置信区间.

解 此处 $1-\alpha=0.95$,$\alpha=0.05$,查表知 $u_{0.025}=1.96$,于是该物体质量 μ 的置信度为 0.95 的置信区间为

$$\left[\bar{x}\pm u_{\frac{\alpha}{2}}\frac{\sigma}{\sqrt{n}}\right]=\left[15.4\pm1.96\times\frac{0.1}{\sqrt{9}}\right]=(15.4\pm0.0653).$$

从而该物体质量的置信度为 0.95 的置信区间为[15.334 7,15.465 3].

例 21　设总体为正态分布 $N(\mu,1)$,为使 μ 的置信度为 0.95 的置信区间长度不超过 1.2,样本容量应为多大?

解　由题设条件知,μ 的置信度为 0.95 的置信区间为

$$\left[\overline{X}-\frac{u_{\frac{\alpha}{2}}}{\sqrt{n}},\overline{X}+\frac{u_{\frac{\alpha}{2}}}{\sqrt{n}}\right],$$

其区间长度为 $2\frac{u_{\frac{\alpha}{2}}}{\sqrt{n}}$,它仅依赖于样本容量 n,而与样本具体取值无关.现要求 $2\frac{u_{\frac{\alpha}{2}}}{\sqrt{n}}\leqslant 1.2$,即有 $n\geqslant\left(\frac{2}{1.2}\right)^2u_{\frac{\alpha}{2}}^2$.现 $1-\alpha=0.95$,故 $u_{\frac{\alpha}{2}}=1.96$,从而 $n\geqslant\left(\frac{5}{3}\right)^2\times1.96^2=10.67\approx11$.即样本容量至少为 11 时才能使得 μ 的置信度为 0.95 的置信区间长度不超过 1.2.

2. σ 未知时 μ 的置信区间

这时可用 t 统计量,因为 $T=\frac{\sqrt{n}(\overline{X}-\mu)}{S}\sim t(n-1)$,完全类似于上一小节,可得到 μ 的置信度为 $1-\alpha$ 的置信区间为

$$\left[\overline{X}-\frac{t_{\frac{\alpha}{2}}(n-1)S}{\sqrt{n}},\overline{X}+\frac{t_{\frac{\alpha}{2}}(n-1)S}{\sqrt{n}}\right].$$

此处 $S^2=\frac{1}{n-1}\sum_{i=1}^{n}(X_i-\overline{X})^2$ 是 σ^2 的无偏估计.

置信区间的图形见图 7-2.

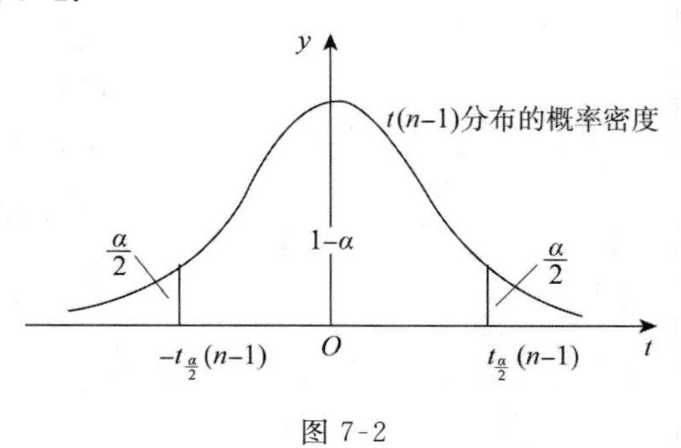

图 7-2

例 22　假设轮胎的寿命服从正态分布.为估计某种轮胎的平均寿命,现随机地抽 12 只轮胎试用,测得它们的寿命(单位:10^7 m)如下:

4.68, 4.85, 4.32, 4.85, 4.61, 5.02, 5.20, 4.60, 4.58, 4.72, 4.38, 4.70.

试求平均寿命的置信度为 0.95 的置信区间.

解　此处正态总体标准差未知,可使用 t 分布求平均寿命的置信区间.本例中经计算有 $\bar{x}=4.709\,2\times10^7$ m,$s^2=0.061\,5\times10^{14}(\text{m})^2$.取 $\alpha=0.05$,查表知 $t_{0.025}(11)=2.201\,0$,于是平均寿命的置信度为 0.95 的置信区间为

$$\left[4.709\,2\pm2.201\,0\times\frac{\sqrt{0.061\,5}}{\sqrt{12}}\right]=[4.551\,6,4.866\,8].$$

注* 在某些实际问题中，需要只求未知参数的单侧置信限，例如例 22 中由于轮胎的寿命越长越好，故此可以只求 μ 的置信下限. 由于

$$1-\alpha=P\left\{\frac{\overline{X}-\mu}{S/\sqrt{n}}\leqslant t_{\alpha}(n-1)\right\}=P\left\{\mu\geqslant\overline{X}-\frac{S}{\sqrt{n}}t_{\alpha}(n-1)\right\},$$

即 μ 的 $(1-\alpha)$ 置信下限为 $\overline{X}-t_{\alpha}(n-1)\dfrac{S}{\sqrt{n}}$，将 $t_{0.05}(11)=1.7959$ 代入计算可得平均寿命 μ 的 0.95 置信下限为 4.5806×10^{7} m.

3. σ^2 的置信区间

此时虽然也可以就 μ 是否已知分两种情况讨论 σ^2 的置信区间，但在实际问题中 σ^2 未知时 μ 已知的情况是极为罕见的，所以我们只在 μ 未知的条件下讨论 σ^2 的置信区间.

设 $X_1,X_2,\cdots,X_n$ 为来自总体 X 的样本，样本方差 S^2 可作为 σ^2 的点估计. 由

$$\chi^2=\frac{(n-1)S^2}{\sigma^2}\sim\chi^2(n-1),\tag{7.3.1}$$

χ^2 中包含未知参数 σ^2，又它的分布与 σ^2 无关，以 χ^2 作为估计函数，可用于 σ^2 的区间估计. 由于 χ^2 分布是偏态分布，寻找平均长度最短区间很难实现，一般都改为寻找等尾置信区间：把 α 平分为两部分，在 χ^2 分布两侧各截面积为 $\dfrac{\alpha}{2}$ 的部分，即采用 χ^2 的两个分位数 $\chi^2_{\frac{\alpha}{2}}(n-1)$ 和 $\chi^2_{1-\frac{\alpha}{2}}(n-1)$（见图 7-3），它们满足

$$P\left\{\chi^2_{1-\frac{\alpha}{2}}\leqslant\frac{(n-1)S^2}{\sigma^2}\leqslant\chi^2_{\frac{\alpha}{2}}\right\}=1-\alpha.$$

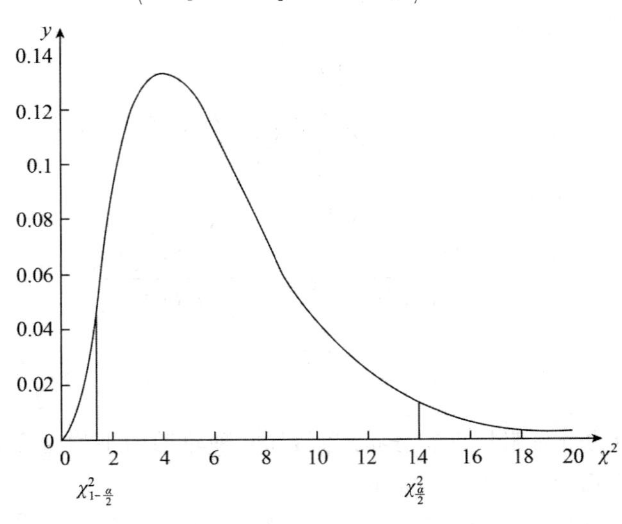

图 7-3 χ^2 分布置信区间示意图

由此给出 σ^2 的置信度为 $1-\alpha$ 的置信区间为

$$\left[\frac{(n-1)S^2}{\chi^2_{\frac{\alpha}{2}}},\frac{(n-1)S^2}{\chi^2_{1-\frac{\alpha}{2}}}\right].$$

将(7.3.1)式的两端开方即得到标准差 σ 的 $1-\alpha$ 置信区间.

例 23 某厂生产的零件质量服从正态分布 $N(\mu,\sigma^2)$. 现从该厂生产的零件中抽取 9 个，

测得其质量(单位:g)为

45.3，45.4，45.1，45.3，45.5，45.7，45.4，45.3，45.6.

试求总体标准差 σ 的置信度为 0.95 的置信区间.

解 由数据可算得 $s^2=0.0325(g^2)$，$(n-1)s^2=8\times0.0325=0.26(g^2)$，这里 $\alpha=0.05$，查表知 $\chi^2_{0.975}(8)=2.1797$，$\chi^2_{0.025}(8)=17.5345$，代入式(7.3.1)可得 σ^2 的置信度为 0.95 的置信区间为

$$\left[\frac{0.26}{17.5345},\frac{0.26}{2.1797}\right]=[0.0148,0.1193].$$

从而 σ 的置信度为 0.95 的置信区间为[0.1218,0.3454].

3.3* 两个正态总体下的置信区间

设 $X_1,\cdots,X_m$ 是来自 $N(\mu_1,\sigma_1^2)$ 的样本，$Y_1,\cdots,Y_n$ 是来自 $N(\mu_2,\sigma_2^2)$ 的样本，且两个样本相互独立. $\overline{X}$ 与 $\overline{Y}$ 分别是它们的样本均值，$S_X^2=\frac{1}{m-1}\sum_{i=1}^{m}(X_i-\overline{X})^2$ 和 $S_Y^2=\frac{1}{n-1}\sum_{i=1}^{n}(Y_i-\overline{Y})^2$ 分别是它们的样本方差. 下面讨论两个均值差和两个方差比的置信区间.

1. $\mu_1-\mu_2$ 的置信区间

这是历史上著名的 Behrens-Fisher 问题，它是 Behrens 在 1929 年从实际应用中提出的问题. 它的几种特殊情况已获得圆满的解决，但其一般情况至今尚有学者在讨论. 下面我们对此问题分几种情况分别叙述. 读者应留意它们之间的差别及其处理方法.

(1) σ_1^2 和 σ_2^2 已知时，此时有

$$\overline{X}-\overline{Y}\sim N\left(\mu_1-\mu_2,\frac{\sigma_1^2}{m}+\frac{\sigma_2^2}{n}\right),$$

$$U=\frac{\overline{X}-\overline{Y}-(\mu_1-\mu_2)}{\sqrt{\frac{\sigma_1^2}{m}+\frac{\sigma_2^2}{n}}}\sim N(0,1).$$

沿用前面多次用过的方法可以得到 $\mu_1-\mu_2$ 的 $1-\alpha$ 置信区间为

$$\left[\overline{X}-\overline{Y}-u_{\frac{\alpha}{2}}\sqrt{\frac{\sigma_1^2}{m}+\frac{\sigma_2^2}{n}},\overline{X}-\overline{Y}+u_{\frac{\alpha}{2}}\sqrt{\frac{\sigma_1^2}{m}+\frac{\sigma_2^2}{n}}\right],$$

该区间称为**二样本 U 区间.**

(2) $\sigma_1^2=\sigma_2^2=\sigma^2$ 未知时，此时有

$$\overline{X}-\overline{Y}\sim N\left(\mu_1-\mu_2,\left(\frac{1}{m}+\frac{1}{n}\right)\sigma^2\right),$$

$$\frac{(m-1)S_X^2+(n-1)S_Y^2}{\sigma^2}\sim\chi^2(m+n-2).$$

由于 $\overline{X},\overline{Y},S_X^2,S_Y^2$ 相互独立，故可构造如下服从 t 分布 $t(m+n-2)$ 的统计量

$$T=\sqrt{\frac{mn(m+n-2)}{m+n}}\cdot\frac{\overline{X}-\overline{Y}-(\mu_1-\mu_2)}{\sqrt{(m-1)S_X^2+(n-1)S_Y^2}}\sim t(m+n-2).$$

记 $S_w^2=\frac{(m-1)S_X^2+(n-1)S_Y^2}{m+n-2}$，则 $\mu_1-\mu_2$ 的置信区间为

$$\left[\overline{X}-\overline{Y}-\sqrt{\frac{m+n}{mn}}S_w t_{\frac{\alpha}{2}}(m+n-2),\overline{X}-\overline{Y}+\sqrt{\frac{m+n}{mn}}S_w t_{\frac{\alpha}{2}}(m+n-2)\right].$$

例 24 为比较两个小麦品种的产量,选择 18 块条件相似的试验田,采用相同的耕作方法作试验,结果播种甲品种的 8 块试验田的单位面积产量和播种乙品种的 10 块试验田的单位面积产量(单位:kg)分别为

甲品种 628, 583, 510, 554, 612, 523, 530, 615;

乙品种 535, 433, 398, 470, 567, 480, 498, 560, 503, 426.

假定每个品种的单位面积产量均服从正态分布,且具有相同的方差.试求这两个品种平均单位面积产量差的置信区间(取 $\alpha=0.05$).

解 以 $x_1,\cdots,x_8$ 记甲品种的单位面积产量,$y_1,\cdots,y_{10}$ 记乙品种的单位面积产量,由样本数据可计算得到

$$\bar{x}=569.38,\quad s_x^2=2\,110.55,\quad m=8,$$

$$\bar{y}=487.00,\quad s_y^2=3\,256.22,\quad n=10.$$

因已知两个品种单位面积产量的标准差相同,则可采用二样本 t 区间.此处

$$s_w=\sqrt{\frac{(m-1)s_x^2+(n-1)s_y^2}{m+n-2}}=\sqrt{\frac{7\times 2\,110.55+9\times 3\,256.22}{16}}=52.488\,0,$$

$$t_{\frac{\alpha}{2}}(m+n-2)=t_{0.025}(16)=2.119\,9,$$

$$t_{\frac{\alpha}{2}}(m+n-2)s_w\sqrt{\frac{1}{m}+\frac{1}{n}}=2.119\,9\times 52.488\,0\times\sqrt{\frac{1}{8}+\frac{1}{10}}=52.78.$$

故 $\mu_1-\mu_2$ 的置信度为 0.95 的置信区间为

$$[569.38-487\pm 52.78]=[29.60,135.16].$$

2. $\dfrac{\sigma_1^2}{\sigma_2^2}$的置信区间

由于$\dfrac{(m-1)S_X^2}{\sigma_1^2}\sim\chi^2(m-1)$,$\dfrac{(n-1)S_Y^2}{\sigma_2^2}\sim\chi^2(n-1)$,且 S_X^2 与 S_Y^2 相互独立,故可仿照 F 变量构造如下:

$$F=\frac{S_X^2/\sigma_1^2}{S_Y^2/\sigma_2^2}\sim F(m-1,n-1).$$

对给定的置信度 $1-\alpha$,由

$$P\left\{F_{1-\frac{\alpha}{2}}(m-1,n-1)\leqslant\frac{S_X^2}{S_Y^2}\cdot\frac{\sigma_2^2}{\sigma_1^2}\leqslant F_{\frac{\alpha}{2}}(m-1,n-1)\right\}=1-\alpha,$$

经不等式变形即给出$\dfrac{\sigma_1^2}{\sigma_2^2}$如下的置信度为 $1-\alpha$ 的置信区间:

$$\left[\frac{S_X^2}{S_Y^2}\cdot F_{\frac{\alpha}{2}}\frac{1}{(m-1,n-1)},\frac{S_X^2}{S_Y^2}\cdot\frac{1}{F_{1-\frac{\alpha}{2}}(m-1,n-1)}\right].$$

其图像见图 7-4.

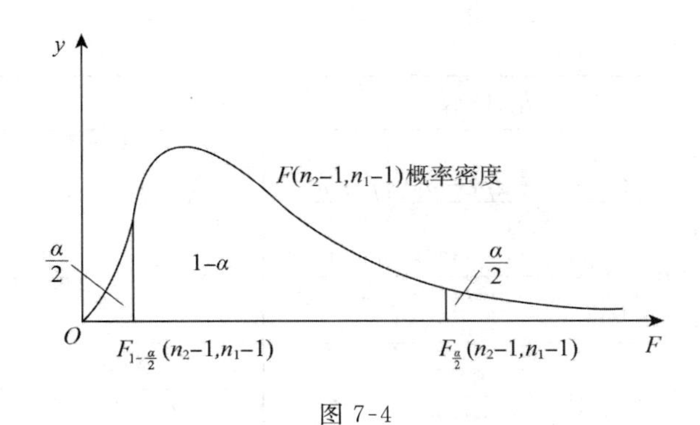

图 7-4

例 25 某车间有两台自动机床加工一类套筒. 假设套筒直径服从正态分布. 现在从两个班次的产品中分别检查了 5 个和 6 个套筒，得其直径数据(单位:cm)如下：

甲班 5.06，5.08，5.03，5.00，5.07；

乙班 4.98，5.03，4.97，4.99，5.02，4.95.

试求两班加工套筒直径的方差比$\frac{\sigma_{甲}^2}{\sigma_{乙}^2}$的置信度为 0.95 的置信区间.

解 此处，$m=5$，$n=6$，若取 $1-\alpha=0.95$，则查表知

$$F_{0.975}(4,5)=\frac{1}{F_{0.975}(5,4)}=\frac{1}{9.36}=0.1068,$$

$$F_{0.025}(4,5)=7.39.$$

由数据算得 $s_{甲}^2=0.00037$，$s_{乙}^2=0.00092$，故置信区间的两端分别为

$$\frac{s_{甲}^2}{s_{乙}^2}\cdot\frac{1}{F_{0.025}(4,5)}=\frac{0.00037}{0.00092}\cdot\frac{1}{7.39}=0.0544,$$

$$\frac{s_{甲}^2}{s_{乙}^2}\cdot\frac{1}{F_{0.975}(4,5)}=\frac{0.00037}{0.00092}\cdot\frac{1}{0.1068}=3.7657.$$

由此可知$\frac{s_{甲}^2}{s_{乙}^2}$的置信度为 0.95 的置信区间为[0.0544,3.7657].

以上关于正态总体参数的区间估计的讨论列表 7-1 所示.

表 7-1 正态总体参数的区间估计表

所估参数	条件	估计函数	置信区间
μ	σ^2 已知	$U=\frac{(\overline{X}-\mu)}{\sigma}\sqrt{n}$	$\left[\overline{X}-u_{\frac{\alpha}{2}}\frac{\sigma}{\sqrt{n}},\overline{X}+u_{\frac{\alpha}{2}}\frac{\sigma}{\sqrt{n}}\right]$
	σ^2 未知	$T=\frac{(\overline{X}-\mu)}{S}\sqrt{n}$	$\left[\overline{X}-t_{\frac{\alpha}{2}}(n-1)\frac{S}{\sqrt{n}},\overline{X}+t_{\frac{\alpha}{2}}(n-1)\frac{S}{\sqrt{n}}\right]$
σ^2	μ 未知	$\chi^2=\frac{(n+1)S^2}{\sigma^2}$	$\left[\frac{(n-1)S^2}{\chi_{\frac{\alpha}{2}}^2(n-1)},\frac{(n-1)S^2}{\chi_{-\frac{\alpha}{2}}^2(n-1)}\right]$

续表

所估参数	条件	估计函数	置信区间
$\mu_1-\mu_2$	$\sigma_1^2=\sigma_2^2$ 未知	$t=\dfrac{(\overline{X}-\overline{Y})-(\mu_1-\mu_2)}{S_w}\sqrt{\dfrac{n_1n_2}{n_1+n_2}}$ 其中 $S_w^2=\dfrac{(n_1-1)S_1^2+(n_2-1)S_2^2}{n_1+n_2-2}$	$\left[\overline{X}-\overline{Y}-t_{\frac{\alpha}{2}}(n_1+n_2-2)\sqrt{\dfrac{1}{n_1}+\dfrac{1}{n_2}}S_w,\right.$ $\left.\overline{X}-\overline{Y}+t_{\frac{\alpha}{2}}(n_1+n_2-2)\sqrt{\dfrac{1}{n_1}+\dfrac{1}{n_2}}S_w\right]$
$\dfrac{\sigma_1^2}{\sigma_2^2}$	μ_1,μ_2 未知	$F=\dfrac{S_1^2/\sigma_1^2}{S_2^2/\sigma_2^2}$	$\left[\dfrac{S_1^2/S_2^2}{F_{\frac{\alpha}{2}}(n_1-1,n_2-1)}\cdot\dfrac{S_1^2/S_2^2}{F_{1-\frac{\alpha}{2}}(n_1-1,n_2-1)}\right]$

3.4* 非正态总体参数的区间估计

在实际问题中,所研究的总体有时为非正态总体.关于非正态总体的区间估计问题较困难.然而,对于大样本(样本容量 $n\geqslant 50$),根据中心极限定理,可以得出非正态总体的参数的区间估计.

设有一大批产品,其中有小部分是废品.废品率 p 通常是未知的. p 可以看成这一大批产品中废品所占的比例.所以,在统计中,概率 p 又称为比例.若废品的比例是 p,则抽得废品的概率是 p.这样,概率 p 的区间估计又称为比例 p 的区间估计.

设 $X_1,\cdots,X_n$ 是来自 0-1 分布 $B(1,p)$的样本,现要求 p 的置信度为 $1-\alpha$ 的置信区间.由中心极限定理知,样本均值 $\overline{X}$ 的渐近分布为 $N\left(p,\dfrac{p(1-p)}{n}\right)$,因此有

$$U=\frac{\overline{X}-p}{\sqrt{p(1-p)/n}}\dot{\sim}N(0,1).$$ ①

对给定的 α,利用标准正态分布的$\dfrac{\alpha}{2}$分位数 $\mu_{\frac{\alpha}{2}}$ 可得

$$P\left\{\left|\frac{\overline{X}-p}{\sqrt{p(1-p)/n}}\right|\leqslant u_{\frac{\alpha}{2}}\right\}\approx 1-\alpha.$$

括号里的事件等价于

$$(\overline{X}-p)^2\leqslant\frac{u_{\frac{\alpha}{2}}^2p(1-p)}{n},$$

记 $\lambda=u_{\frac{\alpha}{2}}^2$,上述不等式可化为

$$\left(1+\frac{\lambda}{n}\right)p^2-\left(2\overline{X}+\frac{\lambda}{n}\right)p+\overline{X}^2\leqslant 0,$$

上式左侧的二次多项式的判别式为

$$\left(2\overline{X}+\frac{\lambda}{n}\right)^2-4\left(1+\frac{\lambda}{n}\right)\overline{X}^2=\frac{4\lambda\overline{X}(1-\overline{X})}{n}+\frac{\lambda^2}{n^2}>0,$$

故此二次多项式是开口向上并与 x 轴有两个交点的曲线(见图 7.5).记此两个交点为 p_L 和 p_U,则有

---

① 符号"$\dot{\sim}$"表示"近似服从"

$$P\{p_L \leqslant p \leqslant p_U\} = 1-\alpha.$$

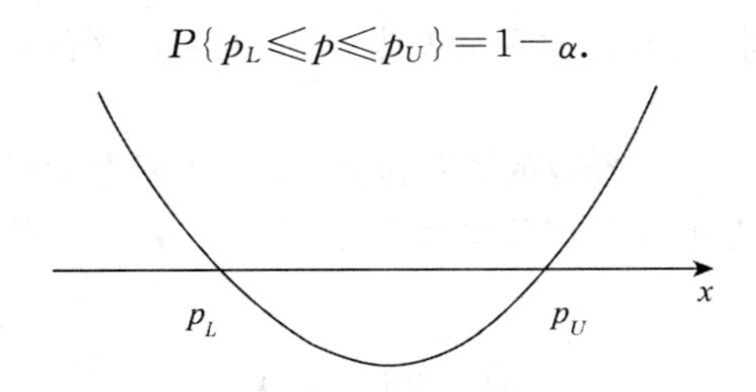

图 7-5 二次多项式及其根的示意图

这里 p_L 和 p_U 是该二次多项式的两个根，它们可表示为

$$p = \frac{1}{2\left(1+\frac{\lambda}{n}\right)}\left(2\overline{X}+\frac{\lambda}{n}\pm\sqrt{\frac{4\lambda\overline{X}(1-\overline{X})}{n}+\frac{\lambda^2}{n^2}}\right).$$

由于 n 比较大，在实际中通常略去 λ/n 项，于是可将置信区间近似为

$$\left[\overline{X}-u_{\frac{\alpha}{2}}\sqrt{\frac{\overline{X}(1-\overline{X})}{n}}, \overline{X}+u_{\frac{\alpha}{2}}\sqrt{\frac{\overline{X}(1-\overline{X})}{n}}\right]. \tag{7.3.2}$$

例 26 对某事件 A 作 120 次观察，A 发生 36 次. 试给出事件 A 发生概率 p 的置信度为 0.95 的置信区间.

解 此处 $n=120$，$\overline{x}=\frac{36}{120}=0.3$，而 $u_{0.975}=1.96$，于是 p 的置信度为 0.95 的（双侧）置信下限和上限分别为

$$\hat{p}_L = 0.3-1.96\times\sqrt{\frac{0.3\times0.7}{120}} = 0.218,$$

$$\hat{p}_U = 0.3+1.96\times\sqrt{\frac{0.3\times0.7}{120}} = 0.382.$$

故所求的置信区间为[0.218,0.382].

例 27 某传媒公司欲调查电视台某综艺节目收视率 p，为使 p 的置信度为 $1-\alpha$ 的置信区间长度不超过 d_0，问应调查多少用户？

解 这是关于 0-1 分布比例 p 的置信区间问题，由(7.3.2)式知，置信度为 $1-\alpha$ 的置信区间长度为$2u_{\frac{\alpha}{2}}\sqrt{\frac{\overline{X}(1-\overline{X})}{n}}$，这是一个随机变量，但由于 $\overline{X}\in(0,1)$，所以对任意的观测值有 $\overline{x}(1-\overline{x})\leqslant 0.5^2=0.25$. 这也就是说 p 的置信度为 $1-\alpha$ 的置信区间长度不会超过$\frac{u_{\frac{\alpha}{2}}}{\sqrt{n}}$. 现要求 p 的置信度为 $1-\alpha$ 的置信区间长度不超过 d_0，只需要$\frac{u_{\frac{\alpha}{2}}}{\sqrt{n}}\leqslant d_0$ 即可，从而

$$n \geqslant \left(\frac{u_{\frac{\alpha}{2}}}{d_0}\right)^2,$$

这是一类常见的寻求样本量的问题. 比如，若取 $d_0=0.04$，$\alpha=0.05$，则

$$n \geqslant \left(\frac{u_{0.025}}{0.04}\right)^2 = \left(\frac{1.96}{0.04}\right)^2 = 2\,401.$$

这表明，要使综艺节目收视率 p 的置信度为 0.95 的置信区间的长度不超过 0.04，则需要调查 2 401 个用户.

类似地，对于其他非正态总体参数的置信区间，大多也要在大样本的场合利用中心极限定理来展开讨论. 有兴趣的读者可参考相关参考书，这里就不再一一赘述了.

习 题 7.3

1. 土木结构实验室对一批建筑材料进行抗断强度试验. 已知这批材料的抗断强度

$$X \sim N(\mu, 0.2^2).$$

现从中抽取容量为 6 的样本测得样本观测值并算得 $\bar{x}=8.54N/m^2$，求 μ 的置信度为 0.9 的置信区间.

2. 设轮胎的寿命 X 服从正态分布，为估计某种轮胎的平均寿命，随机地抽取 12 只轮胎试用，测得它们的寿命(单位：10^7m)如下：

4.68，4.85，4.32，4.85，4.61，5.02，5.20，4.60，4.58，4.72，4.38，4.70.

试求平均寿命 μ 的置信度为 0.95 的置信区间.

3. 两台车床生产同一种型号的滚珠，已知两车床生产的滚珠直径(单位：mm)X,Y 分别服从 $N(\mu_1,\sigma_1^2)$，$N(\mu_2,\sigma_2^2)$，其中 σ_i^2，μ_i 未知$(i=1,2)$. 现从甲、乙两车床的产品中分别抽出 25 个和 15 个，测得 $s_1^2=6.38(\text{mm})^2$，$s_2^2=5.15(\text{mm})^2$. 求两总体方差比 σ_1^2/σ_2^2 的置信度为 0.90 的置信区间.

4. 某工厂生产滚珠，从某日生产的产品中随机抽取 9 个，测得直径(单位：mm)如下：

14.6，14.7，15.1，14.9，14.8，15.0，15.1，15.2，14.8.

设滚珠直径服从正态分布，若

(1) 已知滚珠直径的标准差 $\sigma=0.15$mm；

(2) 未知标准差 σ.

分别求直径均值 μ 的置信度为 0.95 的置信区间.

5. 设灯泡厂生产的一大批灯泡的寿命 X 服从正态分布 $N(\mu,\sigma^2)$，其中 μ,σ^2 未知. 现随机地抽取 16 个灯泡进行寿命试验，测得寿命数据(单位：h)如下：

1 502，1 480，1 485，1 511，1 514，1 527，1 603，1 480，

1 508，1 490，1 470，1 520，1 505，1 485，1 540，1 532.

求该批灯泡平均寿命 μ 的置信度为 0.95 的置信区间.

6. 求上题灯泡寿命方差 σ^2 的置信度为 0.95 的置信区间.

7. 某厂生产一批金属材料，其抗弯强度服从正态分布. 现从这批金属材料中随机抽取 11 个试件，测得它们的抗弯强度(单位：kg)为

42.5，42.7，43.0，42.3，43.4，44.5，44.0，43.8，44.1，43.9，43.7.

求：(1) 平均抗弯强度 μ 的置信度为 0.95 的置信区间；

(2) 抗弯强度标准差 σ 的置信度为 0.90 的置信区间.

8*. 设从两个正态总体 $N(\mu_1,\sigma^2)$，$N(\mu_2,\sigma^2)$ 中分别取容量为 10 和 12 的样本，两样本相互独立. 经算得 $\bar{x}=20$，$\bar{y}=24$，又两样本的样本标准差分别为 $s_1=5$，$s_2=6$. 求 $\mu_1-\mu_2$ 的置信度

为 0.95 的置信区间.

9. 为了估计磷肥对农作物增产的作用，现选 20 块条件大致相同的土地. 10 块不施磷肥，另外 10 块施磷肥，得亩产量(单位:kg)如下：

不施磷肥　560, 590, 560, 570, 580, 570, 600, 550, 570, 550;

施磷肥　620, 570, 650, 600, 630, 580, 570, 600, 600, 580.

设不施磷肥亩产量和施磷肥亩产量均服从正态分布，且方差相同. 试对施磷肥平均亩产量与不施磷肥平均亩产量之差作区间估计($\alpha=0.05$).

10. 有两位化验员 A,B 独立地对某种聚合的含氮量用同样的方法分别进行 10 次和 11 次测定，测定的方差分别为 $s_1^2=0.5419$，$s_2^2=0.6065$. 设 A,B 两位化验员测定值服从正态分布，其总体方差分别为 σ_1^2，σ_2^2. 求方差比 $\frac{\sigma_1^2}{\sigma_2^2}$ 的置信度为 0.9 的置信区间.

11. 设总体 X 服从区间 $[1,\theta]$ 上的均匀分布，其中 θ 未知，且 $\theta>1$，$X_1,X_2,\cdots,X_n$ 为来自总体 X 的一个样本，$\overline{X}$ 为其样本均值. 求 θ 的矩估计 $\hat{\theta}$.

小　　结

本章的主要内容为参数的点估计、估计量的评价标准以及参数的区间估计.

要求：

1. 理解并掌握矩估计的方法. 矩估计的特点是在未知总体分布的任何信息的场合，仍然可求出其数学期望 μ 的矩估计，如 $\hat{\mu}=\overline{X}$，方差的矩估计 $\hat{\sigma}^2=S_n^2$. 对任何二阶矩存在的总体皆成立.

2. 理解并掌握极大似然估计，特别是似然思想及似然函数的构造，要认识到似然函数的本质是样本 $X_1,X_2,\cdots,X_n$ 的联合概率密度 $\prod_{i=1}^{n}p(X_i;\theta)$ 在样本值取定后化为了只是未知参数 θ 的函数 $L(\theta)$，其定义是 $\theta\in\Theta$，Θ 称为参数空间，而 θ 的极大似然估计 $\hat{\theta}$ 恰是 $L(\theta)$ 的极大值点(最大值点).

3. 对参数估计量的优劣的评价，主要从无偏性、有效性和相合性三方面去衡量，会简单应用即可. 但这一过程中往往遇到求数学期望、求方差以及求依概率收敛的问题，这对一些同学可能是一个难点(但非重点).

4. 参数的区间估计主要是紧密结合第六章与正态分布相关的诸统计量在某区域上取值的概率为置信度，从而该统计量中的参数也就确定了其取值的“范围”，这“范围”就是它的区间估计.

自 测 题 7

一、填空题

1. 设总体 $X\sim N(\mu,\sigma^2)$，X_1,X_2,X_3 是来自 X 的样本，则当常数 $a=$________时，$\hat{\mu}=\frac{1}{3}X_1$

$+aX_2+\frac{1}{6}X_3$ 是未知参数 μ 的无偏估计.

2. 设总体 X 的方差为 σ^2，$X_1,X_2,\cdots,X_n$ 为来自该总体 X 的样本，$\overline{X}$ 为样本的均值，则总体方差的置信区间为________.

二、一台自动车床加工零件长度 X（单位：cm）服从正态分布 $N(\mu,\sigma^2)$. 从该车床加工的零件中随机抽取 4 个，测得长度分别为

$$12.6,\ 13.4,\ 12.8,\ 13.2.$$

求：(1) 样本方差 s^2；(2) 总体方差 σ^2 的置信度为 95％的置信区间.

（附：$u_{0.025}=1.96$，$\mu_{0.05}=1.645$；$\chi^2_{0.025}(3)=9.348$，$\chi^2_{0.975}(3)=0.216$，$\chi^2_{0.025}(4)=11.143$，$\chi^2_{0.975}(4)=0.484$）

三、设总体 $X\sim N(\mu,\sigma^2)$，抽取样本 $X_1,X_2,\cdots,X_n$，$\overline{X}=\frac{1}{n}\sum_{i=1}^{n}X_i$ 为样本均值.

(1) 已知 $\sigma=4$，$\bar{x}=12$，$n=144$，求 μ 的置信度为 0.95 的置信区间；

(2) 已知 $\sigma=10$，问：要使 μ 的置信度为 0.95 的置信区间长度不超过 5，样本容量 n 至少应取多大？

（附：$u_{0.025}=1.96$，$u_{0.05}=1.645$）

四、某大学从来自 A，B 两城市的新生中分别随机抽取 5 名与 6 名新生，测其身高（单位：cm）后，算得 $\bar{x}=175.9\text{cm}$，$\bar{y}=172.0\text{cm}$；$s_1^2=11.3(\text{cm})^2$，$s_2^2=9.1(\text{cm})^2$. 假设两城市新生身高分别服从正态分布：

$$X\sim N(\mu_1,\sigma^2),\quad Y\sim N(\mu_2,\sigma^2),$$

其中 σ^2 未知. 试求 $\mu_1-\mu_2$ 的置信度为 0.95 的置信区间.

（附：$t_{0.025}(9)=2.2622$，$t_{0.025}(11)=2.2010$）

第八章　假设检验

本章主要介绍统计假设检验的基本思想、概念,以及参数的假设检验方法,并简单介绍非参数的统计假设检验的一些方法.

§1　假设检验的基本思想和概念

1.1　基本思想

例 1　味精厂用一台包装机自动包装味精,已知袋装味精的重量 $X\sim N(\mu,0.015^2)$,机器正常时,其均值 $\mu=0.5$.某日开工后随机抽取 9 袋袋装味精,其净重(单位:kg)为

$$0.497,\ 0.506,\ 0.518,\ 0.524,\ 0.498,\ 0.511,\ 0.520,\ 0.515,\ 0.512.$$

问这台包装机是否正常?

此例随机抽样取得的 9 袋味精的重量都不正好是 0.5kg,这种实际重量和标准重量不完全一致的现象,在实际中是经常出现的.造成这种差异有两种原因:一是偶然因素的影响,二是条件因素的影响.由于偶然因素(例如,电网电压的波动、金属部件的不时伸缩、衡量仪器的误差)而发生的差异称为**随机误差**;由于条件因素(生产设备的缺陷、机械部件的过度损耗)而产生的差异称为**条件误差**.若只存在随机误差,我们就没有理由怀疑标准重量不是 0.5kg;如果我们有十足的理由判断标准重量已不是 0.5kg,那么造成这种现象的主要原因是条件误差,即包装机工作不正常.那么,怎样判断包装机工作是否正常呢?

我们通过例 1 来找出解假设检验问题的思想方法.

例 1 的解　已知袋装味精重量 $X\sim N(\mu,0.015^2)$,假设现在包装机工作正常,即提出如下假设:

$$H_0:\mu=\mu_0=0.5;\quad H_1:\mu\neq\mu_0.$$

这是两个对立的假设,我们的任务就是要依据样本对这样的假设之一作出是否拒绝的判断.

由于样本均值 $\overline{X}=\dfrac{1}{n}\sum\limits_{i=1}^{n}X_i$ 是 μ 的一个很好的估计,故当 H_0 为真时,$|\overline{X}-0.5|$ 应很小.当 $|\overline{X}-0.5|$ 过分大时,我们就应当怀疑 H_0 不正确而拒绝 H_0.怎样给出 $|\overline{X}-0.5|$ 的具体界限值 c_0 呢?

当 H_0 为真时,由于 $\dfrac{\overline{X}-\mu_0}{\sigma/\sqrt{n}}\sim N(0,1)$,对于给定的很小的数 α,$0<\alpha<1$,例如取 $\alpha=0.05$,考虑

$$P\left\{\left|\frac{\overline{X}-\mu_0}{\sigma/\sqrt{n}}\right|>u_{\frac{\alpha}{2}}\right\}=\alpha,$$

其中 $u_{\frac{\alpha}{2}}$ 是标准正态分布的上侧$\frac{\alpha}{2}$分位数,而事件

$$\left\{\left|\frac{\overline{X}-\mu_0}{\sigma/\sqrt{n}}\right|>u_{\frac{\alpha}{2}}\right\} \tag{8.1.1}$$

是一个小概率事件,小概率事件在一次试验中几乎不可能发生.

我们查附表 1 得 $u_{\frac{\alpha}{2}}=u_{0.025}=1.96$,又 $n=9$,$\sigma=0.015$,由样本算得 $\overline{x}=0.511$,又由(8.1.1)式得

$$\left|\frac{\overline{x}-\mu_0}{\sigma/\sqrt{n}}\right|=2.2>1.96.$$

小概率事件居然发生了,这与实际推断原理相矛盾.于是拒绝 H_0,而认为这台包装机工作不正常.

1.2 统计假设的概念

在许多实际问题中,常需根据理论与经验对总体 X 的分布函数或其所含的一些参数作出某种假设 H_0,这种假设 H_0 称为**统计假设**(简称**假设**).当统计假设 H_0 仅仅涉及总体分布的未知参数时,称之为**参数假设**(如例 1);而当统计假设 H_0 涉及分布函数的形式(例如假设 H_0:总体 X 服从泊松分布)时,称之为**非参数假设**.

我们要问:作出"拒绝 H_0"这一判断是否可能犯错误?为此,我们考虑概率

$$P\{|U|>u_{\frac{\alpha}{2}}\}=\alpha.$$

"$|U|>u_{\frac{\alpha}{2}}$"这个事件是小概率事件,它仍然可能发生(发生概率为 α).因此,若根据"$|U|>u_{\frac{\alpha}{2}}$"就拒绝 H_0,有可能犯错误,但犯错误的概率很小,仅为 α.换句话说,"当 $|U|>u_{\frac{\alpha}{2}}$ 时,拒绝 H_0"这一判断的可信度为 $1-\alpha$.

这个例子可一般化.设总体 X 的分布是 $N(\mu,\sigma^2)$,且 σ^2 已知.作假设:

$$H_0:\mu=\mu_0(\mu_0\text{ 是已知数}).$$

给定 α(α 是小概率),可得 $u_{\frac{\alpha}{2}}$.进行一次抽样得样本均值 $\overline{X}$.若 H_0 为真时,则

$$U=\frac{\overline{X}-\mu_0}{\sigma/\sqrt{n}}\sim N(0,1),$$

且 $\overline{X}$ 应在 μ_0 的两侧附近取值.否则,若 $\overline{X}$ 较 μ_0 的偏离度较大,应视为小概率事件发生了,即

$$P\{|U|\geqslant u_{\frac{\alpha}{2}}\}=P\left\{\left|\frac{\overline{X}-\mu_0}{\sigma/\sqrt{n}}\right|\geqslant u_{\frac{\alpha}{2}}\right\}=\alpha.$$

故认为原假设 H_0 有问题,则应拒绝 H_0,而接受 H_1.这样,我们对这一假设检验的判别,转化为视 U 在哪一个范围内取值:若 $|U|\geqslant u_{\frac{\alpha}{2}}$,我们拒绝 H_0;若 $|U|<u_{\frac{\alpha}{2}}$,则我们不拒绝 H_0.我们称 $U=\frac{\overline{X}-\mu_0}{\sigma/\sqrt{n}}$ 为**检验统计量**,而称区域 $\{(X_1,\cdots,X_n):|U|\geqslant u_{\frac{\alpha}{2}}\}$ 为**拒绝域**,简记为

$$W=\{|U|\geqslant u_{\frac{\alpha}{2}}\}.$$

在假设检验中,小概率 α 常取 0.05,0.01 或 0.10,α 称为**显著性水平**.如在例 1 中,拒绝假设 H_0,可说包装机的包装规格与 0.5kg/包有显著差异,而显著性水平为 0.05.

作为拒绝域的边界的数值,称为**临界值**,即当 $W=\{|U|\geqslant u_{\frac{\alpha}{2}}\}$时,临界值为 $-u_{\frac{\alpha}{2}}, u_{\frac{\alpha}{2}}$. 如 $\alpha=0.05$ 时,临界值为 -1.96 与 1.96.

1.3 两类错误

通过上面的分析可知,一个假设验验问题,是要先给定一个原假设 H_0 与备择假设 H_1,选出一个合适的检验统计量 T,由此给出拒绝域 W. 再根据在总体抽样得到的样本值$(x_1,x_2,\cdots,x_n)$,看它是否落入由检验统计量 T 定出的拒绝域 W 内. 当$(x_1,x_2,\cdots,x_n)\in W$ 时,就拒绝 H_0(即接受 H_1);而当$(x_1,x_2,\cdots,x_n)\notin W$ 时,则接受 H_0.

这样的假设验验有可能犯错误. 数理统计的任务本来是用样本去推断总体,即从局部去推断整体,当然有可能犯错误. 我们来分析会犯什么类型的错误.

一类错误是:在 H_0 成立的情况下,样本值落入了 W,因而 H_0 被拒绝,称这种错误为**第一类错误**,又称为**拒真错误**,一般记犯第一类错误的概率为 α.

另一类错误是:在 H_0 不成立的情况下,样本值未落入 W,因而 H_0 被接受,称这种错误为**第二类错误**,又称为**取伪错误**,并记犯第二类错误的概率为 β.

第一类错误在例 1 中我们分析过. 因为

$$P\{|u|>u_{\frac{\alpha}{2}}\mid H_0\text{ 成立}\}=\alpha,$$

而在 H_0 成立条件下,根据样本值算得的 u 满足"$|u|>u_{\frac{\alpha}{2}}$",即样本值落入拒绝域 W,从而拒绝 H_0. 由此可见,犯第一类错误的概率为 α,而 α 即为显著性水平.

一般地,有

$$P\{(x_1,x_2,\cdots,x_n)\in W\mid H_0\text{ 成立}\}\leqslant\alpha.$$

要寻找合适的检验统计量 T,使得由它定出的拒绝域 W 满足犯第一类错误的概率不超过 α,犯第二类错误的概率为 $P\{(x_1,x_2,\cdots,x_n)\notin W\mid H_1\text{ 成立}\}=\beta$.

现列表说明两类错误,见表 8-1.

表 8-1

真实情况 \ 判断	接受 H_0 $((x_1,x_2,\cdots,x_n)\notin W)$	拒绝 H_0 $((x_1,x_2,\cdots,x_n)\in W)$
H_0 成立	正确	第一类错误
H_1 成立	第二类错误	正确

人们当然希望在假设检验问题中犯两类错误的概率 α,β 都尽可能小,然而这在样本容量固定时是做不到的. 人们发现:

(1) 两类错误的概率是相互关联的,当样本容量 n 固定时,一类错误的概率的减少将导致另一类错误的概率的增加;

(2) 要同时降低两类错误的概率,需要增大样本容量 n.

在此背景下,只能采取折中方案. 英国统计学家 Neyman 和 Pearson 提出假设检验理论的基本思想:先控制住 α 的值(即事先选定 α 的值),再尽可能减少 β 的值. 并把这一假设检验方法称为**显著性水平为 α 的显著性检验**,简称**水平为 α 的检验**.

1.4 假设检验的基本步骤

根据以上的讨论与分析，可将假设检验的基本步骤概括如下：

(1) 根据实际问题提出原假设 H_0 及备择假设 H_1. 这里要求 H_0 与 H_1 有且仅有一个为真.

(2) 选取适当的检验统计量，并在原假设 H_0 成立的条件下确定该检验统计量的分布.

(3) 按问题的具体要求，选取适当的显著性水平 α，并根据统计量的分布表，确定对应于 α 的临界值，从而得到对原假设 H_0 的拒绝域 W.

(4) 根据样本值计算统计量的值，若落入拒绝域 W 内，则认为 H_0 不真，拒绝 H_0，接受备择假设 H_1；否则，接受 H_0.

注* 显著性水平 α 的选取是非常重要的. 通常取 $\alpha=0.05$. 但若取 $\alpha=0.01$，则此时“拒绝 H_0”比取 $\alpha=0.05$ 时“拒绝 H_0”更有说服力，因为当 $\alpha=0.01$ 时，犯第一类错误的概率不超过 0.01，而 $\alpha=0.05$ 时，犯第一类错误的概率不超过 0.05. 基于这个理由，人们常把在 $\alpha=0.05$ 时拒绝 H_0，称为“显著”（实际情况“显著”异于 H_0）；而把 $\alpha=0.01$ 时拒绝 H_0 称为“高度显著”. 然而，并非 α 取得越小越好. 根据前面的讨论，当样本容量 n 固定时，α 的减小将导致第二类错误的概率 β 的增加. 所以，必须根据实际问题的需要，选取合适的显著性水平 α. 有的问题犯第二类错误的后果严重（如药品生产中，不合格产品漏检出厂会导致严重后果），这时，α 可适当取大一些（如可取 $\alpha=0.10$），以便 β 减小. 反之，有的问题犯第一类错误损失严重（如大批工业产品拒收将造成严重的经济损失），此时 α 应取小一些（如可取 $\alpha=0.01$）. 在一般的假设检验问题中，取 $\alpha=0.05$ 最多.

习 题 8.1

1. 某天开工时，需检验自动装包机工作是否正常. 根据以往的经验，其每包的重量（单位：kg）在正常情况下服从正态分布 $N(100,1.5^2)$. 现抽测了 9 包，其重量为

$$99.3,\ 98.7,\ 100.5,\ 101.2,\ 98.3,\ 99.7,\ 99.5,\ 102.0,\ 100.5.$$

问这天包装机工作是否正常？并将这一问题化为一个假设检验问题，写出假设检验的步骤（取 $\alpha=0.05$）.

2. 设 α,β 分别是假设检验中犯第一、第二类错误的概率，且 H_0,H_1 分别为原假设和备择假设，则

(1) $P\{$接受 $H_0 \mid H_0$ 不真$\}=$________；

(2) $P\{$拒绝 $H_0 \mid H_0$ 真$\}=$________；

(3) $P\{$拒绝 $H_0 \mid H_0$ 不真$\}=$________；

(4) $P\{$接受 $H_0 \mid H_0$ 真$\}=$________.

§2 正态总体均值的假设检验

本节讨论的总体均值的假设检验，多数是在正态总体下进行的.

2.1 u 检验

1. 方差已知时，单个正态总体均值检验

设 $X_1,X_2,\cdots,X_n$ 是从正态总体 $N(\mu,\sigma_0^2)$ 中抽取的样本，σ_0^2 是已知常数，欲检验假设：

$$H_0:\mu=\mu_0;\quad H_1:\mu\neq\mu_0,$$

其中 μ_0 为已知数.

例 1 已求出检验统计量 $U=\dfrac{\overline{X}-\mu_0}{\sigma_0/\sqrt{n}}$（在假设 H_0 成立时，它服从标准正态分布），拒绝域为 $W=(-\infty,-u_{\frac{\alpha}{2}})\cup(u_{\frac{\alpha}{2}},+\infty)$. 若由样本观测值计算出 u 的值落在 W 内，则作出拒绝 H_0 的判断，否则接受 H_0.

2. 方差已知时，两个正态总体均值检验

设 $X\sim N(\mu_1,\sigma_1^2)$，$Y\sim N(\mu_2,\sigma_2^2)$，其中 σ_1^2,σ_2^2 为已知常数. $X_1,X_2,\cdots,X_m$ 和 $Y_1,Y_2,\cdots,Y_n$ 分别是取自 X 和 Y 的样本且相互独立. 欲检验假设：

$$H_0:\mu_1=\mu_2;\quad H_1:\mu_1\neq\mu_2.$$

检验假设 $\mu_1=\mu_2$，等价于检验假设 $\mu_1-\mu_2=0$. 而 $\overline{X}-\overline{Y}$ 是 $\mu_1-\mu_2$ 的一个好估计量，且当 H_0 为真时，有

$$U=\frac{\overline{X}-\overline{Y}}{\sqrt{\dfrac{\sigma_1^2}{m}+\dfrac{\sigma_2^2}{n}}}\sim N(0,1). \tag{8.2.1}$$

于是对给定的显著性水平 α，查附表 1，可得临界值 $u_{\frac{\alpha}{2}}$，使

$$P\{|U|>u_{\frac{\alpha}{2}}\}=\alpha, \tag{8.2.2}$$

从而得拒绝域 $W=(-\infty,-u_{\frac{\alpha}{2}})\cup(u_{\frac{\alpha}{2}},+\infty)$. 再由样本值计算 U 的观测值

$$u=\frac{\overline{x}-\overline{y}}{\sqrt{\dfrac{\sigma_1^2}{m}+\dfrac{\sigma_2^2}{n}}}.$$

若 $u\in W$，则拒绝 H_0，否则接受 H_0.

由上述讨论可知，由服从标准正态分布的检验统计量作检验的方法称为 **u 检验法**. 以上讨论的是小样本情况下的 u 检验，稍后，我们将讨论大样本情况下的 u 检验问题.

2.2 t 检验

1. 方差未知时，单个正态总体均值检验

设 $X_1,X_2,\cdots,X_n$ 是从正态总体 $N(\mu,\sigma^2)$ 中抽取的样本，其中 σ^2 未知，欲检验

$$H_0:\mu=\mu_0;\quad H_1:\mu\neq\mu_0,$$

其中 μ_0 为已知数.

由于 σ^2 未知，故不能再用例 1 给出的检验统计量 $U=\dfrac{\overline{X}-\mu_0}{\sigma_0/\sqrt{n}}$ 进行检验. 这时，一个自然的想法就是用样本方差 S^2 代替总体方差 σ^2，因而构造检验统计量

$$T=\frac{\overline{X}-\mu_0}{S/\sqrt{n}}. \tag{8.2.3}$$

由第六章§3节定理4推论1，当 H_0 为真时，$T\sim t(n-1)$. 于是，对给定的显著性水平 α，查 t 分布临界值表可得 $t_{\frac{\alpha}{2}}(n-1)$，使得

$$P\{|T|>t_{\frac{\alpha}{2}}(n-1)\}=\alpha, \tag{8.2.4}$$

即得拒绝域 $W=(-\infty,-t_{\frac{\alpha}{2}}(n-1))\cup(t_{\frac{\alpha}{2}}(n-1)+\infty)$. 再通过样本观测值计算出观测值 t，若 $t\in W$，则拒绝 H_0，否则，接受 H_0.

例2 某水泥厂用自动包装机包装水泥，每袋水泥重量 X（单位：kg）服从 $N(\mu_0,\sigma^2)$，已知 $\mu_0=50$kg，某日开工后随机抽取9袋，测得 $\overline{x}=49.9$kg，样本标准差 $s=0.3$kg. 问当日水泥包装机工作是否正常（$\alpha=0.05$）？（附：$t_{0.025}(8)=2.306$）

解 由题意，欲检验假设：

$$H_0:\mu=\mu_0=50;\quad H_1:\mu\neq 50.$$

当 H_0 成立时，统计量

$$T=\frac{\overline{X}-\mu_0}{S/\sqrt{n}}\sim t(n-1).$$

给定显著性水平 $\alpha=0.05$ 时，拒绝域为

$$W=\{|T|>t_{0.025}(8)\}.$$

已知 $n=9,\mu_0=50$kg，$\overline{x}=49.9$kg，$s=0.3$kg，$t_{0.025}(8)=2.306$，计算得

$$|t|=\left|\frac{\overline{x}-\mu_0}{s/\sqrt{n}}\right|=1<2.306.$$

故接受 H_0，即认为水泥包装机工作正常.

例3 设某地区居民每户的周消费额 X（单位：元）服从正态分布 $N(\mu,25)$，今随机抽查100户居民，计算其平均周消费额为 $\overline{x}=340.5$ 元. 问在显著性水平 $\alpha=0.05$ 下，可否认为该地区居民平均周消费为340元？（附：$u_{\frac{\alpha}{2}}=1.96$）.

解 这是一个假设检验问题：

$$H_0:\mu=\mu_0=340;\quad H_1:\mu\neq\mu_0=340.$$

当 H_0 成立时，检验统计量 $U=\dfrac{\overline{X}-\mu_0}{\sigma_0/\sqrt{n}}\sim N(0,1)$. 对 H_0 的拒绝域为

$$W=\{|U|>u_{\frac{\alpha}{2}}\}.$$

由题设知：$\alpha=0.05$，$u_{\frac{\alpha}{2}}=1.96$，$\sigma_0=5$ 元，$n=100$，$\overline{x}=340.5$ 元，$\mu_0=340$ 元. 由此算得 $|u|=1<1.96$. 故接受 H_0，即可以认为该地区居民平均周消费额是340元.

例4 车辆厂生产的螺杆直径 X（单位：mm）服从正态分布 $N(\mu,\sigma^2)$，现从中抽取5支，测得直径为

$$22.3,\ 21.5,\ 22.0,\ 21.8,\ 21.4.$$

如果 σ^2 未知，试问直径均值 $\mu=21$mm 是否成立（取 $\alpha=0.05$）？

解 检验假设：

$$H_0:\mu=21;\quad H_1:\mu\neq 21.$$

由样本观测值算得

$$\bar{x}=21.8\text{mm},\quad s^2=0.135(\text{mm})^2,$$

$$t=\frac{21.8-21}{\sqrt{0.135/5}}=4.87.$$

由 $\sigma=0.05$，查附表 3，得临界值 $t_{\frac{\alpha}{2}}(n-1)=t_{0.025}(4)=2.776$. 由于

$$|t|=4.87>2.776=t_{\frac{\alpha}{2}}(n-1),$$

故拒绝 H_0，即螺杆直径均值不是 21mm.

2. 方差未知时，两个正态总体均值检验

设 $X\sim N(\mu_1,\sigma_1^2)$，$Y\sim N(\mu_2,\sigma_2^2)$，$X_1,\cdots,X_m$ 和 $Y_1,\cdots,Y_n$ 分别是取自 X 和 Y 的样本且相互独立.

(1) $\sigma_1^2=\sigma_2^2=\sigma^2$（$\sigma^2$ 未知）.

欲检验假设：

$$H_0:\mu_1=\mu_2;\quad H_1:\mu_1\neq\mu_2.$$

由§6.3 节定理 4 的推论 3 知，当 H_0 为真时，

$$T=\frac{\overline{X}-\overline{Y}}{S_w\sqrt{\frac{1}{m}+\frac{1}{m}}}=\frac{\overline{X}-\overline{Y}}{\sqrt{(m-1)S_1^2+(n-1)S_2^2}}\cdot\sqrt{\frac{mn(m+n-2)}{m+n}}\sim t(m+n-2),\tag{8.2.5}$$

T 即为我们构造的检验统计量. 这时，对给定的显著性水平 α，查附表 3 可得 $t_{\frac{\alpha}{2}}(m+n-2)$，使

$$P\{|T|>t_{\frac{\alpha}{2}}(m+n-2)\}=\alpha,$$

即得拒绝域

$$W=(-\infty,-t_{\frac{\alpha}{2}}(m+n-2))\cup(t_{\frac{\alpha}{2}}(m+n-2),+\infty).$$

例 5　在漂白工艺中考察温度对针织品断裂强度的影响，现在 70℃与 80℃下分别作 8 次和 6 次试验，测得各自的断裂强度 X 和 Y 的观测值. 经计算得

$$\bar{x}=20.4,\quad \bar{y}=19.3167,\quad (m-1)s_x^2=6.2,\quad (n-1)s_y^2=5.0283.$$

根据以往的经验，X 和 Y 均服从正态分布，且方差相等. 在给定 $\alpha=0.10$ 时，问 70℃与 80℃对断裂强度有无显著差异？

解　由题设，可假定 $X\sim N(\mu_1,\sigma^2)$，$Y\sim N(\mu_2,\sigma^2)$. 于是若作统计假设为两个温度下的断裂强度无显著性差异，即相当于作假设：

$$H_0:\mu_1=\mu_2;\quad H_1:\mu_1\neq\mu_2.$$

取(8.2.5)式定义的检验统计量 T，由 $\alpha=0.10$，查 t 分布临界值表得

$$t_{\frac{\alpha}{2}}(m+n-2)=t_{0.05}(12)=1.782,$$

由(8.2.5)式算出 T 的观测值 $t=2.0737$. 由于

$$t=2.0737>1.782=t_{\frac{\alpha}{2}}(m+n-2),$$

即 $t\in W$，故拒绝 H_0. 换言之，70℃与 80℃的断裂强度有明显差异.

(2) $\sigma_1^2\neq\sigma_2^2$ 且都未知，但 $m=n$（配对问题）.

欲检验假设：

$$H_0:\mu_1=\mu_2;\quad H_1:\mu_1\neq\mu_2.$$

令

$$Z_i = X_i - Y_i, \quad i=1,\cdots,n,$$

即视两个正态总体样本之差来自一个正态总体的样本. 记

$$E(Z_i)=E(X_i-Y_i)=\mu_1-\mu_2=d, \quad D(Z_i)=D(X_i)+D(Y_i)=\sigma_1^2+\sigma_2^2=\sigma^2(\text{未知}).$$

此时，μ_1 与 μ_2 是否相等的检验就等价于下述假设检验：

$$H_0: d=0; \quad H_1: d\neq 0.$$

可构造检验统计量

$$T=\frac{\overline{Z}}{S}\sqrt{n},$$

其中，$\overline{Z}=\frac{1}{n}\sum_{i=1}^{n}Z_i$，$S^2=\frac{1}{n-1}\sum_{i=1}^{n}(Z_i-\overline{Z})^2$. 在假设 H_0 为真时，$T\sim t(n-1)$. 于是可得拒绝域

$$W=(-\infty,-t_{\frac{\alpha}{2}}(n-1))\cup(t_{\frac{\alpha}{2}}(n-1),+\infty).$$

例 6 有两台仪器 A，B，用来测量某矿石的含铁量，为鉴定它们的测量结果有无显著的差异，挑选了 8 件试块（它们的成分、含铁量、均匀性等各不相同），现在分别用这两台仪器对每一试块测量一次，得到 8 对观测值，如表 8-2 所示.

表 8-2

A	49	52.2	55	60.2	63.4	76.6	86.5	48.7
B	49.3	49	51.4	57	61.1	68.8	79.3	50.1

问能否认为这两台仪器的测量结果有显著性差异（取 $\alpha=0.05$，假定 A，B 两种仪器的测量结果 X，Y 分别服从同方差的正态分布）？

解 由题意：$X\sim N(\mu_1,\sigma^2)$，$Y\sim N(\mu_2,\sigma^2)$，要检验假设：

$$H_0:\mu_1=\mu_2; \quad H_1:\mu_1\neq\mu_2.$$

下面有两种解法：

法一 作配对情况处理结论.

视两种测量结果之差为来自一个正态总体，记 $Z=X-Y$，得 8 对数据之差，如表 8-3 所示.

表 8-3

Z	-0.3	3.2	3.6	3.2	2.3	7.8	7.2	-1.4

原检验问题化为

$$H_0: d=0; \quad H_1: d\neq 0.$$

由表 8-3 可求得

$$\overline{z}=3.2, \quad s^2=10.22, \quad t=\sqrt{8}\frac{\overline{z}}{s}=2.83.$$

由 $\alpha=0.05$，查附表 3 可得临界值

$$t_{\frac{\alpha}{2}}(n-1)=-t_{0.025}(7)=2.365.$$

由于 $2.83>2.365$，因而否定 H_0，即认为这两种仪器的测量结果有显著差异.

法二 作不配对处理结论.

视表 8-2 的两行结果分别来自两个正态总体，类似例 5 的解法，算得

$$\bar{x}=61.45,\quad s_1^2=186.73,$$

$$\bar{y}=58.25,\quad s_2^2=120.44.$$

这时，可算得检验统计量的观测值 t 为

$$t=\frac{\bar{x}-\bar{y}}{\sqrt{(m-1)s_1^2+(n-1)s_2^2}}\sqrt{\frac{mn(m+n-2)}{m+n}}=\frac{3.2}{6.197}\approx 0.516.$$

由 $\alpha=0.05$，查附表 3 可得临界值 $t_{\frac{\alpha}{2}}(m+n-2)=t_{0.025}(14)=2.145$. 由于 $0.516<2.145$，因而不否定 H_0，即认为这两台仪器的测量结果差异不显著.

两种解法结论各不相同，究竟哪一种正确？仔细分析不难发现，配对解法消除了试块不同对数据分析的干扰，因为一对数据与另一对之间的差异是由各种因素，如材料成分、铁的含量、均匀性等因素引起的，而同一对中两个数据的差异则可看成是仅由这两台仪器性能差异所引起的. 因而这也表明不能将仪器 A 对 8 个试块的测量结果(表 8-2 中第一行)看成一个样本，也不能将第二行看成另一个样本，即不配对解决法是错误的.

两个总体的均值是否相等的显著性检验，其实际意义还在于它是一种选优的统计方法. 若拒绝 H_0，则说明均值之间的差异显著，这时可选用符合均值要求的方案. 若没有拒绝 H_0，则说明均值间差异不显著，这时，可以从经济实惠的角度来挑选其中一个方案.

2.3* 大样本情况总体均值检验(u 检验续)

1. 正态总体情况

以两正态总体为例，$X\sim N(\mu_1,\sigma_1^2)$，$Y\sim N(\mu_2,\sigma_2^2)$，其中 σ_1^2,σ_2^2 均未知，但 m 和 n 都很大($m,n\geqslant 50$)，欲检验假设：

$$H_0:\mu_1=\mu_2;\quad H_1:\mu_1\neq\mu_2.$$

设 $X_1,\cdots,X_m$ 和 $Y_1,\cdots,Y_n$ 分别取自总体 X 和 Y 的两个样本，且相互独立. 这时用样本方差分别代替总体方差，即用 S_1^2,S_2^2 分别代替 σ_1^2,σ_2^2. 可以证明，当假设 H_0 成立时，近似地有

$$U=\frac{\bar{X}-\bar{Y}}{\sqrt{\frac{S_1^2}{m}+\frac{S_2^2}{n}}}\sim N(0,1),$$

即 U 可作为检验统计量，从而计算出观测值 $u=\dfrac{\bar{x}-\bar{y}}{\sqrt{\frac{s_1^2}{m}+\frac{s_2^2}{n}}}$，当

$$u\in W=(-\infty,-u_{\frac{\alpha}{2}})\cup(u_{\frac{\alpha}{2}},+\infty)$$

时拒绝 H_0，否则接受 H_0.

2. 非正态总体情况

总体 X 分布未知，但 $E(X)=\mu$，$D(X)=\sigma^2$，$X_1,\cdots,X_n$ 为取自 X 的样本，$n\geqslant 50$.

(1) $\sigma^2=\sigma_0^2$(已知)，欲检验假设：

$$H_0:\mu=\mu_0;\quad H_1:\mu\neq\mu_0.$$

由中心极限定理可知，无论总体具有什么分布，对于充分大的容量 n，总有

$$U=\frac{\overline{X}-\mu}{\sigma_0/\sqrt{n}}\dot{\sim}N(0,1). \tag{8.2.6}$$

当假设 H_0 成立时，可取

$$U=\frac{\overline{X}-\mu_0}{\sigma_0/\sqrt{n}}.$$

为检验统计量，检验的方法完全与前面正态分布的场合相同.

(2) σ^2 未知，欲检验假设：

$$H_0:\mu=\mu_0;\quad H_1:\mu\neq\mu_0.$$

这时(8.2.6)式中的 σ_0 可用样本标准差 S 代替，只要 n 很大($n\geqslant 50$)，还是(近似地)使用 u 检验，不过这里的检验统计量为 $U=\frac{\overline{X}-\mu_0}{S/\sqrt{n}}$.

例 7 铁路信号工厂生产的一种电阻其平均电阻一直保持在 2.64Ω，改变加工工艺后，测得 100 个元件的电阻，计算得平均电阻为 2.62Ω，标准差 $s=0.06\Omega$. 问新工艺对此电阻生产有无显著影响(取 $\alpha=0.01$)?

解 改变工艺后生产的电阻视为一个总体，μ 为该总体的数学期望，作假设：

$$H_0:\mu=2.64;\quad H_1:\mu\neq 2.64.$$

由于 $n=100$，$\bar{x}=2.62\Omega$，$s=0.06\Omega$，因此可用大样本问题的 u 检验.

由 $\alpha=0.01$，查正态表得 $u_{\frac{\alpha}{2}}=2.57$，又算得 $u=\frac{\bar{x}-\mu_0}{s/\sqrt{n}}=3.333$，所以 $|u|>u_{\frac{\alpha}{2}}$，故拒绝 H_0，认为新工艺对电阻的生产有影响.

习 题 8.2

1. 某自动机生产一种铆钉，尺寸误差 $X\sim N(\mu,1)$，该机正常工作与否的标志是检验 $\mu=0$ 是否成立. 一日抽检容量 $n=10$ 的样本，测得样本均值 $\bar{x}=1.01$mm. 试问：在显著性水平 $\alpha=0.05$ 下，该日自动机工作是否正常？

2. 假定考生成绩服从正态分布，在某地一次数学统考中，随机抽取了 36 位考生的成绩，算得平均成绩为 $\bar{x}=66.5$ 分，标准差 $s=15$ 分. 问在显著性水平 0.05 下，是否可以认为这次考试全体考生的平均成绩为 70 分？

3. 某种产品的重量 $X\sim N(12,1)$(单位：g). 更新设备后，从新生产的产品中，随机地抽取 100 个，测得样本均值 $\bar{x}=12.5$g. 如果方差没有变化，问设备更新后，产品的平均重量是否有显著变化(取 $\alpha=0.1$)?

4. 一种燃料的辛烷等级服从正态分布，其平均等级为 98.0，标准差为 0.8，现从一批新油中抽出 25 桶，算得样本均值为 97.7. 假定标准差与原来一样，问新油的辛烷平均等级是否比原燃料平均等级偏低(取 $\alpha=0.05$)?

5. 从一批灯泡中随机抽取 50 个，分别测量其寿命(单位：h)，算得其平均值 $\bar{x}=1\,900$h，标准差 $s=490$h. 问能否认为这批灯泡的平均寿命为 2 000h(取 $\alpha=0.01$)?

6. 某批矿砂的五个样品中镍含量(%)经测定为

3.25，3.27，3.24，3.26，3.24.

经测定，镍含量服从正态分布，问能否认为这批矿砂的镍含量为3.25%（取$\alpha=0.05$）？

7. 有甲、乙两台机床加工同样产品，从这两台机床中随机抽取若干件，测得产品直径（单位：mm）为

机床甲　20.5，19.8，19.7，20.4，20.1，20.0，19.0，19.9；

机床乙　19.7，20.8，20.5，19.8，19.4，20.6，19.2.

假定两台机床加工的产品直径都服从正态分布，且总体方差相等. 问甲、乙两台机床加工的产品直径有无显著差异（取$\alpha=0.05$）？

8. 从甲地发送一个信号到乙地，设乙地接收到的信号值是一个服从正态分布$N(\mu,0.2^2)$的随机变量，其中μ为从甲地发送的真实信号值. 现甲地重复发送同一信号5次，乙地接收到的信号值为

8.05，8.15，8.2，8.1，8.25.

设接收方有理由猜测甲地发送的信号值为8，问能否接受这一猜测（取$\alpha=0.05$）？

9. 某项经济指标$X\sim N(\mu,2)$，将随机调查的11个地区的该项指标$X_1,X_2,\cdots,X_{11}$作为样本，算得样本方差$s^2=3$. 问可否认为该项指标的方差仍为2（取$\alpha=0.05$）？

（附：$\chi^2_{0.025}(10)=20.5$，$\chi^2_{0.975}(10)=3.2$）

§3 正态总体方差的假设检验

在实际问题中，有关方差的检验问题也是常遇到的，如上节介绍的u检验和t检验中均与方差有密切的联系. 因此，讨论方差的检验问题尤为重要.

3.1 χ^2检验

设总体$X\sim N(\mu,\sigma^2)$，σ^2未知，$X_1,\cdots,X_n$为取自X的样本，欲检验假设：

$$H_0:\sigma^2=\sigma_0^2;\quad H_1:\sigma^2\neq\sigma_0^2,$$

其中σ_0^2为已知数.

自然想到，看σ^2的无偏估计S^2有多大，当H_0为真时，S^2应在σ_0^2周围波动，如果$\dfrac{S^2}{\sigma_0^2}$很大或很小，则应该否定H_0，因此构造检验统计量

$$\chi^2=\frac{(n-1)S^2}{\sigma_0^2}.\tag{8.3.1}$$

由§6.3节定理4，在假设H_0成立时，$\chi^2\sim\chi^2(n-1)$，于是对给定的显著性水平α，查χ^2分布表可得$\chi^2_{\frac{\alpha}{2}}(n-1)$与$\chi^2_{1-\frac{\alpha}{2}}(n-1)$，使

$$P\{\chi^2\leqslant\chi^2_{1-\frac{\alpha}{2}}(n-1)\}=P\{\chi^2>\chi^2_{\frac{\alpha}{2}}(n-1)\}=\frac{\alpha}{2}.$$

从而可得拒绝域

$$W=(0,\chi^2_{1-\frac{\alpha}{2}}(n-1))\cup(\chi^2_{\frac{\alpha}{2}}(n-1),+\infty).$$

若由样本观测值计算出χ^2的值$\chi^2\in W$，则拒绝H_0，否则接受H_0.

例 8 设某厂生产的铜线的折断力 $X \sim N(\mu, 8^2)$(单位:kg),现从一批产品中抽查 10 根测其折断力,经计算得样本均值 $\bar{x}=575.2$kg,样本方差 $s^2=68.16(\mathrm{kg})^2$. 试问能否认为这批铜线折断力的方差仍为 $8^2(\mathrm{kg})^2$(取 $\alpha=0.05$)?

解 按题意,欲检验假设:

$$H_0: \sigma^2=8^2; \quad H_1: \sigma^2 \neq 8^2.$$

可应用 χ^2 检验法. 由 $\alpha=0.05$ 查附表 4 可得

$$\chi^2_{\frac{0.05}{2}}(9)=19.0, \quad \chi^2_{1-\frac{0.05}{2}}(9)=2.7.$$

于是得拒绝域

$$W=(0, 2.7) \cup (19.0, +\infty).$$

由(8.3.1)式可算得

$$\chi^2=\frac{1}{8^2} \times 681.6=10.65.$$

由于 $\chi^2 \notin W$,故不拒绝 H_0,即可认为该批铜线折断力的方差与 $8^2(\mathrm{kg})^2$ 无显著差异.

3.2 *F* 检验

前面介绍的用 t 检验法检验两个独立正态总体的均值是否相等时,曾假定它们的方差是相等的. 一般说来,两个正态总体方差是未知的,那么,如何来检验两独立正态总体的方差是否相等呢? 为此介绍 F 检验法.

设有两正态总体 $X \sim N(\mu_1, \sigma_1^2)$, $Y \sim N(\mu_2, \sigma_2^2)$, $X_1, \cdots, X_m$ 和 $Y_1, \cdots, Y_n$ 分别是取自 X 和 Y 的样本且相互独立. 欲检验假设:

$$H_0: \sigma_1^2=\sigma_2^2; \quad H_1: \sigma_1^2 \neq \sigma_2^2.$$

由于 S_1^2 是 σ_1^2 的无偏估计, S_2^2 是 σ_2^2 的无偏估计,当 H_0 为真时,自然想到 S_1^2 与 S_2^2 应该差不多,其比值 $\frac{S_1^2}{S_2^2}$ 不会太大或太小,现在关键在于统计量 $F=\frac{S_1^2}{S_2^2}$ 服从什么分布. 由 § 6.3 节定理 4 的推论 2 我们知道,当 H_0 为真时,

$$F=\frac{S_1^2}{S_2^2} \sim F(m-1, n-1).$$

这样,取 F 为检验统计量,对给定的显著性水平 α,查附表 5,确定临界值

$$F_{\frac{\alpha}{2}}(m-1, n-1), \quad F_{1-\frac{\alpha}{2}}(m-1, n-1),$$

使

$$P\{F>F_{\frac{\alpha}{2}}(m-1, n-1)\}=P\{F \leqslant F_{1-\frac{\alpha}{2}}(m-1, n-1)\}=\frac{\alpha}{2}.$$

即得拒绝域

$$W=(0, F_{1-\frac{\alpha}{2}}(m-1, n-1)) \cup (F_{\frac{\alpha}{2}}(m-1, n-1), +\infty).$$

若由样本观测值算得 F 值,当 $F \in W$ 时,拒绝 H_0,即认为两总体之方差有显著差异,否则接受 H_0,即两总体之方差无显著差异.

例 9 设甲、乙两台机床加工同一种轴,从这两台机床加工的轴中分别抽取若干根,测得其直径数据(单位:mm)如下:

$$m=8,\quad \bar{x}=19.93\text{mm},\ s_1^2=0.216(\text{mm})^2;$$
$$n=7,\quad \bar{y}=20.00\text{mm},\quad s_2^2=0.397(\text{mm})^2.$$

假定各台机床加工轴的直径 X,Y 分别服从正态分布，试比较甲、乙两台机床加工轴的精度有无显著差异(取 $\alpha=0.05$)？

解　按题意，本题是要检验两正态总体的方差 σ_1^2,σ_2^2 是否相等，即要检验假设：

$$H_0:\sigma_1^2=\sigma_2^2;\quad H_1:\sigma_1^2\neq\sigma_2^2.$$

对给定的 $\alpha=0.05$，查附表 5 可得

$$F_{\frac{0.05}{2}}(7,6)=5.70,\quad F_{\frac{0.05}{2}}(6,7)=5.12.$$

于是

$$F_{1-\frac{\alpha}{2}}(m-1,n-1)=\frac{1}{F_{\frac{\alpha}{2}}(n-1,m-1)}=\frac{1}{F_{0.025}(6,7)}=\frac{1}{5.12}=0.195,$$

而

$$F=\frac{s_1^2}{s_2^2}=\frac{0.216}{0.397}=0.544.$$

因 $F\notin W$，故认为两正态总体之方差无显著差异.

作为本节的结束，我们要谈谈参数的区间估计与假设检验之间的关系. 我们从方差已知时单个正态总体均值的假设检验和区间估计为例：设 $X\sim N(\mu,\sigma_0^2)$，$X_1,\cdots,X_n$ 为取自 X 的样本，σ_0^2 为已知. u 检验告诉我们，对假设检验问题 $H_0:\mu=\mu_0$ 的显著性水平为 α 的检验，其拒绝域为

$$W=(-\infty,-u_{\frac{\alpha}{2}})\cup(u_{\frac{\alpha}{2}},+\infty),$$

或改写成

$$|U|>u_{\frac{\alpha}{2}},$$

其中

$$U=\frac{\overline{X}-\mu_0}{\frac{\sigma_0}{\sqrt{n}}}.$$

由此可知，这个检验的非拒绝域为

$$|U|=\left|\frac{\overline{X}-\mu_0}{\frac{\sigma_0}{\sqrt{n}}}\right|\leqslant u_{\frac{\alpha}{2}},$$

即

$$\overline{X}-\frac{\sigma_0}{\sqrt{n}}u_{\frac{\alpha}{2}}\leqslant\mu_0\leqslant\overline{X}+\frac{\sigma_0}{\sqrt{n}}u_{\frac{\alpha}{2}}.$$

如果把上式中的 μ_0 改写成 μ，即得 σ^2 已知时单个正态总体均值 μ 的置信度为 $1-\alpha$ 的置信区间. 反之，若 $\left[\overline{X}-\frac{\sigma_0}{\sqrt{n}}u_{\frac{\alpha}{2}},\overline{X}+\frac{\sigma_0}{\sqrt{n}}u_{\frac{\alpha}{2}}\right]$ 是 U 的置信度为 $1-\alpha$ 的置信区间，则当 $\mu_0\notin\left[\overline{X}-\frac{\sigma_0}{\sqrt{n}}u_{\frac{\alpha}{2}},\overline{X}+\frac{\sigma_0}{\sqrt{n}}u_{\frac{\alpha}{2}}\right]$ 时，我们很自然地认为 $\mu\neq\mu_0$. 这样我们就得到了显著性假设检验问题 $H_0:\mu=\mu_0$ 的一个显著性水平为 α 的检验：

当 $\overline{X}-\frac{\sigma_0}{\sqrt{n}}u_{\frac{\alpha}{2}}\leqslant\mu_0\leqslant\overline{X}+\frac{\sigma_0}{\sqrt{n}}u_{\frac{\alpha}{2}}$ 时，不拒绝 H_0；

当 $\mu_0<\overline{X}-\frac{\sigma_0}{\sqrt{n}}u_{\frac{\alpha}{2}}$ 或 $\mu_0>\overline{X}+\frac{\sigma_0}{\sqrt{n}}u_{\frac{\alpha}{2}}$ 时，拒绝 H_0.

即这个检验的拒绝域为

$$|U|=\left|\frac{\overline{X}-\mu_0}{\sigma_0/\sqrt{n}}\right|>u_{\frac{\alpha}{2}},$$

或改写成

$$W=(-\infty,-u_{\frac{\alpha}{2}})\cup(u_{\frac{\alpha}{2}},+\infty).$$

应该指出，区间估计和假设检验问题在概念上还是有区别的，如上述情况，区间估计是对总体未知参数 μ 给出估计的范围，而假设检验 $H_0:\mu=\mu_0$ 的问题只是给出对假设 H_0 的一个判断.

习　题　8.3

1. 某纺织厂生产的某种产品的纤度用 X 表示，在稳定生产时，可假定 $X\sim N(\mu,\sigma^2)$，其标准差 $\sigma=0.048$. 现在随机抽取 5 根纤维，测得其纤度为

$$1.32,\ 1.55,\ 1.36,\ 1.40,\ 1.44.$$

试问总体 X 的方差有无显著变化(取 $\alpha=0.05$)?

2. 设有来自正态总体 $X\sim N(\mu,\sigma^2)$，容量为 100 的样本，样本均值 $\bar{x}=2.7$，μ,σ^2 均未知，而

$$\sum_{i=1}^{n}(x_i-\bar{x})^2=225.$$

在 $\alpha=0.05$ 下，检验下列假设：

(1) $H_0:\mu=3$；$H_1:\mu\neq3$.

(2) $H_0:\sigma^2=2.5$；$H_1:\sigma^2\neq2.5$.

3. 甲、乙两台机床加工某种零件，零件的直径(单位:mm)服从正态分布，总体方差反映了加工精度. 为比较两台机床的加工精度有无差别，现从各自加工的零件中分别抽取 7 件产品和 8 件产品，测得其直径为

X(机床甲)　16.2，　16.4，　15.8，　15.5，　16.7，　15.6，　15.8；

Y(机床乙)　15.9，　16.0，　16.4，　16.1，　16.5，　15.8，　15.7，　15.0.

问这两台机床的加工精度是否一致(取 $\alpha=0.05$)?

4. 对两批同类电子元件的电阻进行测试，各抽 6 件，测得结果如下(单位:Ω)：

A 批　0.140，　0.138，　0.143，　0.141，　0.144，　0.137；

B 批　0.135，　0.140，　0.142，　0.136，　0.138，　0.141.

已知元件电阻服从正态分布，设 $\sigma=0.05\Omega$，问：

(1) 两批电子元件电阻的方差是否相等；

(2) 两批元件的平均电阻是否有显著差异.

§4　单边检验

实际问题中，有时我们只关心总体的均值是否增大.例如，试验新工艺以提高产品的质量，如材料的强度、元件的使用寿命等.当然，总体的均值越大越好，此时，需要检验假设

$$H_0:\mu\leqslant\mu_0;\quad H_1:\mu>\mu_0,$$

其中 μ_0 是已知常数.

类似地，如果只关心总体的均值是否变小，就需要检验假设：

$$H_0:\mu\geqslant\mu_0;\quad H_1:\mu<\mu_0.$$

下面以单个正态总体方差已知的情况为例，来讨论均值 μ 的单边检验的拒绝域.

设总体 $X\sim N(\mu,\sigma_0^2)$，σ_0^2 为已知，$X_1,\cdots,X_n$ 是取自 X 的一个样本，给定显著性水平 α 考虑单边假设检验问题：

$$H_0:\mu\leqslant\mu_0;\quad H_1:\mu>\mu_0.$$

由于 $\overline{X}$ 是 μ 的无偏估计，故当 H_0 为真时，$U=\dfrac{\overline{X}-\mu_0}{\sigma_0/\sqrt{n}}$不应太大，而当 U 偏大时应拒绝 H_0，故拒绝域的形式为

$$\frac{\overline{X}-\mu_0}{\sigma_0/\sqrt{n}}>c,\quad c\text{ 待定}.$$

由于$\dfrac{\overline{X}-\mu}{\sigma_0/\sqrt{n}}\sim N(0,1)$，故可找临界值 u_α，使

$$P\left\{\frac{\overline{X}-\mu}{\sigma_0/\sqrt{n}}>u_\alpha\right\}=\alpha.$$

当 H_0 成立时，

$$\frac{\overline{X}-\mu_0}{\sigma_0/\sqrt{n}}\leqslant\frac{\overline{X}-\mu}{\sigma_0/\sqrt{n}}.$$

因此，

$$P\left\{\frac{\overline{X}-\mu_0}{\sigma_0/\sqrt{n}}>u_\alpha\right\}\leqslant P\left\{\frac{\overline{X}-\mu}{\sigma_0/\sqrt{n}}>u_\alpha\right\}=\alpha.$$

由事件$\left\{\dfrac{\overline{X}-\mu}{\sigma_0/\sqrt{n}}>u_\alpha\right\}$是一个小概率事件知，事件$\left\{\dfrac{\overline{X}-\mu_0}{\sigma_0/\sqrt{n}}>u_\alpha\right\}$更是一个小概率事件.如果根据所给的样本观测值 $x_1,\cdots,x_n$，算出$\dfrac{\overline{x}-\mu_0}{\sigma_0/\sqrt{n}}>u_\alpha$，则应该否定原假设 H_0，即拒绝域为

$$W=(u_\alpha,+\infty).$$

当$\dfrac{\overline{x}-\mu_0}{\sigma_0/\sqrt{n}}\leqslant u_\alpha$ 时，我们不否认原假设 $H_0:\mu\leqslant\mu_0$.

类似地，对于单边假设检验问题：

$$H_0:\mu\geqslant\mu_0;\quad H_1:\mu<\mu_0.$$

仍取 $U=\dfrac{\overline{X}-\mu_0}{\sigma_0/\sqrt{n}}$为检验统计量，但拒绝域为

$$W=(-\infty,-u_\alpha),$$

即当由样本观测值算出$\frac{\overline{X}-\mu_0}{\sigma_0/\sqrt{n}}<-u_\alpha$时，则应拒绝原假设$H_0$.

我们已注意到，上述单边检验问题与单个正态总体方差已知情况的均值μ的双边检验问题一样，其所用的检验统计量和检验步骤完全相同，不同的只是拒绝域. 我们着重指出：单边检验问题的拒绝域，其不等式的取向，与备择假设的不等式取向完全一致. 这一特有的性质使我们无需特别记忆单边检验的拒绝域. 因此，若遇上本章§8.2，§8.3中相应的单边检验问题，则只要作类似的处理就行了. 例如：

设总体$X\sim N(\mu,\sigma^2)$，欲检验统计假设：

$$H_0:\sigma^2\leqslant\sigma_0^2;\quad H_1:\sigma^2>\sigma_0^2,$$

其中σ_0^2为已知数.

这时，由双边检验问题中的χ^2检验知，检验统计量可取$\chi^2=\frac{(n-1)S^2}{\sigma_0^2}$. 若由样本观测值算出$\chi^2=\frac{(n-1)s^2}{\sigma_0^2}$，则当$\chi^2>\chi^2_\alpha(n-1)$时拒绝$H_0$，即拒绝域为$\chi^2>\chi^2_\alpha(n-1)$，此不等式取向与备择假设取向一致.

若欲检验假设：

$$H_0:\sigma^2\geqslant\sigma_0^2;\quad H_1:\sigma^2<\sigma_0^2,$$

则检验统计量仍取$\chi^2=\frac{(n-1)S^2}{\sigma_0^2}$，拒绝域为：$\chi^2<\chi^2_{1-\alpha}(n-1)$，即$W=\{(0,\chi^2_{1-\alpha}(n-1))\}$.

类似地，两个总体$X\sim N(\mu_1,\sigma_1^2)$，$Y\sim N(\mu_2,\sigma_2^2)$，$X_1,\cdots,X_m$和$Y_1,\cdots,Y_n$分别为取自$X$和$Y$的样本且相互独立，欲检验统计假设：

$$H_0:\sigma_1^2\geqslant\sigma_2^2;\quad H_1:\sigma_1^2<\sigma_2^2.$$

这时，类似于双边检验问题，检验统计量可取$F=S_1^2/S_2^2$，拒绝域为$F<F_{1-\alpha}(m-1,n-1)$，即

$$W=(0,F_{1-\alpha}(m-1,n-1)).$$

各种统计假设检验情况（显著性水平为α）如表8-4所示.

表 8-4

检验法	H_0	H_1	检验统计量	自由度	拒绝域	条件
u检验	$\mu=\mu_0$ $\mu\leqslant\mu_0$ $\mu\geqslant\mu_0$	$\mu\neq\mu_0$ $\mu>\mu_0$ $\mu<\mu_0$	$U=\frac{\overline{X}-\mu_0}{\sigma_0/\sqrt{n}}$		$\|u\|>u_{\frac{\alpha}{2}}$ $u>u_\alpha$ $u<-u_\alpha$	σ_0^2,μ_0已知
	$\mu_1=\mu_2$ $\mu_1\leqslant\mu_2$ $\mu_1\geqslant\mu_2$	$\mu_1\neq\mu_2$ $\mu_1>\mu_2$ $\mu_1<\mu_2$	$U=\frac{\overline{X}-\overline{Y}}{\sqrt{\frac{\sigma_1^2}{m}+\frac{\sigma_2^2}{n}}}$		$\|u\|>u_{\frac{\alpha}{2}}$ $u>u_\alpha$ $u<-u_\alpha$	σ_1^2,σ_2^2已知

续表

检验法	H_0	H_1	检验统计量	自由度	拒绝域	条件
t 检验	$\mu=\mu_0$ $\mu\leqslant\mu_0$ $\mu\geqslant\mu_0$	$\mu\neq\mu_0$ $\mu>\mu_0$ $\mu<\mu_0$	$T=\dfrac{\overline{X}-\mu_0}{S/\sqrt{n}}$	$n-1$	$\|t\|>t_{\frac{\alpha}{2}}$ $t>t_\alpha$ $t<-t_\alpha$	μ_0 已知 σ^2 未知
	$\mu_1=\mu_2$ $\mu_1\leqslant\mu_2$ $\mu_1\geqslant\mu_2$	$\mu_1\neq\mu_2$ $\mu_1>\mu_2$ $\mu_1<\mu_2$	$T=\dfrac{\overline{X}-\overline{Y}}{S_w\sqrt{\dfrac{1}{m}+\dfrac{1}{n}}}$	$m+n-2$	$\|t\|>t_{\frac{\alpha}{2}}$ $t>t_\alpha$ $t<-t_\alpha$	σ_1^2,σ_2^2 未知，但相等
χ^2 检验	$\sigma^2=\sigma_0^2$ $\sigma^2\leqslant\sigma_0^2$ $\sigma^2\geqslant\sigma_0^2$	$\sigma^2\neq\sigma_0^2$ $\sigma^2>\sigma_0^2$ $\sigma^2<\sigma_0^2$	$\chi^2=\dfrac{1}{\sigma_0^2}\sum\limits_{i=1}^{n}(X_i-\mu_0)^2$	n	$(0,\chi^2_{1-\frac{\alpha}{2}})\cup$ $(\chi^2_{\frac{\alpha}{2}},+\infty)$ $\chi^2>\chi^2_\alpha$ $\chi^2<\chi^2_{1-\alpha}$	σ_0^2,μ_0 已知
	$\sigma^2=\sigma_0^2$ $\sigma^2\leqslant\sigma_0^2$ $\sigma^2\geqslant\sigma_0^2$	$\sigma^2\neq\sigma_0^2$ $\sigma^2>\sigma_0^2$ $\sigma^2<\sigma_0^2$	$\chi^2=\dfrac{(n-1)S^2}{\sigma_0^2}$	$n-1$	对应重复 上面	σ_0^2 已知， μ 未知
F 检验	$\sigma_1^2=\sigma_2^2$ $\sigma_1^2\leqslant\sigma_2^2$ $\sigma_1^2\geqslant\sigma_2^2$	$\sigma_1^2\neq\sigma_2^2$ $\sigma_1^2>\sigma_2^2$ $\sigma_1^2<\sigma_2^2$	$F=\dfrac{\dfrac{1}{m}\sum\limits_{i=1}^{m}(X_i-\mu_1)^2}{\dfrac{1}{n}\sum\limits_{i=1}^{n}(Y_i-\mu_2)^2}$	(m,n)	$(0,F_{1-\frac{\alpha}{2}})\cup$ $(F_{\frac{\alpha}{2}},+\infty)$ $F>F_\alpha$ $F<F_{1-\alpha}$	μ_1,μ_2 已知
	$\sigma_1^2=\sigma_2^2$ $\sigma_1^2\leqslant\sigma_2^2$ $\sigma_1^2\geqslant\sigma_2^2$	$\sigma_1^2\neq\sigma_2^2$ $\sigma_1^2>\sigma_2^2$ $\sigma_1^2<\sigma_2^2$	$F=\dfrac{S_1}{S_2}$	$(m-1,n-1)$	对应重 复上面	μ_1,μ_2 未知

例 10 用某种农药施入农田中防治病虫害，经三个月后土壤中如有 5ppm 以上的浓度时，认为农药仍有残效. 现在一大田施药区随机取 10 个土样进行分析，其浓度(单位：ppm)为

$$4.8,\ 3.2,\ 2.0,\ 6.0,\ 5.4,\ 7.6,\ 2.1,\ 2.5,\ 3.1,\ 3.5.$$

问该农药经三个月后是否仍有残效(取 $\alpha=0.05$，土壤残余农药浓度服从正态分布)？

解 显然，我们关心的只是总体均值 μ 是否小于 $\mu_0=5$，这时若用双边检验是不恰当的，所以我们应该检验：

$$H_0:\mu\geqslant\mu_0;\quad H_1:\mu<\mu_0.$$

这时，检验统计量应取 $T=\dfrac{\overline{X}-\mu_0}{S/\sqrt{n}}$，拒绝域为 $T<-t_\alpha(n-1)$，对于给定的显著性水平 $\alpha=0.05$，查 t 分布表得

$$-t_\alpha(n-1)=-t_{0.05}(9)=-1.83.$$

由样本算得 T 的观测值为

$$t=-1.45>-1.83.$$

因此不能拒绝 H_0，即没有理由怀疑该农药已无残效.

例 11 某类钢板每块的重量 X(单位：kg)服从正态分布，某一项质量指标是钢板重量的

方差不得超过 0.016(kg)^2. 现从某天生产的钢板中随机抽取 25 块钢板,得其样本方差 $s^2=0.025(\mathrm{kg})^2$,问该天生产的钢板重量的方差是否满足要求(取 $\alpha=0.05$)?

解 这是一个关于正态总体方差的单边检验问题. 原假设为 $H_0:\sigma^2\leqslant 0.016$,备择假设为 $H_1:\sigma^2>0.016$,此处 $n=25$. 若取 $\alpha=0.05$,则查分布表知 $\chi^2_{0.05}(24)=36.415$. 现计算可得

$$\chi^2=\frac{(n-1)s^2}{\sigma_0^2}=\frac{24\times 0.025}{0.016}=37.5>36.415.$$

由此,在显著性水平 0.05 下,我们拒绝原假设,认为该天生产的钢板重量不符合要求.

例 12 有一批枪弹,其初速度 $r\sim N(\mu,\sigma^2)$,其中 $\mu=950\mathrm{m/s}$,$\sigma=10\mathrm{m/s}$. 经过较长时间储存后,现取出 9 发枪弹试射,测其初速度,得样本值(单位:m/s)如下:

$$914,\ 920,\ 910,\ 934,\ 953,\ 945,\ 912,\ 924,\ 940.$$

问这批枪弹在显著性水平 $\alpha=0.05$ 下,其初速度是否起了变化(假定 σ 没有变化)?

解 由题设,要检验的假设为 $H_0:\mu=950$,$H_1:\mu<950$,因为枪弹储存后初速度不可能增加,所以是(左侧)单边检验问题. 由 $n=9$,易算出

$$\bar{x}=928\mathrm{m/s},\quad u=\frac{\bar{x}-\mu_0}{\sigma/\sqrt{n}}=\frac{928-950}{10/\sqrt{9}}=-6.6.$$

查分布表知

$$-u_\alpha=-u_{0.05}=-1.65,$$

所以

$$u=-6.6<-1.65=-u_\alpha,$$

故应拒绝 H_0 而接受 $H_1:\mu<950$,即认为这批枪弹经过较长时间储存后初速度已经变小了.

习 题 8.4

某厂使用两种不同的原料生产同一类型产品,随机选取使用原料 A 生产的样品 22 件,测得平均质量为 $\bar{x}=2.36\mathrm{kg}$,样本标准差 $s_x=0.57\mathrm{kg}$. 取使用原料 B 生产的样品 24 件,测得平均质量为 $\bar{y}=2.55\mathrm{kg}$,样本标准差为 $s_y=0.48\mathrm{kg}$. 设产品质量服从正态分布,这两个样本相互独立. 问能否认为使用 B 原料生产的产品平均质量较使用原料 A 显著大(取 $\alpha=0.05$)?

小 结

统计推断共包括两个方面:一是前一章的估计理论,另一个就是本章的假设检验理论. 本教材只涉及了参数的假设检验,重点是正态总体均值和方差的假设检验. 本章的基本要求是:

(1) 理解假设检验的基本思想与基本原理,知道假设检验中犯两类错误的概率,掌握假设检验的基本步骤.

(2) 掌握单个正态总体均值、方差的假设检验以及两个总体均值相等和方差相等的假设检验及计算. 这是本章的重中之重.

自 测 题 8

一、选择题

在假设检验问题中，显著性水平 α 的意义是(　　).

A. 在 H_0 成立的条件下，经检验 H_0 被拒绝的概率

B. 在 H_0 成立的条件下，经检验 H_0 被接受的概率

C. 在 H_0 不成立的条件下，经检验 H_0 被拒绝的概率

D. 在 H_0 不成立的条件下，经检验 H_0 被接受的概率

二、填空题

1. 设总体 X 服从正态分布 $N(\mu,\sigma^2)$，其中 μ 未知，$X_1,X_2,\cdots,X_n$ 为其样本. 若假设检验问题为 $H_0:\sigma^2=1;H_1:\sigma^2\neq1$，则采用的检验统计量表达式应为________.

2. 设某个假设检验问题的拒绝域为 W，且当原假设 H_0 成立时，样本值 $x_1,x_2,\cdots,x_n$ 落入 W 的概率为 0.15，则犯第一类错误的概率为________.

3. 设样本 $X_1,X_2,\cdots,X_n$ 来自正态总体 $N(\mu,1)$，假设检验问题为 $H_0:\mu=0;H_1:\mu\neq0$，则在 H_0 成立的条件下，对显著性水平 α，拒绝域 W 应为________.

三、某型号元件的尺寸 X(单位：cm)服从正态分布，且均值为 3.278cm，标准差为 0.002cm. 现用一种新工艺生产此类元件，从中随机取 9 个元件，测量其尺寸，算得均值 $\bar{x}=3.2795$ cm. 问用新工艺生产的元件尺寸均值与以往有无显著差异(取 $\alpha=0.05$)?

(附：$u_{0.025}=1.96,u_{0.05}=1.645$)

四、用传统工艺加工的某种水果罐头中，每瓶维生素 C 的平均含量(单位：mg)为 19mg. 现改变了加工工艺，抽查了 16 瓶罐头，测得维生素 C 的含量的平均值 $\bar{x}=20.8$mg，样本标准差 $s=1.617$mg. 假定水果罐头中维生素 C 的含量服从正态分布，问在使用新工艺后，维生素 C 的含量是否有显著变化(取 $\alpha=0.01$)?

(附：$t_{0.005}(15)=2.9467,t_{0.005}(16)=2.9208$)

第九章　回 归 分 析

在现实世界中，不少变量之间是存在着一定的关系的，一般说来，这种关系大体上可分为两类：一类是确定性的，即函数关系，例如，电路中的电压 V，电流 I，电阻 R 三者间有关系 $I=\frac{V}{R}$；另一类是非确定性的，这类变量之间虽有一定的关系却又并不完全确定，例如，人的血压与年龄有关，炼钢过程中含碳量与精炼时间有关，农作物产量与施肥量和单位面积的播种量有关……这些变量之间虽有一定联系，但又不能用普通函数关系式来表达. 例如，对给定的施肥量和确定的播种量，农作物的产量还是不能完全确定. 事实上，这些变量是随机变量或至少其中一个是随机变量. 这种非确定性的关系称为相关关系.

回归分析是研究相关关系的一种数学工具，是数理统计学中最常用的统计方法之一，在生产实践和科学研究中有着广泛的应用. 本章仅简单介绍一元线性回归分析.

§1　回归直线方程的建立

为了说明一元线性回归的数学模型，我们先看一下实际例子.

例 1　某种合金的抗拉强度 y（单位：$\mathrm{kg/mm^2}$）与其中的含碳量 x（单位：%）有关. 现测 12 对数据如表 9-1 所示.

表 9-1

x	0.10	0.11	0.12	0.13	0.14	0.15	0.16	0.17	0.18	0.20	0.21	0.23
y	42.0	43.5	45.0	45.5	45.0	47.5	49.0	53.0	50.0	55.0	55.0	60.0

为了了解其相关关系的表达形式，在平面直角坐标上以 (x_i,y_i)，$i=1,2,\cdots,12$ 为点，画出散点图，如图 9-1 所示. 这些点大体上散布在某条直线的周围，又不完全在一条直线上. 从而可认为 y 与 x 的关系基本上是线性的，而这些点与直线的偏离是由其他一切随机因素的影响造成的. 一般说来，含碳量 x 是一个可观测或可控制的普通变量，而对任意一个含碳量 x，相应的抗拉强度是一个随机变量 Y，实际观测值 y 是 Y 的一个可能取值. 随着 x 的变化，Y 的观测值线性变化的趋势可表示为

$$E(Y)=\beta_0+\beta_1 x, \tag{9.1.1}$$

从而有

$$Y=\beta_0+\beta_1 x+\varepsilon, \tag{9.1.2}$$

其中 $\beta_0+\beta_1 x$ 表示 Y 随 x 的变化而线性变化的部分，ε 是一切随机因素影响的总和，称为**随机误差项**，它是不可观测其值的随机变量，在 Y 有方差 $D(Y)=\sigma^2$ 时，ε 是一个 $E(\varepsilon)=0,D(\varepsilon)=\sigma^2$ 的随机变量，在涉及分布时，可进一步假定 $\varepsilon\sim N(0,\sigma^2)$.

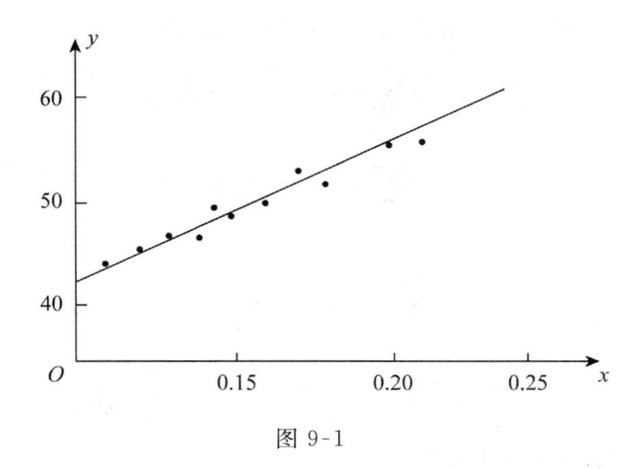

图 9-1

一般地，将 x 取一组不同的值 $x_1,x_2,\cdots,x_n$，通过试验得到对应的 Y 的值 $y_1,y_2,\cdots,y_n$. 这样就得到 n 对观测值 (x_i,y_i)，$i=1,2,\cdots,n$. 可把 Y 的值看成由两部分叠加而成，一部分是 x 的线性函数 $\beta_0+\beta_1 x$，另一部分是试验过程中其他一切随机因素的影响. 因此，由(9.1.2)式可认为 x_i 与 y_i 之间有如下关系：

$$y_i=\beta_0+\beta_1 x+\varepsilon_i,\quad i=1,2,\cdots,n, \tag{9.1.3}$$

其中 $\varepsilon_i\sim N(0,\sigma^2)$，且各 ε_i 相互独立. 式(9.1.3)就是一元线性回归的数学模型. 于是，由(9.1.1)式知 $y_i\sim N(\beta_0+\beta_1 x,\sigma^2)$.

回归分析的基本问题是依据样本 (x_i,y_i)，$i=1,2,\cdots,n$ 解决如下问题：

(1) 未知参数 β_0,β_1 及 σ^2 的点估计. 若 $\hat{\beta}_0$ 和 $\hat{\beta}_1$ 分别为 β_0 和 β_1 的估计，由此可得 $E(Y)$ 的估计

$$\hat{y}=\hat{\beta}_0+\hat{\beta}_1 x. \tag{9.1.4}$$

(9.1.4)式是描述 Y 与 x 之间关系的经验公式. 我们称(9.1.4)式为 Y 关于 x 的**一元线性回归方程**. 它就是我们要求的 Y 与 x 之间的定量关系的表达式，其图像便是类似图 9-1 中的直线，称此直线为**回归直线**，$\hat{\beta}_1$ 也称为**回归系数**，它是回归直线的斜率，$\hat{\beta}_0$ 称为**回归常数**，它是回归直线的截距.

(2) 回归方程的显著性检验. 在实际问题中，Y 与 x 之间是否存在关系式 $Y=\beta_0+\beta_1 x+\varepsilon$ 是要经过检验的.

(3) 利用回归方程进行预测和控制.

下面先讨论未知参数 β_0,β_1 及 σ^2 的点估计问题.

要求出回归方程(9.1.4)，就是要求出 β_0 与 β_1 的估计. 而求此估计的一个自然而又直观的想法便是希望对一切 x_i，观测值 y_i 与回归值 $\hat{y}_i=\hat{\beta}_0+\hat{\beta}_0 x_i$ 的偏离达到最小. 为此，一般采用最小二乘法来求 β_0 与 β_1 的估计. 对已知样本 (x_i,y_i)，$i=1,2\cdots,n$，令

$$Q(\beta_0,\beta_1)=\sum_{i=1}^{n}(y_i-\beta_0-\beta_1 x_i)^2.$$

它表示当用(9.1.1)式来逼近 Y 时，n 个样品的总的误差平方和. 最小二乘法的基本思想是选取 β_0,β_1 的估计量 $\hat{\beta}_0,\hat{\beta}_1$，使

$$Q(\hat{\beta}_0,\hat{\beta}_1)=\min Q(\beta_0,\beta_1),$$

其中右端 min 是对一切 β_0,β_1 的容许值取的 Q 的最小值.

由于 $Q(\beta_0,\beta_1)$ 是 β_0,β_1 的非负二次函数，其最小值必定存在，同时它是 β_0,β_1 的可微函数，

故由微积分中求极值的方法知，$\hat{\beta}_0$，$\hat{\beta}_1$ 应是下列方程组的解：

$$\begin{cases} \dfrac{\partial Q}{\partial \beta_0} = -2\sum\limits_{i=1}^{n}(y_i - \hat{\beta}_0 - \hat{\beta}_1 x_i) = 0, \\ \dfrac{\partial Q}{\partial \beta_1} = -2\sum\limits_{i=1}^{n}(y_i - \hat{\beta}_0 - \hat{\beta}_1 x_i)x_i = 0. \end{cases} \tag{9.1.5}$$

经整理，(9.1.5)式化为

$$\begin{cases} n\hat{\beta}_0 + \left(\sum\limits_{i=1}^{n} x_i\right)\hat{\beta}_1 = \sum\limits_{i=1}^{n} y_i, \\ \left(\sum\limits_{i=1}^{n} x_i\right)\hat{\beta}_0 + \left(\sum\limits_{i=1}^{n} x_i^2\right)\hat{\beta}_1 = \sum\limits_{i=1}^{n} x_i y_i. \end{cases}$$

我们将上式称为**正规方程组**. 解此方程组得

$$\begin{cases} \hat{\beta}_1 = \dfrac{\sum\limits_{i=1}^{n} x_i y_i - \dfrac{1}{n}\left(\sum\limits_{i=1}^{n} x_i\right)\left(\sum\limits_{i=1}^{n} y_i\right)}{\sum\limits_{i=1}^{n} x_i^2 - \dfrac{1}{n}\left(\sum\limits_{i=1}^{n} x_i\right)^2}, \\ \hat{\beta}_0 = \overline{y} - \hat{\beta}_1 \overline{x}, \end{cases}$$

其中 $\overline{x} = \dfrac{1}{n}\sum\limits_{i=1}^{n} x_i$，$\overline{y} = \dfrac{1}{n}\sum\limits_{i=1}^{n} y_i$. 若引进记号

$$\begin{cases} L_{xx} = \sum\limits_{i=1}^{n}(x_i - \overline{x})^2 = \sum\limits_{i=1}^{n} x_i^2 - n\overline{x}^2, \\ L_{xy} = \sum\limits_{i=1}^{n}(x_i - \overline{x})(y_i - \overline{y}) = \sum\limits_{i=1}^{n} x_i y_i - n\overline{x}\,\overline{y}, \\ L_{yy} = \sum\limits_{i=1}^{n}(y_i - \overline{y})^2 = \sum\limits_{i=1}^{n} y_i^2 - n\overline{y}^2, \end{cases}$$

则最小二乘估计为

$$\begin{cases} \hat{\beta}_1 = \dfrac{L_{xy}}{L_{xx}}, \\ \hat{\beta}_0 = \overline{y} - \hat{\beta}_1 \overline{x}. \end{cases}$$

若将 $\hat{\beta}_0 = \overline{y} - \hat{\beta}_1 \overline{x}$ 代入(9.1.4)式，可得回归方程的另一形式 $\hat{y} = \overline{y} + \hat{\beta}_1(x - \overline{x})$，这说明回归直线通过散点图的几何重心$(\overline{x}, \overline{y})$. 下面续例 1，计算回归方程，计算过程用表格形式(表 9-2)给出，如下所示：

表 9-2

序号	x	y	x^2	xy	y^2
1	0.10	42.0	0.010 0	4.200	1 764.00
2	0.11	43.5	0.012 1	4.785	1 892.25
3	0.12	45.0	0.014 4	5.400	2 025.00
4	0.13	45.5	0.016 9	5.915	2 070.25
5	0.14	45.0	0.019 6	6.300	2 025.00
6	0.15	47.5	0.022 5	7.125	2 256.25

续表

序号	x	y	x^2	xy	y^2
7	0.16	49.0	0.025 6	7.840	2 401.00
8	0.17	53.0	0.028 9	9.010	2 809.00
9	0.18	50.0	0.032 4	9.000	2.500.00
10	0.20	55.0	0.040 0	11.000	3 025.00
11	0.21	55.0	0.0441 1	11.550	3 025.00
12	0.23	60.0	0.052 9	13.800	3 600.00
$\sum$	1.90	590.5	0.319 4	95.925	2 9392.75

$$\sum_{i=1}^{12} x_i = 1.90, \quad \sum_{i=1}^{12} y_i = 590.5, \quad n = 12,$$

$$\bar{x} = 0.158\,3, \quad \bar{y} = 49.208\,3,$$

$$\sum_{i=1}^{12} x_i^2 = 0.319\,4, \quad \sum_{i=1}^{12} x_i y_i = 95.925, \quad \sum_{i=1}^{12} y_i^2 = 29\,392.75,$$

$$\frac{1}{12}\left(\sum_{i=1}^{12} x_i\right)^2 = 0.300\,8, \quad \frac{1}{n}\left(\sum_{i=1}^{12} x_i\right)\left(\sum_{i=1}^{12} y_i\right) = 93.495\,8,$$

$$\frac{1}{12}\left(\sum_{i=1}^{12} y_i\right)^2 = 29\,057.520\,8,$$

$$L_{xx} = 0.018\,6, \quad L_{xy} = 2.429\,2, \quad L_{yy} = 335.229\,2,$$

$$\hat{\beta}_0 = \bar{y} - \hat{\beta}_1\bar{x} = 28.534\,0, \quad \hat{\beta}_1 = \frac{L_{xy}}{L_{xx}} = 130.602\,2,$$

则抗拉强度 y 与含碳量 x 的线性回归方程为

$$\hat{y} = 28.534\,0 + 230.602\,2x,$$

容易验证 β_0,β_1 的最小二乘估计 $\hat{\beta}_0,\hat{\beta}_1$ 具有如下性质：

(1) $E(\hat{\beta}_0)=\beta_0, E(\hat{\beta}_1)=\beta_1$；

(2) $D(\hat{\beta}_0)=\left(\frac{1}{n}+\frac{\bar{x}^2}{L_{xx}}\right)\sigma^2, D(\hat{\beta}_1)=\frac{1}{L_{xx}}\sigma^2$.

由(1)与(2)及正态分布的性质可知：

$$\hat{\beta}_0 \sim N\left(\beta_0, \left(\frac{1}{n}+\frac{\bar{x}^2}{L_{xx}}\right)\sigma^2\right),$$

$$\hat{\beta}_1 \sim N\left(\hat{\beta}_1, \frac{1}{L_{xx}}\sigma^2\right).$$

§2 回归方程的显著性检验

由上段的讨论可知，对于任何两个变量 x 和 y 的一级观测数据(x_i, y_i)，$i=1,2,\cdots,n$，利用最小二乘法，都可以确定一个回归方程(9.1.4)，然而事先并不知道 Y 与 x 之间是否真正存在线性关系，如果 Y 和 x 之间并不存在显著的线性相关关系，那么，用上述的方法确定出的回归方程(9.1.4)显然是毫无实际意义的. 因此需要对 Y 和 x 是否具有线性关系作统计检验. 下面介绍几种常用的检验方法.

1. F 检验法

由(9.1.3)式可知,若 Y 与 x 之间不存在线性关系,则一次项系数 $\beta_1=0$,反之,$\beta_1\neq 0$. 所以检验 Y 与 x 之间是否具有线性关系,应归纳为检验假设:

$$H_0:\beta_1=0;\quad H_1:\beta_1\neq 0.$$

为了检验 H_0 是否为真,我们可以从分析各 $y_i, i=1,2,\cdots,n$ 的不同原因着手,n 个 y_i 的值之所以不同的原因有二:

一是,如果 $E(Y)$ 确是随 x 线性变化的,那么 x 的取值不同就是一个原因;

二是,其他一切随机因素的影响.

显然,如果前一方面的影响是主要的,那么 $\beta_1\neq 0$,方程是有意义的,否则方程就没有意义. 为此,必须把由这个原因所引起的 y_i 的波动大小从 y_i 的总波动中分解出来. 记

$$S_T=L_{yy}=\sum_{i=1}^{n}(y_i-\bar{y})^2,$$

称其为**总的偏差平方和**,它反映了各 y_i 的波动大小.

$$\begin{aligned}S_T&=\sum_{i=1}^{n}(y_i-\bar{y})^2=\sum_{i=1}^{n}(y_i-\hat{y}_i+\hat{y}_i-\bar{y})^2\\&=\sum_{i=1}^{n}(y_i-\hat{y}_i)^2+\sum_{i=1}^{n}(\hat{y}_i-\bar{y})^2\quad(\text{利用}(9.1.5)\text{式})\\&=S_{\text{剩}}+S_{\text{回}},\end{aligned}\tag{9.2.1}$$

其中

$$S_{\text{回}}=\sum_{i=1}^{n}(\hat{y}_i-\bar{y})^2=\sum_{i=1}^{n}\hat{\beta}_1^2(x_i-\bar{x})^2=\hat{\beta}_1^2L_{xx}=\hat{\beta}_1L_{xy}$$

反映了由于 x 的变化所引起的波动大小,称为**回归平方和**;而

$$S_{\text{剩}}=\sum_{i=1}^{n}(y_i-\hat{y}_i)^2$$

反映了观测值与回归直线间的偏离,这是由其他一切因素所引起的,称为**剩余平方和**.

(9.2.1)式称为**平方和分解式**.

显然,若回归方程有意义,总希望 $S_{\text{回}}$ 尽可能大,$S_{\text{剩}}$ 尽可能小,那么 $S_{\text{回}}$ 要大到什么程度才能认为方程是有意义的呢?

在假定各 ε_i 相互独立,且 $\varepsilon_i\sim N(0,\sigma^2)$ 的条件下,可以证明:

(1) $\dfrac{S_{\text{剩}}}{\sigma^2}\sim\chi^2(n-2)$;

(2) 在 H_0 为真时,$\dfrac{S_{\text{回}}}{\sigma^2}\sim\chi^2(1)$; (9.2.2)

(3) $S_{\text{剩}}$ 与 $S_{\text{回}}$ 相互独立.

于是,当 H_0 为真时,

$$F=\frac{S_{\text{回}}}{S_{\text{剩}}/(n-2)}\sim F(1,n-2).$$

从而,对给定的显著性水平 α,查附表 5,得临界值 $F_\alpha(1,n-2)$,因而拒绝域为

$$W=[F_\alpha(1,n-2),+\infty).$$

当观测值 $F\in W$ 时，拒绝 H_0，认为 $\beta_1=0$ 不真，这时我们认为，回归方程是显著的；反之，称回归方程不显著. 这种用统计量 F 来检验回归方程显著与否的方法称为 F **检验法**.

注意 由(9.2.2)式可知，$\hat{\sigma}^2=\dfrac{S_{剩}}{n-2}=\dfrac{1}{n-2}\sum\limits_{i=1}^{n}(y_i-\hat{y}_i)^2$ 为 σ^2 的无偏估计，且 $\hat{\beta}_1$ 与 $S_{剩}$ 相互独立.

以上检验过程通常可通过一个所谓方差分析表来进行，见表 9-3.

表 9-3

来源	平方和	自由度	均方	F 比	显著性
回归	$S_{回}=\hat{\beta}_1L_{xy}$	1	$\overline{S}_{回}=\dfrac{S_{回}}{1}$	$F=\dfrac{\overline{S}_{回}}{\overline{S}_{剩}}$	$F\in W$ 时，拒绝 H_0，否则接受 H_0
剩余	$S_{剩}=S_T-S_{回}$	$n-2$	$\overline{S}_{剩}=\dfrac{S_{剩}}{n-2}$		
总和	$S_T=L_{yy}$	$n-1$			

例 2 对例 1 进行回归方程的显著性试验(取 $\alpha=0.01$).

解 列出方差分析表，见表 9-4.

表 9-4

来源	平方和	自由度	均方	F 比	显著性
回归	$S_{回}=317.2589$	1	1317.258 9	176.55	
剩余	$S_{剩}=17.9703$	10	1.797 0		
总和	$S_T=335.2292$	11			

用 $F=176.55>10.0=F_{0.01}(1,10)$，故回归方程在 $\alpha=0.01$ 水平上是显著的.

2. t 检验法

欲检验假设：

$$H_0:\beta_1=0;\quad H_0:\beta_1\neq0.$$

由 $\hat{\beta}_1$ 与 $S_{剩}$ 相互独立，及 t 分布定义知

$$T=\frac{\dfrac{\hat{\beta}_1-\beta_1}{\sqrt{\dfrac{\sigma^2}{L_{xx}}}}}{\sqrt{\dfrac{S_{剩}}{(n-2)\sigma^2}}}\sim t(n-2),$$

即

$$T=\frac{\hat{\beta}_1-\beta_1}{\hat{\sigma}/\sqrt{L_{xx}}}\sim t(n-2).$$

当假设 $H_0:\beta_1=0$ 为真时，由上式有

$$T=\frac{\hat{\beta}_1}{\hat{\sigma}/\sqrt{L_{xx}}}\sim t(n-2),\tag{9.2.3}$$

其中，$\hat{\sigma}=\sqrt{\frac{S_{剩}}{n-2}}=\sqrt{\frac{1}{n-2}\sum_{i=1}^{n}(y_i-\hat{y}_i)^2}$. 于是，对给定的显著性水平 α，查附表3可得临界值 $t_{\frac{\alpha}{2}}(n-2)$，从而得拒绝域

$$W=(-\infty,-t_{\frac{\alpha}{2}}(n-2))\cup(t_{\frac{\alpha}{2}}(n-2),+\infty).$$

当由抽样得到的 n 对观测值 (x_i,y_i)，$i=1,2,\cdots,n$，计算出 $t\in W$ 时，拒绝 H_0，认为一元线性回归显著；否则，认为回归效果不显著. 用(9.2.3)式给出的检验统计量作检验的方法称为 **t 检验法**.

若经检验，认为线性回归不显著，就应查明原因. 一般来说，造成线性回归不显著的原因大致有如下几种：

(1) 除 x 外，还有其他不可忽略的影响 Y 的因素.

(2) Y 与 x 的关系不是线性的，而是存在着其他的关系，例如，存在着曲线关系.

(3) Y 与 x 无关.

例 3 对例 2 用 t 检验法检验回归方程的显著性(取 $\alpha=0.01$).

解 此时

$$t=\frac{130.6022\times\sqrt{0.0186}}{\sqrt{\frac{17.9703}{12}}}=14.5576.$$

由 $\alpha=0.01$ 查附表 3 得 $t_{\frac{\alpha}{2}}(10)=3.169$，因为 $t>t_{\frac{\alpha}{2}}(10)$，即 $t\in W$，故拒绝 $H_0:\beta_1=0$，即认为回归方程在 $\alpha=0.01$ 水平下是显著的，此结论与用 F 检验法检验的结果一致.

§3* 预测与控制

上面介绍了如何建立线性回归方程以及线性回归方程的显著性检验. 现在讨论如何利用线性回归方程进行预测与控制，此项工作是在经检验知线性回归方程是显著的以后进行的. 所谓预测问题是已知变量 x 取值 x_0，要估计(预测) y 的取值或取值范围；而控制问题是预测问题的反问题，即欲将 y 的取值限制在某个范围，问应如何控制 x 的取值.

先讨论预测问题.

我们假定通过 n 组观测值 (x_i,y_i)，$i=1,2,\cdots,n$，求得一元线性回归方程

$$y=\hat{\beta}_0+\hat{\beta}_1x.$$

此处总假定(9.1.3)式中的 $\varepsilon\sim N(0,\sigma^2)$，从而总假定 $y_i\sim N(\beta_0+\beta_1x,\sigma^2)$.

预测 y 的取值称为**点预测**. 当变量 x 取值 x_0 时，我们用 $\hat{y}_0=\hat{\beta}_0+\hat{\beta}_1x_0$ 作为 $y_0=\beta_0+\beta_1x_0+\varepsilon_0$ 的预测值. 由回归系数的性质有

$$E(\hat{y}_0)=E(\hat{\beta}_0)+E(\hat{\beta}_1x_0)=\beta_0+\beta_1x_0,$$

可见 $\hat{\beta}_0$ 是无偏的.

预测 y_0 的取值范围称为**区间预测**. 区间预测即求 y_0 的区间估计，对给定的 x_0 及置信度 $1-\alpha$，$0<\alpha<1$，求出两个函数 $\hat{y}_1(x_0)$ 及 $\hat{y}_2(x_0)$，使得

$$P\{\hat{y}_1(x_0)<y_0<\hat{y}_2(x_0)\}=1-\alpha,$$

其中，$\hat{y}_1(x_0)$与$\hat{y}_2(x_0)$还可以依赖于样本(x_i,y_i)，$i=1,2,\cdots,n$，且y_0是随机变量.

由
$$\hat{\beta}_1 \sim N\left(\beta_1,\frac{\sigma^2}{L_{xx}}\right),$$
且$\bar{y}=\frac{1}{n}\sum_{i=1}^{n}y_i$是各独立的$y_i$的线性函数知
$$\bar{y}\sim N\left(\beta_0+\beta_1\bar{x},\frac{\sigma^2}{n}\right).$$

从而$\hat{y}_0=\hat{\beta}_0+\hat{\beta}_1x_0=\bar{y}+\hat{\beta}_1(x_0,\bar{x})$也是正态变量.还可证明$\bar{y},\hat{\beta}_1,S_{剩}=\sum_{i=1}^{n}(y_i-\hat{y}_i)^2$是相互独立的.现在$y_0$与$y_1,y_2,\cdots,y_n$独立，从而也与$\bar{y},\hat{\beta}_1,S_{剩}$独立.因为$\hat{y}_0$与$y_0$皆为正态变量，故$\hat{y}_0-y_0$也是正态变量.而
$$E(\hat{y}_0-y_0)=E(\hat{y}_0)-E(y_0)=\beta_0+\beta_1x_0-(\beta_0+\beta_1x_0)=0,$$
$$D(\hat{y}_0-y_0)=D(\bar{y}+\hat{\beta}_1(x_0-\bar{x}))+D(y_0)=D(\bar{y})+(x_0-\bar{x})^2,$$
$$D(\beta_1)+\sigma^2=\frac{\sigma^2}{n}+(x_0-\bar{x})^2\ \frac{\sigma^2}{L_{xx}}+\sigma^2=\left[1+\frac{1}{n}+\frac{(x_0-\bar{x})^2}{L_{xx}}\right]\sigma^2,$$
故有
$$\hat{y}_0-y_0\sim N\left(0,\left(1+\frac{1}{n}+\frac{(x_0-\bar{x})^2}{L_{xx}}\right)\sigma^2\right),$$
且$\hat{y}_0-y_0$与$S_{剩}$独立，于是
$$T=\frac{\hat{y}_0-y_0}{\sqrt{\frac{S_{剩}}{n-2}\left(1+\frac{1}{n}+\frac{(x_0-\bar{x})^2}{L_{xx}}\right)}}=\frac{\dfrac{\hat{y}_0-y_0}{\sigma\sqrt{1+\frac{1}{n}+\frac{(x_0-\bar{x})^2}{L_{xx}}}}}{\sqrt{\dfrac{S_{剩}}{(n-2)\sigma^2}}}\sim t(n-2). \quad (9.3.1)$$
对给定的α，查附表3得$t_{\frac{\alpha}{2}}$，使
$$P\left\{|t|<t_{\frac{\alpha}{2}}\right\}=1-\alpha.$$
将(9.3.1)式代入上式并解出y_0，得$\left(下面记\hat{\sigma}^2=\frac{1}{n-2}S_{剩}\right)$
$$P\left\{\hat{y}_0-t_{\frac{\alpha}{2}}(n-2)\sqrt{\hat{\sigma}^2\left(1+\frac{1}{n}+\frac{(x_0-\bar{x})^2}{L_{xx}}\right)}<y_0<\hat{y}_0+t_{\frac{\alpha}{2}}(n-2)\sqrt{\hat{\sigma}^2\left(1+\frac{1}{n}+\frac{(x_0-\bar{x})^2}{L_{xx}}\right)}\right\}.$$
$$=P\{\hat{y}_1(x_0)<y_0<\hat{y}_2(x_0)\}=1-\alpha.$$
上式给出了y_0的置信度为$1-\alpha$的置信区间，即预测区间为
$$(\hat{y}_0\pm\delta)=\left(\hat{y}_0\pm t_{\frac{\alpha}{2}}(n-2)\sqrt{\hat{\sigma}^2\left(1+\frac{1}{n}+\frac{(x_0-\bar{x})^2}{L_{xx}}\right)}\right), \quad (9.3.2)$$
其中样本容量n固定，$S_{剩}$和L_{xx}只与样本观测值有关，故用回归方程来预测y_0的值时，其精度实际上与x_0有关，当x_0越靠近均值$\bar{x}$，预测的精确度越高.

对$\hat{y}_0$的一个固定值，两个置信限作为x_0的函数，其图形如图9-2所示.

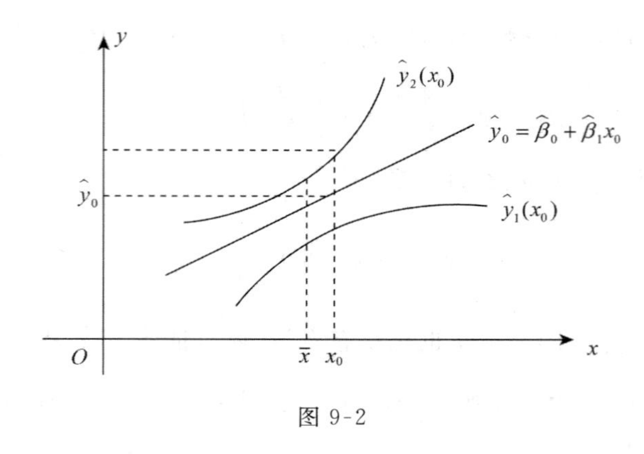

图 9-2

例 4　续例 1,求 $x_0=0.16$ 时 y_0 的 95%预测区间.

解　由 $n=12,\alpha=0.05$,查附表 3 得 $t_{0.025}(10)=2.228$,由(9.3.2)式知 y 的预测区间为

$$(\hat{y}_0\pm\delta)=\left(\hat{y}_0\pm t_{0.025}(10)\sqrt{\frac{17.9703}{10}\left(1+\frac{1}{12}+\frac{(x_0-0.1583)^2}{0.0186}\right)}\right).$$

由 $x_0=0.16$ 得 $\hat{\beta}_0+\hat{\beta}_1x_0=28.5340+130.6022\times0.16=49.43$. 于是上述 95%预测区间为

$$\begin{aligned}&\left(49.43\pm2.228\sqrt{\frac{17.9703}{10}\left(1+\frac{1}{12}+\frac{(0.16-0.1583)^2}{0.0186}\right)}\right)\\&=(49.43\pm2.228\times1.274)\\&=(49.43\pm2.838)\\&=(46.602,52.268).\end{aligned}$$

下面讨论预测问题的反问题——控制问题.

回归方程还可用于控制. 如果某质量指标 y 与某一自变量 x 间有线性相关关系,且已求得了线性回归方程 $\hat{y}=\hat{\beta}_0+\hat{\beta}_1x$,已知 $y\in(y_l,y_h)$为合格,那么 x 应控制在什么范围内才能以概率 $1-\alpha$ 保证质量合格? 这便是一个控制问题,其中 y_l,y_h 是某种标准给出的定值.

如图 9-3(a)和(b)所示,为求 x 的控制范围,从 y_l,y_h 分别作 x 轴的水平线交 $\hat{y}+\delta,\hat{y}-\delta$ 于M,N,过这两点分别作垂线,即得 x 的区间(x_1,x_2),则当 $x\in(x_1,x_2)$时,必能以 $1-\alpha$ 的概率保证 $y\in(y_l,y_h)$. 这里 $\hat{y}+\delta$ 与 $\hat{y}-\delta$ 为 y 的概率为 $1-\alpha$ 的预测区间.

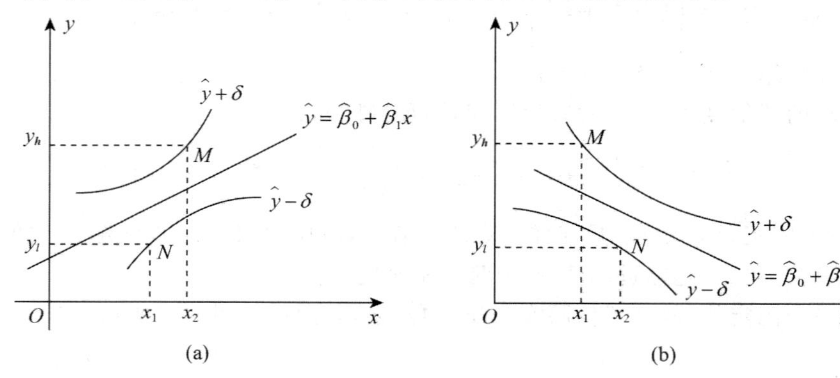

图 9-3

这种作图解法比较粗糙，在实际中常采用近似置信区间求这一范围. 如果要以概率 0.95 保证 $y\in(y_l,y_h)$，则可解不等式组

$$\begin{cases}\hat{y}-2\hat{\sigma}=\hat{\beta}_0+\hat{\beta}_1x-2\hat{\sigma}>y_l,\\ \hat{y}+2\hat{\sigma}=\hat{\beta}_0+\hat{\beta}_1x+2\hat{\sigma}<y_h,\end{cases}$$

其中 $\hat{\sigma}=\sqrt{\dfrac{S_{剩}}{n-2}}=\sqrt{\dfrac{\sum\limits_{i=1}^{n}(y_i-\hat{y}_i)^2}{n-2}}$. 在例 1 中，若要以概率 0.95 保证 $y\in(46,52)$，则可由

$$\begin{cases}28.5340+130.6022x-2\times1.34>46,\\ 28.5340+130.6022x+2\times1.34<52,\end{cases}$$

解得

$$0.154<x<0.159.$$

即当 $x\in(0.154,0.159)$ 时，就能以概率 0.95 保证 $y\in(46,52)$.

小　　结

本章在第六、第七、第八章的基础上，对具有相关关系的变量之间作特定的分析——这里是指回归分析，以便建立反映两者关系的回归方程. 内容虽然较简单，但体现了对估计理论和假设检验的较好运用，也介绍了较新的估计参数的手法——最小二乘(估计)法. 本章要求如下：

1. 会通过两个变量间数据对的散点图，粗略判断其线性回归的显著性，理解一元性线回归模型(9.1.3)式，运用已给数据列出正规方程并解出 $\hat{\beta}_0,\hat{\beta}_1$，从而建立回归方程 $\hat{y}=\hat{\beta}_0+\hat{\beta}_1x$.

2. 会求回归方程中未知参数的估计值.

自 测 题 9

一、测得某种物质在不同温度下吸附另一种物质的重量，如下表所示：

x_i(℃)	1.5	1.8	2.4	3.0	3.5	3.9	4.4	4.8	5.0
y_i(mg)	4.8	5.7	7.0	8.3	10.9	12.4	13.1	13.6	15.3

由所给定的样本观测值，如果画出散点图可以看出 9 个点近乎在一条直线上. 求因变量 y 对 x 的线性回归方程

$$\hat{y}=\hat{\beta}_0+\hat{\beta}_1x,$$

并分别用 t 检验法和 F 检验法检验其显著性.

二、某市市区的社会商品零售总额 y 和当地居民的可支配收入总额 x 之间的年统计数据(单位:亿元)为 (x_i,y_i)，$i=1,2,\cdots,10$. 经计算得

$$\sum_{i=1}^{10}x_i=417.2,\quad \sum_{i=1}^{10}y_i=932.3,\quad \sum_{i=1}^{10}x_i^2=19842.2,$$

$$\sum_{i=1}^{10} y_i^2 = 106\,266.01, \quad \sum_{i=1}^{10} x_i y_i = 45\,716.22.$$

（1）试求 y 对 x 的线性回归方程；

（2）检验线性回归方程的显著性(取 $\alpha=0.05$).

三、设 $\hat{y}_i=\hat{\beta}_0+\hat{\beta}_1 x_i$，其中 $\hat{\beta}_1=\dfrac{L_{xy}}{L_{xx}}$，$\hat{\beta}_0=\bar{y}-\hat{\beta}_1\bar{x}$，$i=1,2,\cdots,n$. 试证下列恒等式：

（1）$\sum\limits_{i=1}^{n}(y_i-\hat{y}_i)=0$；

（2）$\sum\limits_{i=1}^{n}(y_i-\hat{y}_i)x_i=0$；

（3）$\sum\limits_{i=1}^{n}(\hat{y}_i-\bar{y})(y_i-\hat{y}_i)=0$.

附表 1　标准正态分布表

$$\Phi(z)=\int_{-\infty}^{z}\frac{1}{\sqrt{2\pi}}\mathrm{e}^{-\frac{u^2}{2}}\mathrm{d}u=P\{Z\leqslant z\}$$

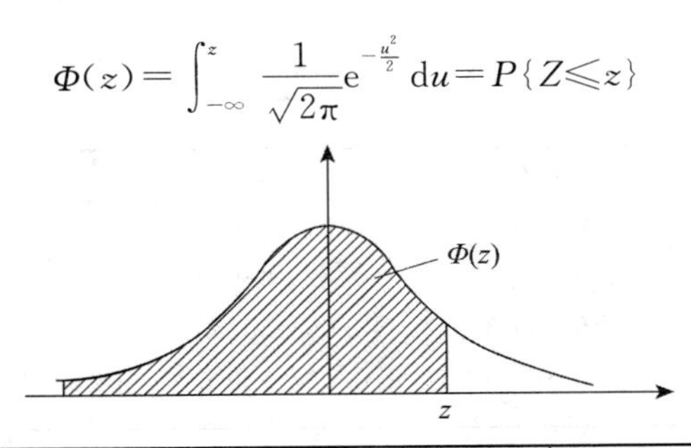

z	0	1	2	3	4	5	6	7	8	9
0.0	0.500 0	0.504 0	0.508 0	0.512 0	0.516 0	0.519 9	0.523 9	0.527 9	0.531 9	0.535 9
0.1	0.539 8	0.543 8	0.547 8	0.551 7	0.555 7	0.559 6	0.563 6	0.567 5	0.571 4	0.575 3
0.2	0.579 3	0.583 2	0.587 1	0.591 0	0.594 8	0.598 7	0.602 6	0.606 4	0.610 3	0.614 1
0.3	0.617 9	0.621 7	0.625 5	0.629 3	0.633 1	0.636 8	0.640 6	0.644 3	0.648 0	0.651 7
0.4	0.655 4	0.659 1	0.662 8	0.666 4	0.670 0	0.673 6	0.677 2	0.680 8	0.684 4	0.687 9
0.5	0.691 5	0.695 0	0.698 5	0.701 9	0.705 4	0.708 8	0.712 3	0.715 7	0.719 0	0.722 4
0.6	0.725 7	0.729 1	0.732 4	0.735 7	0.738 9	0.742 2	0.745 4	0.748 6	0.751 7	0.754 9
0.7	0.758 0	0.761 1	0.764 2	0.767 3	0.770 3	0.773 4	0.776 4	0.779 4	0.782 3	0.785 2
0.8	0.788 1	0.791 0	0.793 0	0.796 7	0.799 5	0.802 3	0.805 1	0.807 8	0.810 6	0.813 3
0.9	0.815 9	0.818 6	0.821 2	0.823 8	0.826 4	0.828 9	0.831 5	0.834 0	0.836 5	0.838 9
1.0	0.841 3	0.843 8	0.846 1	0.848 5	0.850 8	0.853 1	0.855 4	0.857 7	0.859 9	0.862 1
1.1	0.864 3	0.866 5	0.868 6	0.870 8	0.872 9	0.874 9	0.877 0	0.879 0	0.881 0	0.883 0
1.2	0.884 9	0.886 9	0.888 8	0.890 7	0.892 5	0.894 4	0.896 2	0.898 0	0.899 7	0.901 5
1.3	0.903 2	0.904 9	0.906 6	0.908 2	0.909 9	0.911 5	0.913 1	0.914 7	0.916 2	0.917 7
1.4	0.919 2	0.920 7	0.922 2	0.923 6	0.925 1	0.926 5	0.927 8	0.929 2	0.930 6	0.931 9
1.5	0.933 2	0.934 5	0.935 7	0.937 0	0.938 2	0.939 4	0.940 6	0.941 8	0.943 0	0.944 1
1.6	0.945 2	0.946 3	0.947 4	0.948 4	0.949 5	0.950 5	0.951 5	0.952 5	0.953 5	0.954 5
1.7	0.955 4	0.956 4	0.957 3	0.958 2	0.959 1	0.959 9	0.960 8	0.961 6	0.962 5	0.963 3
1.8	0.964 1	0.964 8	0.965 6	0.966 4	0.967 1	0.967 8	0.968 6	0.969 3	0.970 0	0.970 6
1.9	0.9 71 3	0.971 9	0.972 6	0.973 2	0.973 8	0.974 4	0.975 0	0.975 6	0.976 2	0.976 7
2.0	0.977 2	0.977 8	0.978 3	0.978 8	0.979 3	0.979 8	0.980 3	0.980 8	0.981 2	0.981 7
2.1	0.982 1	0.982 6	0.983 0	0.983 4	0.983 8	0.984 2	0.984 6	0.985 0	0.985 4	0.985 7
2.2	0.986 1	0.986 4	0.986 8	0.987 1	0.987 4	0.987 8	0.988 1	0.988 4	0.988 7	0.989 0
2.3	0.989 3	0.989 6	0.989 8	0.990 1	0.990 4	0.990 6	0.990 9	0.9911	0.991 3	0.991 6
2.4	0.991 8	0.992 0	0.992 2	0.992 5	0.992 7	0.992 9	0.993 1	0.993 2	0.993 4	0.993 6
2.5	0.993 8	0.994 0	0.994 1	0.994 3	0.994 5	0.994 6	0.994 8	0.994 9	0.995 1	0.995 2
2.6	0.995 3	0.995 5	0.995 6	0.995 7	0.995 9	0.996 0	0.996 1	0.996 2	0.996 3	0.996 4
2.7	0.996 5	0.996 6	0.996 7	0.996 8	0.996 9	0.997 0	0.997 1	0.997 2	0.997 3	0.997 4
2.8	0.997 4	0.997 5	0.997 6	0.997 7	0.997 7	0.997 8	0.997 9	0.997 9	0.998 0	0.998 1
2.9	0.998 1	0.998 2	0.998 2	0.998 3	0.998 4	0.998 4	0.998 5	0.998 5	0.998 6	0.998 6
3.0	0.998 7	0.999 0	0.999 3	0.999 5	0.999 7	0.999 8	0.999 8	0.999 9	0.999 9	1.000 0

注：表中末行是函数值 $\Phi(3.0),\Phi(3.1),\cdots,\Phi(3.9)$.

附表 2　泊松分布表

$$P\{X \geqslant x\} = \sum_{r=x}^{+\infty} \frac{e^{-\lambda}\lambda^r}{r!}$$

x	$\lambda=0.2$	$\lambda=0.3$	$\lambda=0.4$	$\lambda=0.5$	$\lambda=0.6$
0	1.000 000 0	1.000 000 0	1.000 000 0	1.000 000 0	1.000 000
1	0.181 269 2	0.259 181 8	0.329 680 0	0.323 469	0.451 188
2	0.017 523 1	0.036 936 3	0.061 551 9	0.090 204	0.121 901
3	0.001 148 5	0.003 599 5	0.007 926 3	0.014 388	0.023 115
4	0.000 056 8	0.000 265 8	0.000 776 3	0.001 752	0.003 358
5	0.000 002 3	0.000 015 8	0.000 061 2	0.000 172	0.000 394
6	0.000 000 1	0.000 000 8	0.000 004 0	0.000 014	0.000 039
7			0.000 000 2	0.000 000 1	0.000 003

x	$\lambda=0.7$	$\lambda=0.8$	$\lambda=0.9$	$\lambda=1.0$	$\lambda=1.2$
0	1.000 000	1.000 000	1.000 000	1.000 000	1.000 000
1	0.503 415	0.550 671	0.593 430	0.632 121	0.698 806
2	0.155 805	0.191 208	0.227 518	0.264 241	0.337 373
3	0.034 142	0.047 423	0.062 857	0.080 301	0.120 513
4	0.005 753	0.009 080	0.013 459	0.018 988	0.033 769
5	0.000 786	0.001 411	0.002 344	0.003 660	0.007 746
6	0.000 090	0.000 184	0.000 343	0.000 594	0.001 500
7	0.000 009	0.000 021	0.000 043	0.000 083	0.000 251
8	0.000 001	0.000 002	0.000 005	0.000 010	0.000 037
9				0.000 001	0.000 005
10					0.000 001

x	$\lambda=1.4$	$\lambda=1.6$	$\lambda=1.8$	$\lambda=2.0$	$\lambda=2.2$
0	1.000 000	1.000 000	1.000 000	1.000 000	1.000 000
1	0.753 403	0.798 103	0.834 701	0.864 665	0.889 197
2	0.408 167	0.475 069	0.537 163	0.593 994	0.645 430
3	0.166 502	0.216 642	0.269 379	0.323 324	0.377 286
4	0.053 725	0.078 813	0.108 708	0.142 877	0.180 648
5	0.014 253	0.023 682	0.036 407	0.052 653	0.072 496
6	0.003 201	0.006 040	0.010 378	0.016 564	0.024 910
7	0.000 622	0.001 336	0.002 569	0.004 534	0.007 461
8	0.000 107	0.000 260	0.000 562	0.001 097	0.001 978
9	0.000 016	0.000 045	0.000 110	0.000 237	0.000 470
10	0.000 002	0.000 007	0.000 019	0.000 046	0.000 101
11		0.000 001	0.000 003	0.000 008	0.000 020

续表

x	$\lambda=2.5$	$\lambda=3.0$	$\lambda=3.5$	$\lambda=4.0$	$\lambda=4.5$	$\lambda=5.0$
0	1.000 000	1.000 000	1.000 000	1.000 000	1.000 000	1.000 000
1	0.917 915	0.950 213	0.969 803	0.981 684	0.988 891	0.993 262
2	0.712 703	0.800 852	0.864 112	0.908 422	0.938 901	0.959 572
3	0.456 187	0.576 810	0.679 153	0.761 897	0.826 422	0.875 348
4	0.242 424	0.352 768	0.463 367	0.566 530	0.657 704	0.734 974
5	0.108 822	0.184 737	0.274 555	0.371 163	0.467 896	0.559 507
6	0.042 021	0.083 918	0.142 386	0.214 870	0.297 070	0.384 039
7	0.014 187	0.033 509	0.065 288	0.110 674	0.168 949	0.237 817
8	0.004 247	0.011 905	0.026 739	0.051 134	0.086 586	0.133 372
9	0.001 140	0.003 803	0.009 874	0.021 363	0.040 257	0.068 094
10	0.000 277	0.001 102	0.003 315	0.008 132	0.017 093	0.031 828
11	0.000 062	0.000 292	0.001 019	0.002 840	0.006 669	0.013 695
12	0.000 013	0.000 071	0.000 289	0.000 915	0.002 404	0.005 453
13	0.000 002	0.000 016	0.000 076	0.000 274	0.000 805	0.002 019
14		0.000 003	0.000 019	0.000 076	0.000 252	0.000 698
15		0.000 001	0.000 004	0.000 020	0.000 074	0.000 226
16			0.000 001	0.000 005	0.000 020	0.000 069
17				0.000 001	0.000 005	0.000 020
18					0.000 001	0.000 005
19						0.000 001

附表3　t 分布表

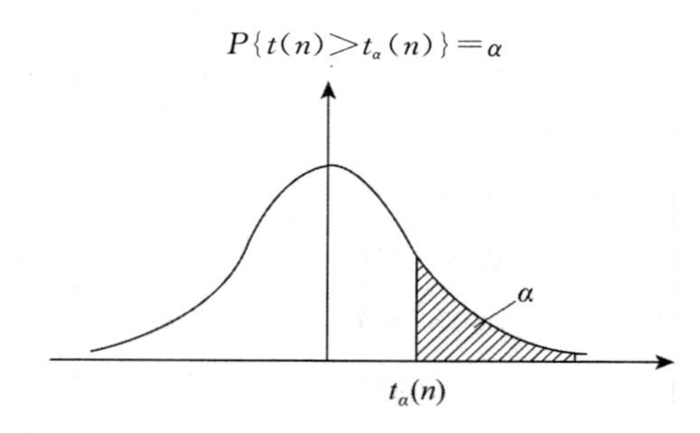

n	α=0.25	0.10	0.05	0.025	0.01	0.005
1	1.000 0	3.077 7	6.313 8	12.706 2	31.820 7	63.657 4
2	0.816 5	1.885 6	2.920 0	4.302 7	6.964 6	9.924 8
3	0.764 9	1.637 7	2.353 4	3.182 4	4.540 7	5.840 9
4	0.740 7	1.533 2	2.131 8	2.776 4	3.746 9	4.604 1
5	0.726 7	1.475 9	2.015 0	2.570 6	3.364 9	4.032 2
6	0.717 6	1.439 8	1.943 2	2.446 9	3.142 7	3.707 4
7	0.711 1	1.414 9	1.894 6	2.364 6	2.998 0	3.499 5
8	0.706 4	1.396 8	1.859 5	2.306 0	2.896 5	3.355 4
9	0.702 7	1.383 0	1.833 1	2.262 2	2.821 4	3.249 8
10	0.699 8	1.372 2	1.812 5	2.228 1	2.763 8	3.169 3
11	0.697 4	1.363 4	1.795 9	2.201 0	2.718 1	3.105 8
12	0.695 5	1.356 2	1.782 3	2.178 8	2.681 0	3.054 5
13	0.693 8	1.350 2	1.770 9	2.160 4	2.650 3	3.012 3
14	0.692 4	1.345 0	1.761 3	2.144 8	2.624 5	2.976 8
15	0.691 2	1.340 6	1.753 1	2.131 5	2.602 5	2.946 7
16	0.690 1	1.336 8	1.745 9	2.119 9	2.583 5	2.920 8
17	0.689 2	1.333 4	1.739 6	2.109 8	2.566 9	2.898 2
18	0.688 4	1.330 4	1.734 1	2.100 9	2.552 4	2.878 4
19	0.687 6	1.327 7	1.729 1	2.093 0	2.539 5	2.860 9
20	0.687 0	1.325 3	1.724 7	2.086 0	2.528 0	2.845 3
21	0.686 4	1.323 2	1.720 7	2.079 6	2.517 7	2.831 4
22	0.685 8	1.321 2	1.717 1	2.073 9	2.508 3	2.818 8
23	0.685 3	1.319 5	1.713 9	2.068 7	2.499 9	2.807 3
24	0.684 8	1.317 8	1.710 9	2.063 9	2.492 2	2.796 9
25	0.684 4	1.316 3	1.708 1	2.059 5	2.485 1	2.787 4
26	0.684 0	1.315 0	1.705 6	2.055 5	2.478 6	2.778 7
27	0.683 7	1.313 7	1.703 3	2.051 8	2.472 7	2.770 7
28	0.683 4	1.312 5	1.701 1	2.048 4	2.467 1	2.763 3

续表

n	$a=0.25$	0.10	0.05	0.025	0.0*l*	0.005
29	0.683 0	1.311 4	1.699 1	2.045 2	2.462 0	2.756 4
30	0.682 8	1.310 4	1.697 3	2.042 3	2.457 3	2.750 0
31	0.682 5	1.309 5	1.695 5	2.039 5	2.452 8	2.744 0
32	0.682 2	1.308 6	1.693 9	2.036 9	2.448 7	2.738 5
33	0.682 0	1.307 7	1.692 4	2.034 5	2.444 8	2.733 3
34	0.681 8	1.307 0	1.690 9	2.032 2	2.441 1	2.728 4
35	0.681 6	1.306 2	1.689 6	2.030 1	2.437 7	2.723 8
36	0.681 4	1.305 5	1.688 3	2.028 1	2.434 5	2.719 5
37	0.681 2	1.304 9	1.687 1	2.026 2	2.431 4	2.715 4
38	0.681 0	1.304 2	1.686 0	2.024 4	2.428 6	2.711 6
39	0.680 8	1.303 6	1.684 9	2.022 7	2.425 8	2.707 9
40	0.680 7	1.303 1	1.683 9	2.021 1	2.423 3	2.704 5
41	0.680 5	1.302 5	1.682 9	2.019 5	2.420 8	2.701 2
42	0.680 4	1.302 0	1.682 0	2.018 1	2.418 5	2.698 1
43	0.680 2	1.301 6	1.681 1	2.016 7	2.416 3	2.695 1
44	0.680 1	1.301 1	1.680 2	2.015 4	2.414 1	2.692 3
45	0.680 0	1.300 6	1.679 4	2.014 1	2.412 1	3.689 6

附表 4　χ^2 分布表

$$P\{\chi^2(n)>\chi^2_\alpha(n)\}=\alpha$$

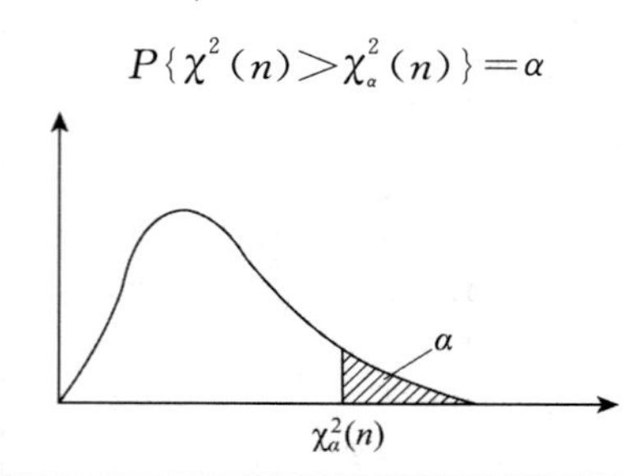

n	$\alpha=0.995$	0.99	0.975	0.95	0.90	0.75
1	—	—	0.001	0.004	0.016	0.102
2	0.010	0.020	0.051	0.103	0.211	0.575
3	0.072	0.115	0.216	0.352	0.584	1.213
4	0.207	0.297	0.484	0.711	1.064	1.923
5	0.412	0.554	0.831	1.145	1.610	2.675
6	0.676	0.872	1.237	1.635	2.204	3.455
7	0.989	1.239	1.690	2.167	2.833	4.255
8	1.344	1.646	2.180	2.733	3.490	5.071
9	1.735	2.088	2.700	3.325	4.168	5.899
10	2.156	2.558	3.247	3.940	4.865	6.737
11	2.603	3.053	3.816	4.575	5.578	7.584
12	3.074	3.571	4.404	5.226	6.304	8.438
13	3.565	4.107	5.009	5.892	7.042	9.299
14	4.075	4.660	5.629	6.571	7.790	10.165
15	4.601	4.229	6.262	7.261	8.547	11.037
16	5.142	5.812	6.908	7.962	9.312	11.912
17	5.697	6.408	7.564	8.672	10.085	12.792
18	6.265	7.015	8.231	9.390	10.865	13.675
19	6.844	7.633	8.907	10.117	11.651	14.562
20	7.434	8.260	9.591	10.851	12.443	15.452
21	8.034	8.897	10.283	11.591	13.240	16.344
22	8.643	9.542	10.982	12.338	14.042	17.240
23	9.260	10.196	11.689	13.091	14.848	18.137
24	9.886	10.856	12.401	13.848	15.659	19.037
25	10.520	11.524	13.120	14.611	16.473	19.939
26	11.160	12.198	13.844	15.379	17.292	20.843
27	11.808	12.879	14.573	16.151	18.114	21.749

续表

n	$\alpha=0.995$	0.99	0.975	0.95	0.90	0.75
28	12.461	13.565	15.308	16.928	18.939	22.657
29	13.121	14.257	16.047	17.708	19.768	23.567
30	13.787	14.954	16.791	18.493	20.599	24.478
31	14.458	15.655	17.539	19.281	21.434	25.390
32	15.134	16.362	18.291	20.072	22.271	26.304
33	15.815	17.074	19.047	20.867	23.110	27.219
34	16.501	17.789	19.806	21.664	23.952	28.136
35	17.192	18.509	20.569	22.465	24.797	29.054
36	17.887	19.233	21.336	23.269	25.643	29.973
37	18.586	19.960	22.106	24.075	26.492	30.893
38	19.289	20.691	22.878	24.884	27.343	31.815
39	19.996	21.426	23.654	25.695	28.196	32.737
40	20.707	22.164	24.433	26.509	29.051	33.660
41	21.421	22.906	25.215	27.326	29.907	34.585
42	22.138	23.650	25.999	28.144	30.765	35.510
43	22.859	24.398	26.785	28.965	31.625	36.436
44	23.584	25.148	27.575	29.787	32.487	37.363
45	24.311	25.901	28.366	30.612	33.350	38.291

$$P\{\chi^2(n)>\chi_\alpha^2(n)\}=\alpha$$

n	$\alpha=0.25$	0.10	0.05	0.025	0.01	0.005
1	1.323	2.706	3.841	5.024	6.635	7.879
2	2.773	4.605	5.991	7.378	9.210	10.597
3	4.108	6.251	7.815	9.348	11.345	12.838
4	5.385	7.779	9.488	11.143	13.277	14.860
5	6.626	9.236	11.071	12.833	15.086	16.750
6	7.841	10.645	12.592	14.449	16.812	18.548
7	9.037	12.017	14.067	16.013	18.475	20.278
8	10.219	13.362	15.507	17.535	20.090	21.955
9	11.389	14.684	16.919	19.023	21.666	23.589
10	12.549	15.987	18.307	20.483	23.209	25.188
11	13.701	17.275	19.675	21.920	24.725	26.757
12	14.845	18.549	21.026	23.337	26.217	28.299
13	15.984	19.812	22.362	24.736	27.688	29.819
14	17.117	21.064	23.685	26.119	29.141	31.319
15	18.245	22.307	24.996	27.488	30.578	32.801
16	19.369	23.542	26.296	28.845	32.000	34.267
17	21.489	24.769	27.587	30.191	33.409	35.718
18	21.605	25.989	28.869	31.526	34.805	37.156

附表 4　χ^2 分布表

续表

n	α=0.25	0.10	0.05	0.025	0.01	0.005
19	22.718	27.204	30.144	32.852	36.191	38.582
20	23.828	28.412	31.410	34.170	37.566	39.997
21	24.935	29.615	32.671	35.479	38.932	41.401
22	26.039	30.813	33.924	36.781	40.289	42.796
23	27.141	32.007	35.172	38.076	41.638	44.181
24	28.241	33.196	36.415	39.364	42.980	45.559
25	29.339	34.382	37.652	40.646	44.314	46.928
26	30.435	35.563	38.885	41.923	45.642	48.290
27	31.528	36.741	40.113	43.194	46.963	49.645
28	32.620	37.916	41.337	44.461	48.278	50.993
29	33.711	39.987	42.557	45.722	49.588	52.336
30	34.800	40.256	43.773	46.979	50.892	53.672
31	35.887	41.422	44.985	48.232	52.191	55.003
32	36.973	42.585	46.194	49.480	53.486	56.328
33	38.058	43.745	47.400	50.725	54.776	57.648
34	39.141	44.903	48.602	51.966	56.061	58.964
35	40.223	46.059	49.802	53.203	57.342	60.275
36	41.304	47.212	50.998	54.437	58.619	61.581
37	42.383	48.363	52.192	55.668	59.892	62.883
38	43.462	49.513	53.384	56.896	61.162	64.181
39	44.539	50.660	54.572	58.120	62.428	65.476
40	45.616	51.805	55.758	59.342	63.691	66.766
41	46.692	52.949	56.942	60.561	64.950	68.053
42	47.766	54.090	58.124	61.777	66.206	69.336
43	48.840	55.230	59.304	62.990	67.459	70.616
44	49.913	56.369	60.481	64.201	68.710	71.893
45	50.985	57.505	61.656	65.410	69.957	73.166

附表 5　F 分布表

$$P\{F(n_1,n_2)>F_\alpha(n_1,n_2)\}=\alpha$$

$\alpha=0.10$

n_2 \ n_1	1	2	3	4	5	6	7	8	9	10	12	15	20	24	30	40	60	120	∞
1	39.86	49.50	53.59	55.83	57.24	58.20	58.91	59.44	59.86	60.19	60.71	61.22	61.74	62.00	62.26	62.53	62.79	63.06	63.33
2	8.53	9.00	9.16	9.24	9.29	9.33	9.35	9.37	9.38	9.39	9.41	9.42	9.44	9.45	9.46	9.47	9.47	9.48	9.49
3	5.54	5.46	5.39	5.34	5.31	5.28	5.27	5.25	5.24	5.23	5.22	5.20	5.18	5.18	5.17	5.16	5.15	5.14	5.13
4	4.54	4.32	4.19	4.11	4.05	4.01	3.98	3.95	3.94	3.92	3.90	3.87	3.84	3.83	3.82	3.80	3.79	3.78	3.76
5	4.06	3.78	3.62	3.52	3.45	3.40	3.37	3.34	3.32	3.30	3.27	3.24	3.21	3.19	3.17	3.16	3.14	3.12	3.10
6	3.78	3.46	3.29	3.18	3.11	3.05	3.01	2.98	2.96	2.94	2.90	2.87	2.84	2.82	2.80	2.78	2.76	2.74	2.72
7	3.59	3.26	3.07	2.96	2.88	2.83	2.78	2.75	2.72	2.70	2.67	2.63	2.59	2.58	2.56	2.54	2.51	2.49	2.47
8	3.46	3.11	2.92	2.81	2.73	2.67	2.62	2.59	2.56	2.54	2.50	2.46	2.42	2.40	2.38	2.36	2.34	2.32	2.29
9	3.36	3.01	2.81	2.69	2.61	2.55	2.51	2.47	2.44	2.42	2.38	2.34	2.30	2.28	2.25	2.23	2.21	2.18	2.16
10	3.29	2.92	2.73	2.61	2.52	2.46	2.41	2.38	2.35	2.32	2.28	2.24	2.20	2.18	2.16	2.13	2.11	2.08	2.06
11	3.23	2.86	2.66	2.54	2.45	2.39	2.34	2.30	2.27	2.25	2.21	2.17	2.12	2.10	2.08	2.05	2.03	2.00	1.97
12	3.18	2.81	2.61	2.48	2.39	2.33	2.28	2.24	2.21	2.19	2.15	2.10	2.06	2.04	2.01	1.99	1.96	1.93	1.90
13	3.14	2.76	2.56	2.43	2.35	2.28	2.23	2.20	2.16	2.14	2.10	2.05	2.01	1.98	1.96	1.93	1.90	1.88	1.85
14	3.10	2.73	2.52	2.39	2.31	2.24	2.19	2.15	2.12	2.10	2.05	2.01	1.96	1.94	1.91	1.89	1.86	1.83	1.80
15	3.07	2.70	2.49	2.36	2.27	2.21	2.16	2.12	2.09	2.06	2.02	1.97	1.92	1.90	1.87	1.85	1.82	1.79	1.76
16	3.05	2.67	2.46	2.33	2.24	2.18	2.13	2.09	2.06	2.03	1.99	1.94	1.89	1.87	1.84	1.81	1.78	1.75	1.72

附表 5　F 分布表

续表

n_2 \ n_1	1	2	3	4	5	6	7	8	9	10	12	15	20	24	30	40	60	120	∞
17	3.03	2.64	2.44	2.31	2.22	2.15	2.10	2.06	2.03	2.00	1.96	1.91	1.86	1.84	1.81	1.78	1.75	1.72	1.69
18	3.01	2.62	2.42	2.29	2.20	2.13	2.08	2.04	2.00	1.98	1.93	1.89	1.84	1.81	1.78	1.75	1.72	1.69	1.66
19	2.99	2.61	2.40	2.27	2.18	2.11	2.06	2.02	1.98	1.96	1.91	1.86	1.81	1.79	1.76	1.73	1.70	1.67	1.63
20	2.97	2.59	2.38	2.25	2.16	2.09	2.04	2.00	1.96	1.94	1.89	1.84	1.79	1.77	1.74	1.71	1.68	1.64	1.61
21	2.96	2.57	2.36	2.23	2.14	2.08	2.02	1.98	1.95	1.92	1.87	1.83	1.78	1.75	1.72	1.69	1.66	1.62	1.59
22	2.95	2.56	2.35	2.22	2.13	2.06	2.01	1.97	1.93	1.90	1.86	1.81	1.76	1.73	1.70	1.67	1.64	1.60	1.57
23	2.94	2.55	2.34	2.21	2.11	2.05	1.99	1.95	1.92	1.89	1.84	1.80	1.74	1.72	1.69	1.66	1.62	1.59	1.55
24	2.93	2.54	2.33	2.19	2.10	2.04	1.98	1.94	1.91	1.88	1.83	1.78	1.73	1.70	1.67	1.64	1.61	1.57	1.53
25	2.92	2.53	2.32	2.18	2.09	2.02	1.97	1.93	1.89	1.87	1.82	1.77	1.72	1.69	1.66	1.63	1.59	1.56	1.52
26	2.91	2.52	2.31	2.17	2.08	2.01	1.96	1.92	1.88	1.86	1.81	1.76	1.71	1.68	1.65	1.61	1.58	1.54	1.50
27	2.90	2.51	2.30	2.17	2.07	2.00	1.95	1.91	1.87	1.85	1.80	1.75	1.70	1.67	1.64	1.60	1.57	1.53	1.49
28	2.89	2.50	2.29	2.16	2.06	2.00	1.94	1.90	1.87	1.84	1.79	1.74	1.69	1.66	1.63	1.59	1.56	1.52	1.48
29	2.89	2.50	2.28	2.15	2.06	1.99	1.93	1.89	1.86	1.83	1.78	1.73	1.68	1.65	1.62	1.58	1.55	1.51	1.47
30	2.88	2.49	2.28	2.14	2.05	1.98	1.93	1.88	1.85	1.82	1.77	1.72	1.67	1.64	1.61	1.57	1.54	1.50	1.46
40	2.84	2.44	2.23	2.09	2.00	1.93	1.87	1.83	1.79	1.76	1.71	1.66	1.61	1.57	1.54	1.51	1.47	1.42	1.38
60	2.79	2.39	2.18	2.04	1.95	1.87	1.82	1.77	1.74	1.71	1.66	1.60	1.54	1.51	1.48	1.44	1.40	1.35	1.29
120	2.75	2.35	2.13	1.99	1.90	1.82	1.77	1.72	1.68	1.65	1.60	1.55	1.48	1.45	1.41	1.37	1.32	1.26	1.19
∞	2.71	2.30	2.08	1.94	1.85	1.77	1.72	1.67	1.63	1.60	1.55	1.49	1.42	1.38	1.34	1.30	1.24	1.17	1.00

$\alpha=0.05$

n_2 \ n_1	1	2	3	4	5	6	7	8	9	10	12	15	20	24	30	40	60	120	∞
1	161.4	199.5	215.7	224.6	230.2	234.0	236.8	238.9	240.5	241.9	243.9	245.9	248.0	249.1	250.1	241.1	252.2	253.3	254.3
2	18.51	19.00	19.16	19.25	19.30	19.33	19.35	19.37	19.38	19.40	19.41	19.43	19.45	19.45	19.46	19.47	19.48	19.49	19.50
3	10.13	9.55	9.28	9.12	9.01	8.94	8.89	8.85	8.81	8.79	8.74	8.70	8.66	8.64	8.62	8.59	8.57	8.55	8.53
4	7.71	6.94	6.59	6.39	6.26	6.16	6.09	6.04	6.00	5.96	5.91	5.86	5.80	5.77	5.75	5.72	5.69	5.66	5.63
5	6.61	5.79	5.41	5.19	5.05	4.95	4.88	4.82	4.77	4.74	4.68	4.62	4.56	4.53	4.50	4.46	4.43	4.40	4.36
6	5.99	5.14	4.76	4.53	4.39	4.28	4.21	4.15	4.10	4.06	4.00	3.94	3.87	3.84	3.81	3.77	3.74	3.70	3.67
7	5.59	4.74	4.35	4.12	3.97	3.87	3.79	3.73	3.68	3.64	3.57	3.51	3.44	3.41	3.38	3.34	3.30	3.27	3.23
8	5.32	4.46	4.07	3.84	3.69	3.58	3.50	3.44	3.39	3.35	3.28	3.22	3.15	3.12	3.08	3.04	3.01	2.97	2.93
9	5.12	4.26	3.86	3.63	3.48	3.37	3.29	3.23	3.18	3.14	3.07	3.01	2.94	2.90	2.86	2.83	2.79	2.75	2.71
10	4.96	4.10	3.71	3.48	3.33	3.22	3.14	3.07	3.02	2.98	2.91	2.85	2.77	2.74	2.70	2.66	2.62	2.58	2.54
11	4.84	3.98	3.59	3.36	3.20	3.09	3.01	2.95	2.90	2.85	2.79	2.72	2.65	2.61	2.57	2.53	2.49	2.45	2.40
12	4.75	3.89	3.49	3.26	3.11	3.00	2.91	2.85	2.80	2.75	2.69	2.62	2.54	2.51	2.47	2.43	2.38	2.34	2.30
13	4.67	3.81	3.41	3.18	3.03	2.92	2.83	2.77	2.71	2.67	2.60	2.53	2.46	2.42	2.38	2.34	3.30	2.25	2.21
14	4.60	3.74	3.34	3.11	2.96	2.85	2.76	2.70	2.65	2.60	2.53	2.46	2.39	2.35	2.31	2.27	2.22	2.18	2.13
15	4.54	3.68	3.29	3.06	2.90	2.79	2.71	2.64	2.59	2.54	2.48	2.40	2.33	2.29	2.25	2.20	2.16	2.11	2.07
16	4.49	3.63	3.24	3.01	2.85	2.74	2.66	2.59	2.54	2.49	2.42	2.35	2.28	2.24	2.19	2.15	2.11	2.06	2.01
17	4.45	3.59	3.20	2.96	2.81	2.70	2.61	2.55	2.49	2.45	2.38	2.31	2.23	2.19	2.15	2.10	2.06	2.01	1.96
18	4.41	3.55	3.16	2.93	2.77	2.66	2.58	2.51	2.46	2.41	2.34	2.27	2.19	2.15	2.11	2.06	2.02	1.97	1.92
19	4.38	3.52	3.13	2.90	2.74	2.63	2.54	2.48	2.42	2.38	2.31	2.23	2.16	2.11	2.07	2.03	1.98	1.93	1.88
20	4.35	3.49	3.10	2.87	2.71	2.60	2.51	2.45	2.39	2.35	2.28	2.20	2.12	2.08	2.04	1.99	1.95	1.90	1.84
21	4.32	3.47	3.07	2.84	2.68	2.57	2.49	2.42	2.37	2.32	2.25	2.18	2.10	2.05	2.01	1.96	1.92	1.87	1.81
22	4.30	3.44	3.05	2.82	2.66	2.55	2.46	2.40	2.34	2.30	2.23	2.15	2.07	2.03	1.98	1.94	1.89	1.84	1.78
23	4.28	3.42	3.03	2.80	2.64	2.53	2.44	2.37	2.32	2.27	2.20	2.13	2.05	2.01	1.96	1.91	1.86	1.81	1.76
24	4.26	3.40	3.01	2.78	2.62	2.51	2.42	2.36	2.30	2.25	2.18	2.11	2.03	1.98	1.94	1.89	1.84	1.79	1.73

附表 5 F 分布表

续表

n_2 \ n_1	1	2	3	4	5	6	7	8	9	10	12	15	20	24	30	40	60	120	∞
25	4.24	3.39	2.99	2.76	2.60	2.49	2.40	2.34	2.28	2.24	2.16	2.09	2.01	1.96	1.92	1.87	1.82	1.77	1.71
26	4.23	3.37	2.98	2.74	2.59	2.47	2.39	2.32	2.27	2.22	2.15	2.07	1.99	1.95	1.90	1.85	1.80	1.75	1.69
27	4.21	3.35	2.96	2.73	2.57	2.46	2.37	2.31	2.25	2.20	2.13	2.06	1.97	1.93	1.88	1.84	1.79	1.73	1.67
28	4.20	3.34	2.95	2.71	2.56	2.45	2.36	2.29	2.24	2.19	2.12	2.04	1.96	1.91	1.87	1.82	1.77	1.71	1.65
29	4.18	3.33	2.93	2.70	2.55	2.43	2.35	2.28	2.22	2.18	2.10	2.03	1.94	1.90	1.85	1.81	1.75	1.70	1.64
30	4.17	3.32	2.92	2.69	2.53	2.42	2.33	2.27	2.21	2.16	2.09	2.01	1.93	1.89	1.84	1.79	1.74	1.68	1.62
40	4.08	3.23	2.84	2.61	2.45	2.34	2.25	2.18	2.12	2.08	2.00	1.92	1.84	1.79	1.74	1.69	1.64	1.58	1.51
60	4.00	3.15	2.76	2.53	2.37	2.25	2.17	2.10	2.04	1.99	1.92	1.84	1.75	1.70	1.65	1.59	1.53	1.47	1.39
120	3.92	3.07	2.68	2.45	2.29	2.17	2.09	2.02	1.96	1.91	1.83	1.75	1.66	1.61	1.55	1.50	1.43	1.35	1.25
∞	3.84	3.00	2.60	2.37	2.21	2.10	2.01	1.94	1.88	1.83	1.75	1.67	1.57	1.52	1.46	1.39	1.32	1.22	1.00

习 题 答 案

习　题　1.1

1. (1) $\{HH, HT, TH, TT\}$；(2) $\{2,3,\cdots,12\}$；(3) $\{10,11,\cdots\}$；(4) $\{0,1,2,\cdots\}$；(5) $\{x \mid 0 \leqslant x < +\infty\}$.

2. (1) $AB\bar{C}$；(2) $(A \cup B)\bar{C}$；(3) $(ABC) \cup (\bar{A}\bar{B}\bar{C})$；(4) $\bar{A}\,\bar{B}\bar{C} \cup \bar{A}\bar{B}C \cup \bar{A}B\bar{C} \cup A\bar{B}\bar{C}$；(5) $\overline{ABC}$或$\bar{A} \cup \bar{B} \cup \bar{C}$；(6) $AB\bar{C} \cup A\bar{B}C \cup \bar{A}BC$；(7) $AB \cup AC \cup BC$.

3. (1)(4)(5)(6)(7)(8)成立，其他不成立.

4. 不是.

5. 证明略.

6. (1) $\bar{A}$ 表示“抛两枚硬币，至少出现一个反面”；(2) $\bar{B}$ 表示“生产 4 个零件，全都不合格”.

7. $A \cup B = \{1,2,3,4,5,6,8,10\}$，$AB = \{2,4\}$，$ABC = \varnothing$，$\bar{A} \cap C = \{5,7,9\}$，$\bar{A} \cup A = \Omega$.

8. $A \cup B = \{x \mid 0 \leqslant x \leqslant 2\} = B$，$AB = \{x \mid 1 \leqslant x \leqslant 2\} = A$，$B - A = \{x \mid 0 \leqslant x < 1\}$. $\bar{A} = \{x \mid 0 \leqslant x < 1$ 或 $2 < x \leqslant 5\}$.

习　题　1.2

1. $\frac{1}{15}$.　**2.** (1) $\frac{1}{120}$；(2) $\frac{27}{1000}$.　**3.** (1) $\frac{5}{21}$；(2) $\frac{10}{21}$.　**4.** $\frac{1}{6}$.　**5.** (1) 0.4；(2) 0.6.

6. (1) $\frac{1}{12}$；(2) $\frac{1}{20}$.　**7.** $\frac{1}{16}$.　**8.** (1) $\frac{14}{55}$；(2) $\frac{28}{55}$；(3) $\frac{41}{55}$；(4) $\frac{15}{55}$.　**9.** $\frac{14}{15}$.

10. (1) 0.8，0.7；(2) 0.3；(3) 0.2；(4) 0.1；(5) 0.　**11.** 0.6，0.9，0.1.　**12.** $1-p$.

13. (1) $\frac{5}{8}$；(2) $\frac{3}{8}$.

习　题　1.3

1. 提示：应用条件概率公式.　**2.** 0.4.　**3.** $\frac{1}{3}$.　**4.** 0.25.　**5.** 0.528.　**6.** 0.5.

7. (1) $\frac{1}{120}$；(2) $\frac{119}{120}$.　**8.** $\frac{3}{200}$.　**9.** $\frac{1}{n}$.　**10.** 0.973.　**11.** 0.5.　**12.** $\frac{20}{21}$.　**13.** 0.9.

14. 0.034 5，由第二台机器生产的概率为 0.406，最大.

习　题　1.4

1. (1) 0.3；(2) 0.5；(3) 0.7.　**2.** 0.88，$\frac{15}{22}$.　**3.** (1) 0.56；(2) 0.94；(3) 0.38.

4. 0.096 93. **5.** (1) 0.612;(2) 0.388;(3) 0.94. **6.** 提示:证明 $P(A\bar{B})=P(A)P(\bar{B})$.
7. 提示:利用条件概率公式改写已知等式. **8.** 0.5,0.5. **9.** (1) 0.308 7;(2) 0.471 78.
10. (1) 0.072 9;(2) 0.008 56;(3) 0.999 54;(4) 0.409 51. **11.** $\frac{2}{3}$.

自测题1

一、选择题

1. B. **2.** B. **3.** A. **4.** B. **5.** D. **6.** A. **7.** D. **8.** A. **9.** A. **10.** A. **11.** C.
12. C.

二、填空题

1. 0.4. **2.** $\frac{1}{120}$. **3.** 0.6. **4.** $\frac{64}{729}$. **5.** $\frac{1}{9}$. **6.** 0.3. **7.** 0.1. **8.** 0.5. **9.** 0.76.
10. 0.36. **11.** 0.42. **12.** 0.2. **13.** $\frac{80}{81}$.

三、0.4.

四、提示:利用条件概率公式展开已知等式.

五、(1) 0.932 5;(2) 0.998 4.

六、(1) $\frac{7}{75}$;(2) $\frac{4}{7}$.

习 题 2.1

1. 1. **2.** $\frac{37}{16}$.

3.

X	2	3	4	5	6	7	8	9	10	11	12
P	$\frac{1}{36}$	$\frac{2}{36}$	$\frac{3}{36}$	$\frac{4}{36}$	$\frac{5}{36}$	$\frac{6}{36}$	$\frac{5}{36}$	$\frac{4}{36}$	$\frac{3}{36}$	$\frac{2}{36}$	$\frac{1}{36}$

Y	1	2	3	4	5	6
P	$\frac{11}{36}$	$\frac{9}{36}$	$\frac{7}{36}$	$\frac{5}{36}$	$\frac{3}{36}$	$\frac{1}{36}$

4.

X	0	1	2
P	$\frac{22}{35}$	$\frac{12}{35}$	$\frac{1}{35}$

5. $P\{X=k\}=C_8^k\left(\frac{2}{3}\right)^k\left(\frac{1}{3}\right)^{8-k}, k=0,1,2,\cdots,8.$

6. $\frac{1}{4},\frac{1}{2},\frac{3}{4},\frac{1}{2}$. **7.** (1) 0.163 08;(2) 0.352 93. **8.** 0.320 76. **9.** 0.017 523 1.

10. (1) 0.029 771；(2) 0.002 84.

习 题 2.2

1. $F(x)=\begin{cases}0, & x<0,\\ q, & 0\leqslant x<1,\\ 1, & x\geqslant 1.\end{cases}$ **2.** $F(x)=\begin{cases}0, & x<-1,\\ 0.25, & -1\leqslant x<2,\\ 0.75, & 2\leqslant x<3,\\ 1, & x\geqslant 3,\end{cases}$ 0.5，0.75.

3. 提示：利用 $F(+\infty)=1$. **4.** $F_3(x)$. **5.** (1) $\frac{1}{2},\frac{1}{\pi}$；(2) $\frac{1}{2}$. **6.** ln2，1，ln1.25.

习 题 2.3

1. (1) $\frac{1}{2}$；(2) $\frac{\sqrt{2}}{4}$；(3) $F(x)=\begin{cases}0, & x<-\frac{\pi}{2},\\ \frac{1}{2}(1+\sin x), & -\frac{\pi}{2}\leqslant x<\frac{\pi}{2},\\ 1, & x\geqslant\frac{\pi}{2}.\end{cases}$

2. (1) $\frac{1}{2}$；(2) $\frac{1}{2}(1-\mathrm{e}^{-1})$；(3) $F(x)=\begin{cases}\frac{1}{2}\mathrm{e}^{x}, & x\leqslant 0,\\ 1-\frac{1}{2}\mathrm{e}^{-x}, & x>0.\end{cases}$

3. (1) $f_1(x)=\frac{1}{\pi}\cdot\frac{1}{1+x^2}$；(2) $f_2(x)=\begin{cases}x\mathrm{e}^{-\frac{x^2}{2}}, & x>0,\\ 0, & x\leqslant 0;\end{cases}$ (3) $f_3(x)=\begin{cases}\cos x, & 0\leqslant x\leqslant\frac{\pi}{2},\\ 0, & \text{其他}.\end{cases}$

4. (1) $\frac{7}{8}$；(2) $\frac{3}{4}$. **5.** $\frac{3}{5}$，提示：利用一元二次方程根的判别式.

6. $\frac{20}{27}$，提示：设 Y 表示三次观测值中大于 3 的次数，则 $Y\sim B(3,p)$，其中 $p=P\{X>3\}$.

7. $1-\mathrm{e}^{-0.5}$.

8. Y 的分布律为 $P\{Y=k\}=C_5^k(\mathrm{e}^{-2})^k(1-\mathrm{e}^{-2})^{5-k}$，$k=0,1,\cdots,5$，$P\{Y\geqslant 1\}=0.516\ 7$.

9. (1) 0.532 8，0.999 6，0.697 7，0.5；(2) $c=3$.

10. $x\geqslant 1.65$，提示：$P\{|X|>x\}=2[1-\Phi(x)]<0.1$，从而，$\Phi(x)>0.95$，反查正态分布表即知.

11. (1) 0.927 0；(2) $d=3.3$. **12.** 0.045 6. **13.** (1) 0.869 8；(2) 0.380 1.

习 题 2.4

1. (1)

Y_1	−5	−3	1	5
P	0.3	0.3	0.2	0.2

(2)

Y_2	0	2	3
P	0.2	0.5	0.3

2.

Y	0	1	4
P	0.1	0.7	0.2

3. （1）$f_Y(y)=\begin{cases}\dfrac{1}{2}e^{-\frac{y}{2}}, & y>0,\\ 0, & y\leqslant 0;\end{cases}$ （2）$f_Y(y)=\begin{cases}\dfrac{1}{3}, & 1<y<4,\\ 0, & 其他;\end{cases}$

（3）$f_Y(y)=\begin{cases}\dfrac{1}{y}, & 1<y<e,\\ 0, & 其他.\end{cases}$

4. （1）$f_Y(y)=\begin{cases}\dfrac{y^2}{18}, & -3<y<3,\\ 0, & 其他;\end{cases}$ （2）$f_Y(y)=\begin{cases}\dfrac{3(3-y)^2}{2}, & 2<y<4,\\ 0, & 其他;\end{cases}$

（3）$f_Y(y)=\begin{cases}\dfrac{3\sqrt{y}}{2}, & 0<y<1,\\ 0, & 其他.\end{cases}$

5. （1）$f_Y(y)=\begin{cases}\dfrac{1}{2}e^{-\frac{y-1}{2}}, & y>1,\\ 0, & 其他;\end{cases}$ （2）$f_Y(y)=\begin{cases}\dfrac{1}{y^2}, & y>1,\\ 0, & 其他;\end{cases}$

（3）$f_Y(y)=\begin{cases}\dfrac{1}{2\sqrt{y}}e^{-\sqrt{y}}, & y>0,\\ 0, & 其他.\end{cases}$

6. （1）$f_Y(y)=\begin{cases}\sqrt{\dfrac{2}{\pi}}e^{-\frac{y^2}{2}}, & y>0,\\ 0, & y\leqslant 0;\end{cases}$ （2）$f_Y(y)=\begin{cases}\dfrac{1}{2\sqrt{\pi(y-1)}}e^{-\frac{y-1}{4}}, & y>1,\\ 0, & y\leqslant 1.\end{cases}$

自 测 题 2

一、选择题

1. C.　**2.** A.　**3.** D.　**4.** B.　**5.** D.　**6.** C.　**7.** A.　**8.** B.　**9.** A.　**10.** B.　**11.** D.

二、填空题

1. 0.1.　**2.** $\dfrac{1}{2}$.　**3.** $\dfrac{31}{32}$.　**4.** 2.　**5.** 0.4.　**6.** 0.　**7.** $\dfrac{1}{3}e^x$.　**8.** $2e^{-2}$.　**9.** 3.　**10.** 1.

11. $\Phi\left(\dfrac{x-\mu}{\sigma}\right)$.　**12.** 0.5.　**13.** 6.5.　**14.** $\dfrac{1}{2\sqrt{2\pi}}e^{-\frac{(y-1)^2}{8}}$.

三、

X	0	1	2
P	$\frac{1}{10}$	$\frac{6}{10}$	$\frac{3}{10}$

四、

(1)

X	0	1	2
P	$\frac{28}{45}$	$\frac{16}{45}$	$\frac{1}{45}$

(2) $F(x)=\begin{cases}0, & x<0,\\ \frac{28}{45}, & 0\leqslant x<1,\\ \frac{44}{45}, & 1\leqslant x<2,\\ 1 & x\geqslant 2;\end{cases}$ (3) $\frac{17}{45}$.

五、(1) $F(x)=\begin{cases}0, & x<-1,\\ \frac{1}{2}-\frac{x^2}{2}, & -1\leqslant x<0,\\ \frac{1}{2}+\frac{x^2}{2}, & 0\leqslant x<1,\\ 1, & x\geqslant 1;\end{cases}$ (2) $\frac{5}{8},\frac{5}{8}$.

六、(1) $p_1=e^{-1}$；(2) $p_2=e^{-4}$.

七、(1) $\frac{1}{2}$；(2) $F_Y(y)=\begin{cases}0, & y<1,\\ \sqrt{y-1}, & 1\leqslant y\leqslant 2,\\ 1, & y>2.\end{cases}$

习 题 3.1

1. A. **2**. B. **3**. D. 4. 0.2. **5**. $f(x,y)=\begin{cases}\frac{1}{6}, & -1\leqslant x\leqslant 2, 0\leqslant y\leqslant 2,\\ 0, & \text{其他}.\end{cases}$ **6**. 1.

7. (1) $\int_{-\infty}^{+\infty}\int_{-\infty}^{+\infty}f(x,y)\mathrm{d}x\mathrm{d}y=1\Rightarrow\int_{-\infty}^{+\infty}\int_{-\infty}^{+\infty}\frac{a}{(1+x^2)(1+y^2)}\mathrm{d}x\mathrm{d}y=1$

$\Rightarrow\int_{-\infty}^{+\infty}\pi\frac{a}{(1+y^2)}\mathrm{d}y=1\Rightarrow\pi^2 a=1\Rightarrow a=\frac{1}{\pi^2}$.

(2) $\int_0^1\int_0^1 f(x,y)\mathrm{d}x\mathrm{d}y=\int_0^1\int_0^1\frac{1}{\pi^2(1+x^2)(1+y^2)}\mathrm{d}x\mathrm{d}y=\int_0^1\frac{1}{4\pi(1+y^2)}\mathrm{d}y=\frac{1}{16}$.

8. (1) 由于 $P\{Y=0\}=0.4$，故 $0.2+a=0.4$，即 $a=0.2$.
又因为 $0.2+0.3+a+b=1$，故 $b=0.3$.

(2)

X	0	1
P	0.5	0.5

Y	0	1
P	0.4	0.6

9. (1) 由题意可知 $P\{X=3,Y=3\}=1-\frac{1}{12}-\frac{5}{24}-\frac{7}{24}-\frac{1}{8}-\frac{1}{24}-\frac{1}{6}=\frac{1}{12}$，则有

X \ Y	0	1	2	3	4
0	$\frac{1}{12}$	0	0	0	0
1	0	$\frac{5}{24}$	0	0	$\frac{7}{24}$
2	0	0	$\frac{1}{8}$	$\frac{1}{24}$	0
3	0	0	$\frac{1}{6}$	$\frac{1}{12}$	0

(2)

X	0	1	2	3
P	$\frac{1}{12}$	$\frac{1}{2}$	$\frac{1}{6}$	$\frac{1}{4}$

(3) $P\{X\leqslant Y\}=1-P\{X=3,Y=2\}=1-\frac{1}{6}=\frac{5}{6}$.

10. $f_X(x)=\begin{cases}3x^2, & 0\leqslant x\leqslant 1,\\ 0, & \text{其他}.\end{cases}$

习　题　3.2

1. D.　**2.** A.

3. (1) $f_X(x)=\begin{cases}4x(1-x^2), & 0\leqslant x\leqslant 1,\\ 0, & \text{其他},\end{cases}$ $f_Y(y)=\begin{cases}4y^3 & 0\leqslant y\leqslant 1,\\ 0, & \text{其他};\end{cases}$ (2) 不独立.

习　题　3.3

1.

X−Y	−2	−1	0	1
P	0.3	0.3	0.3	0.1

X+Y	0	1	2	3
P	0.1	0.3	0.5	0.1

2.

XY	0	1	2	3
P	0.6	0.15	0	0.25

3. 令 $Z=X+Y$,则有

$$f_Z(z)=\begin{cases}z, & 0\leqslant z\leqslant 1,\\ 2-z, & 1<z\leqslant 2.\\ 0, & \text{其他}.\end{cases}$$

4. $2X+3Y+Z\sim N(8,21)$

自测题3

一、选择题

1. D. **2.** B. **3.** B. **4.** A. **5.** D. **6.** B. **7.** D. **8.** D. **9.** A. **10.** D. **11.** D.

二、填空题

1. $\frac{1}{6}$. **2.** $\frac{1}{3}$. **3.** 0.2. **4.** 0.5. **5.** 0.6. **6.** $\frac{1}{3}$. **7.** $\frac{1}{2\pi}e^{-\frac{1}{2}(x^2+y^2)}$.

8. $\frac{1}{6}$. **9.** $\frac{1}{2}$. **10.** $3e^{-(x+3y)}$. **11.** $\frac{1}{4}e^{-y}$. **12.** $F(0,0)$.

三、

1. (1) $c=\frac{4}{25}$；(2) 独立；(3) $P\{X+Y=0\}=P\{X=0,Y=0\}=\frac{9}{25}$.

2. (1) $f_X(x)=\begin{cases}1, & 0\leqslant x\leqslant 1,\\ 0, & \text{其他};\end{cases}$ (2) $f(x,y)=\begin{cases}e^{-y}, & 0\leqslant x\leqslant 1, y>0,\\ 0, & \text{其他};\end{cases}$

(3) $P\{X+Y\leqslant 1\}=\int_0^1 dx\int_0^{1-x}e^{-y}dy=e^{-1}$.

3. (1) $f_X(x)=\int_{-\infty}^{+\infty}f(x,y)dy=\begin{cases}\int_0^{+\infty}6e^{-(2x+3y)}dy, & x>0,\\ 0, & x\leqslant 0\end{cases}=\begin{cases}2e^{-2x}, & x>0,\\ 0, & x\leqslant 0.\end{cases}$

$f_Y(y)=\int_{-\infty}^{+\infty}f(x,y)dx=\begin{cases}\int_0^{+\infty}6e^{-(2x+3y)}dx, & y>0,\\ 0, & y\leqslant 0\end{cases}=\begin{cases}3e^{-3y}, & y>0,\\ 0, & y\leqslant 0.\end{cases}$

(2) 相互独立，$f(x,y)=f(x)f(y)$.

(3) $P\{X<1,Y<2\}=P\{X<1\}\cdot P\{Y<2\}=\left(\int_0^1 2e^{-2x}dx\right)\cdot\left(\int_0^2 3e^{-3x}dx\right)$

$=(1-e^{-2})(1-e^{-6})$.

4. (1) $f_X(x)=\int_{-\infty}^{+\infty}f(x,y)dy=\begin{cases}\int_0^1 6x^2y\,dy, & 0\leqslant x\leqslant 1,\\ 0, & \text{其他}\end{cases}=\begin{cases}3x^2, & 0\leqslant x\leqslant 1,\\ 0, & \text{其他};\end{cases}$

(2) $P\{X>Y\}=\iint\limits_{x>y}f(x,y)dxdy=\int_0^1 dx\int_0^x 6x^2y\,dy=\int_0^1 3x^4dx=\frac{3}{5}$.

5. (1) 由 $P\{Y=0\}=0.2+a=0.4$，得 $a=0.2$.
再由 $0.2+0.3+a+b=1$，得 $b=0.3$；
(2) (X,Y)关于 X,Y 的边缘分布律分别为

X	0	1
P	0.5	0.5

Y	0	1
P	0.4	0.6

习 题 4.1

1. (1) $\frac{2}{3}$；(2) 0. **2.** $a=\frac{1}{2}, b=\frac{1}{\pi}, E(X)=0$. **3.** 1. **4.** $E(Y)=\mu$. **5.** $\frac{3}{2}$.

6. (1) 2；(2) $\frac{1}{3}$；(3) $\frac{1}{6}$.　**7.** $E(X)=1.6, E(Y)=1.9$.　**8.** $c=3, \alpha=2$.

习　题　4.2

1. 0.45, 1.025, 0.8225.　**2.** 1.2, 0.36.　**3.** $\frac{49}{192}$.　**4.** 2.　**5.** 3.

6. (1) $a=-6, b=6$；(2) $D(X)=0.05$.

习　题　4.3

1. D.　**2.** $\mathrm{Cov}(X,Y)=-\frac{1}{36}$.　**3.** 0.　**4.** $f(x,y)=\frac{1}{32\pi}e^{-\frac{25}{32}\left(\frac{x^2}{16}-\frac{3xy}{50}+\frac{y^2}{25}\right)}$.　**6.** $-\frac{1}{2}$.

自测题 4

一、选择题

1. B.　**2.** C.　**3.** B.　**4.** B.　**5.** A.　**6.** D.　**7.** A.　**8.** A.

9. D.　**10.** C.　**11.** C.　**12.** D.　**13.** C.　**14.** A.　**15.** D.

16. D.　**17.** C.　**18.** C.　**19.** D.

二、填空题

1. 0.　**2.** 3.　**3.** e^{-1}.　**4.** 2.　**5.** 6.　**6.** 8.

7. 2.　**8.** 6.　**9.** 2.　**10.** 5.　**11.** $\frac{1}{2}$.　**12.** 1.

13. e^{-1}.　**14.** $\frac{1}{4}$.　**15.** 3.6.　**16.** 5.　**17.** $1-\frac{D(X)}{\varepsilon^2}$.　**18.** $\frac{5}{2}$.

19. $\frac{4}{5}$.　**20.** $-\frac{3}{4}$.　**21.** 12.　**22.** 7.2.　**23.** $\frac{13}{36}$.　**24.** $\frac{3}{2}$.

25. 17.　**26.** 25.　**27.** 2.　**28.** $\frac{1}{2}$.　**29.** $\frac{32}{3}$.

三、计算题

1. (1) $E(X)=0, D(X)=\frac{3}{5}$；(2) $P\{|X-E(X)|<2D(X)\}=1$.

2. (1) $E(X)=1, D(X)=\frac{1}{6}$；(2) $E(X^n)=\frac{2(2^{n+1}-1)}{(n+1)(n+2)}$.

3. (1) $D(X)=2\sigma^2, D(Y)=2\sigma^2$；(2) $\rho_{XY}=0$.

4. (1) $E(X)=\frac{1}{2}, D(X)=\frac{1}{4}$；(2) $f_Y(y)=\begin{cases}e^{-(y+1)}, & y>-1,\\ 0, & y\leqslant -1.\end{cases}$

5. (1) 1；(2) $\frac{1}{4}$；(3) $\frac{1}{2}$.

6. (1) $\frac{2}{3}, \frac{2}{9}$；(2) 0.

7. (1)

X	0	1
P	0.6	0.4

X	-1	0	1
P	0.3	0.3	0.4

$$E(X)=0.4,\quad E(Y)=0.1;$$

(2) $D(X)=E(X^2)-(E(X))^2=0.24, D(Y)=E(Y^2)-(E(Y))^2=0.69$;

(3) $E(XY)=-0.1, \mathrm{Cov}(X,Y)=E(XY)-E(X)E(Y)=-0.14$.

8. (1) 因为 $E(X)=0, E(Y)=1, D(X)=D(Y)=4$，所以

$$E(U)=E(X-Y+1)=E(X)-E(Y)+1=0,$$
$$E(V)=E(X+Y)=E(X)+E(Y)=1,$$
$$D(U)=D(X-Y+1)=D(X)+D(Y)=8,$$
$$D(V)=D(X+Y)=D(X)+D(Y)=8;$$

(2) 由 $U\sim N(0,8), V\sim N(1,8)$，可得

$$f_U(u)=\frac{1}{4\sqrt{\pi}}e^{-\frac{u^2}{16}},\quad f_V(v)=\frac{1}{4\sqrt{\pi}}e^{-\frac{(v-1)^2}{16}}.$$

(3) $$E(UV)=E((X-Y+1)(X+Y))$$
$$=E(X^2)-E(Y^2)+E(X)+E(Y)=4-5+0+1=0.$$

9. (1) $E(X+2Y)=E(X)+2E(Y)=2$, $D(X+2Y)=D(X)+4D(Y)=40$;

(2) $\mathrm{Cov}(2X,Y)=2\mathrm{Cov}(X,Y)=2\rho_{XY}\sqrt{D(X)}\sqrt{D(Y)}=2\times\frac{1}{2}\times2\times3=6$.

10. (1) $f_X(x)=\int_{-\infty}^{+\infty}f(x,y)\mathrm{d}y=\begin{cases}2x, & 0\leqslant x\leqslant 1,\\ 0, & \text{其他},\end{cases}$

$$f_Y(y)=\int_{-\infty}^{+\infty}f(x,y)\mathrm{d}x=\begin{cases}e^{-(y-5)}, & y>5,\\ 0, & \text{其他};\end{cases}$$

(2) 因为 $f(x,y)=f_X(x)f_Y(y)$，所以 X 与 Y 相互独立；

(3) $E(X)=\int_{-\infty}^{+\infty}xf_X(x)\mathrm{d}x=\int_0^1 2x^2\mathrm{d}x=\frac{2}{3}$.

11. (1) 由 $P\{Y=0\}=P\{X=0,Y=0\}+P\{X=1,Y=0\}=0.1+b=0.4$，得 $b=0.3$；再由分布律的性质可得 $a=0.1$.

(2) (X,Y) 关于 X 的边缘分布律为

X	0	1
P	0.4	0.6

$$E(X)=0.6,\quad E(X^2)=0.6, D(X)=0.24.$$

(3) $E(XY)=1\times(-1)\times0.1+1\times1\times0.2=0.1$.

12. 设 Y 为每次检出的次品数，则 $Y\sim B(3,0.1)$.

由于 $$P\{Y>1\}=1-P\{Y=0\}-P\{Y=1\}$$
$$=1-C_3^0\times0.1^0\times0.9^3-C_3^1\times0.1^1\times0.9^2=0.028,$$

所以 $X\sim B(10,0.028)$，因此 $E(X)=10\times0.028=0.28$.

13. (1) 由

Y	0	1	2
P	0.3	0.3	0.4

则 $E(Y)=0\times0.3+1\times0.2+2\times0.5=1.2.$

由

X	0	1
P	0.4	0.6

则 $E(X)=0.6, E(X^2)=0.6, D(X)=E(X^2)-[E(X)]^2=0.24$;

(2) $E(X+Y)=E(X)+E(Y)=0.6+1.2=1.8.$

14. (1) X 的边缘分布律为

X	1	3
P	$\frac{3}{4}$	$\frac{1}{4}$

$$E(X)=1\times\frac{3}{4}+3\times\frac{1}{4}=\frac{3}{2};$$

Y 的边缘分布律为

Y	0	1	2	3
P	$\frac{1}{8}$	$\frac{3}{8}$	$\frac{3}{8}$	$\frac{1}{8}$

$$E(Y)=0\times\frac{1}{8}+1\times\frac{3}{8}+2\times\frac{3}{8}+3\times\frac{1}{8}=\frac{3}{2},$$

$$E(XY)=(1\times0)\times0+(1\times1)\times\frac{3}{8}+(1\times2)\times\frac{3}{8}+(1\times3)\times0+(3\times0)\times\frac{1}{8}$$
$$+(3\times1)\times0+(3\times2)\times0+(3\times3)\times\frac{1}{8}=\frac{9}{4};$$

(2) 由于 $P\{X=1\}=\frac{3}{4}, P\{Y=0\}=\frac{1}{8}$，显然 $P\{X=1,Y=0\}\neq P\{X=1\}P\{Y=0\}$，故 X 与 Y 不相互独立.

15. (1)

X	-1	1
P	0.5	0.5

Y	-1	1
P	0.5	0.5

$$E(X)=0,\quad E(Y)=0;$$

(2) $D(X)=E(X^2)-[E(X)]^2=1, D(Y)=E(Y^2)-[E(Y)]^2=1$;

(3) $E(XY)=0, \mathrm{Cov}(X,Y)=E(XY)-E(X)E(Y)=0$，则

$$\rho_{XY}=\frac{\mathrm{Cov}(X,Y)}{\sqrt{D(X)}\cdot\sqrt{D(Y)}}=0.$$

16. (1) $E[(XY)^2]=E(X^2)E(Y^2)=(D(X)+[E(X)]^2)(D(Y)+[E(Y)]^2),$

$$=[4+(-2)^2]\times\left[\frac{1}{3}+(-1)^2\right]=\frac{32}{3};$$

(2) $\mathrm{Cov}(2X,Y)=2\mathrm{Cov}(X,Y)=2\rho\sqrt{D(X)}\cdot\sqrt{D(Y)}=2\times\frac{1}{2}\times2\times\frac{1}{\sqrt{3}}=\frac{2\sqrt{3}}{3}$.

习　题　5.1

1. $\leqslant 0.044\ 44$.　**2.** $\geqslant 0.975$.　**3.** $\leqslant 0.111\ 1$.　**4.** $\geqslant 0.975$.

习　题　5.3

1. 0.927.　**2.** 0.046 5.　**3.** 0.815 9.　**4.** $n\geqslant 69$.　**5.** 0.952 5.　**6.** 0.006 2.
7. 141kW.

自测题5

一、选择题

1. B.　**2.** B.　**3.** B.　**4.** A.　**5.** B.

二、填空题

1. 1.　**2.** $\Phi(x)$.　**3.** $\frac{5}{9}$.　**4.** $\frac{1}{4}$.　**5.** 0.006 2.　**6.** 0.493 8.　**7.** $\Phi(2)=0.977\ 2$.　**8.** 0.

习　题　6.3

1. $\bar{x}=3, s^2=\frac{34}{9}, s=\frac{\sqrt{34}}{3}$.

2. $S^2=\frac{1}{n-1}\sum_{i=1}^{n}(X_i-\bar{X})$，注意到 $n=2$，故 $\bar{X}=\frac{1}{2}(X_1+X_2)$.

$$S^2=\frac{1}{2-1}\left[\left(X_1-\frac{X_1+X_2}{2}\right)^2+\left(X_2-\frac{X_1+X_2}{2}\right)^2\right]$$
$$=\left[\frac{1}{2}(X_1-X_2)\right]^2+\left[\frac{1}{2}(-X_1+X_2)\right]^2=\frac{1}{2}(X_1-X_2)^2.$$

3. 已知总体均值 $\mu=0$，总体方差 $\sigma^2=1/3$，故 $E(\bar{X})=\mu=0, D(\bar{X})=\frac{\sigma^2}{n}=\frac{1}{3n}$.

4. 先计算出 $\mathrm{Cov}(X_i-\bar{X},X_j-\bar{X})=\frac{-\sigma^2}{n}$，

再计算出 $D(X_i-\bar{X})=D(X_j-\bar{X})=\frac{n-1}{n}\sigma^2$，

利用上面结果算得 $X_i-\bar{X}$ 与 $X_j-\bar{X}$ 的相关系数得 $-(n-1)^{-1}$.

5. 由题设有，$E(\bar{X})=2.5, D(\bar{X})=\frac{\sigma^2}{n}=\frac{1}{n}\cdot\frac{5^2}{12}=\frac{25}{12n}=\frac{1}{12}$，从而 $\bar{X}$ 近似服从$N\left(2.5,\frac{1}{12}\right)$.

6. $\bar{X}$ 的标准差 $\sqrt{D(\bar{X})}=\sqrt{\frac{3^2}{n}}=\sqrt{\frac{9}{8}}=\frac{3}{2\sqrt{2}}$.

7. 0.829 3.　**8.** (1) 0.991 8；(2) 0.890 4；(3) $n=96$.

9. (1) 0.682 6；(2) 0.60.　**10.** (1) 0.94；(2) 0.895.　**11.** 0.90.　**12.** $F\sim F(n_1,n_2)$.

自 测 题 6

一、选择题

1. D.　**2.** C.　**3.** B.

二、填空题

1. 4.　**2.** p.　**3.** 2.　**4.** $\frac{\sigma^2}{n}$.　**5.** 3.　**6.** $N(0,1)$　**7.** $t(10)$.

习 题 7.1

1. $\hat{\lambda}=\frac{1}{\overline{X}}=\frac{1}{318}(\text{h})$.　**2.** (1) $\hat{\theta}_1=\frac{\overline{X}}{1-\overline{X}}$；(2) $\hat{\theta}_2=\frac{-n}{\sum_{i=1}^{n}\ln X_i}$.　**3.** $\hat{\lambda}_1=\overline{X}=\hat{\lambda}_2$.

习 题 7.2

3. $\hat{\mu}_2$ 的方差最小.

习 题 7.3

1. [8.38,8.70].　**2.** [4.551 6,4.866 8].　**3.** [0.5275,2.6385].

4. (1) [14.81,15.01]；(2) [14.7553,15.0670].　**5.** [1 492.3,1 526.7].　**6.** [566.95,2 487.7].

7. (1) [42.92,43.88]；(2) [0.53,1.15].　**8***. [−9.126,1.126].　**9.** [9.23,50.77].

10. [0.295,2.806].　**11.** $2\overline{X}-1$.

自 测 题 7

一、填空题

1. $a=\frac{1}{2}$.　**2.** $\left[\frac{(n-1)S^2}{\chi^2_{\frac{\alpha}{2}}(n-1)},\frac{(n-1)S^2}{\chi^2_{1-\frac{\alpha}{2}}(n-1)}\right]$.

二、(1) $s^2=\frac{0.4}{3}$；(2) [0.04,1.85].

三、(1) [11.347,12.653]；(2) $n\geqslant 62$.

四、[−0.448,8.248 4].

习 题 8.1

1. $H_0:\mu=100$；$H_1:\mu\neq 100$. $\bar{x}=99.97$，$u=\frac{\bar{x}-100}{1.5/\sqrt{9}}=-0.067$，$\alpha=0.05$，$|u|<u_{\frac{\alpha}{2}}=1.96$，故接受 H_0.

2. (1) β；(2) α；(3) $1-\beta$；(4) $1-\alpha$.

习 题 8.2

1. 正常.　**3.** 有显著变化.　**4.** 偏低.　**5.** 可以认为这批灯泡寿命为 2 000h.

6. 可认为这批矿砂的镍含量为 3.25%.　**7.** 直径无显著差异.　**8.** 接受原假设，猜测成立.

习　题　8.3

1. 显著变化了.　**2.** (1) 接受 H_0；(2) 接受 H_0.　**3.** 加工精度一致.
4. (1) 相等；(2) 无显著差异.

习　题　8.4

质量无显著增大.

自 测 题 8

一、选择题　A
二、填空题

1. $(n-1)S^2$ 或 $\sum_{i=1}^{n}(X_i-\overline{X})^2$.　**2.** 0.15.　**3.** $\{|U|>u_{\frac{\alpha}{2}}\}$，其中 $U=\overline{X}\sqrt{n}$.
三、有显著差异.
四、有显著变化.

自 测 题 9

一、$\hat{\beta}_0=0.256\,8$，$\hat{\beta}_1=2.930\,3$，$\bar{y}=0.256\,8+2.930\,3x$，用 t 及 F 检验法均得到线性回归效果显著.
二、(1) $\bar{y}=-23.59+2.8x$；(2) 线性回归效果显著.

参 考 文 献

[1] 范金城．概率论与数理统计[M]. 沈阳:辽宁大学出版社,1999.
[2] 盛骤,谢式千,潘承毅．概率论与数理统计[M]. 北京:高等教育出版社,1993.
[3] 杨永发．概率论与数理统计教程[M]. 天津:南开大学出版社,2000.
[4] 茆诗松,程依明,濮晓龙．概率论与数理统计教程[M]. 北京:高等教育出版社,2004.
[5] 柳金甫,等．概率论与数理统计(经管类)[M]. 武汉:武汉大学出版社,2006.

后　　记

经全国高等教育自学考试指导委员会同意，由公共课课程指导委员会负责高等教育自学考试数学类教材的审定工作.

《概率论与数理统计(经管类)》自学考试教材由北京交通大学理学院柳金甫教授、北京科技大学数理学院张志刚副教授担任主编.

参加本教材审稿讨论会并提出修改意见的有天津商业大学于义良教授、中国人民大学赵晋教授、北京航空航天大学傅丽华副教授. 全书由柳金甫教授修改定稿.

编审人员付出了大量努力，在此一并表示感谢!

全国高等教育自学考试指导委员会

公共课课程指导委员会

2018年10月

后 记